Parenting Bible
育儿圣经

两岸孕育专家组 / 编著

 上海科学普及出版社

图书在版编目(CIP)数据

育儿圣经 / 两岸孕育专家组编著. — 上海：上海科学普及出版社，2014.10
ISBN 978-7-5427-6096-8

Ⅰ.①育… Ⅱ.①两… Ⅲ.①婴幼儿—哺育—基本知识 Ⅳ.①TS976.31
中国版本图书馆CIP数据核字(2014)第089373号

责任编辑　陈　韬
统　　筹　刘湘雯

育儿圣经

两岸孕育专家组　编著

上海科学普及出版社出版发行

（上海中山北路832号　邮政编码200070）

http://www.pspsh.com

各地新华书店经销　北京瑞禾彩色印刷有限公司印刷
开本　787×1000　1/16　印张　18　字数　432 000
2014年10月第1版　2014年10月第1次印刷

ISBN 978-7-5427-6096-8　定价：58.00元

育儿圣经

CONTENTS 目录

第1章 | 宝宝第1个月

* 新生儿的发育

新生儿发育状况 002
睡眠 002
呼吸 002
体重 003
脐带 003
前囟 004
皮肤 004
体温 004
视觉 004
听觉 004

新生儿特殊的生理现象 005
体重减轻 005
黄疸 005
头部血肿 005
乳房肿胀 005
脱皮 005
尿红 005
生理性脱发 005

呼吸时快时慢 005
出怪相 005

认识新生儿反射 006
什么是"新生儿反射" 006
"新生儿反射动作"有哪些 006
1岁以前出现的反射动作 008
宝宝肢体动作异常的可能原因 009

* 新生儿的喂养

喂母乳很简单 010
哺乳的姿势 011
摇篮式抱法 011
卧姿 011
橄榄球式抱法 011
修正橄榄球式抱法 012

乳头较短平怎么办 012
乳头过大怎么办 012
宝宝正确含乳 013
正确含乳姿势 013

目录

舌头位置 013
宝宝喝够了没有 013
如何判断宝宝是否真正吸到乳汁 013
判断宝宝是否喝到足够的乳汁 013
排气、吐奶与溢奶 014
排气 014
预防吐奶与溢奶 014
民间发奶方法有哪些 015
妈妈缺乳的饮食调理 016
母乳妈妈的饮食禁忌 017
最好不吃冰凉的食物吗 017
妈妈吃西瓜，宝宝会拉肚子吗 017
妈妈吃苦瓜，宝宝气管会不好吗 017
NO食物清单 017
奶胀痛可频繁喂奶 018
乳头酸痛、破皮怎么办 019
乳腺炎要及时治疗 019
小奶瓶大学问 020
PES、PPSU奶瓶 020
玻璃奶瓶 020
PC奶瓶 020
PP奶瓶 020
喂食婴儿配方奶粉注意事项 021

* 新生儿的护理

宝宝的清洁 023
需准备的器具 023
Part 1 清洁宝宝的眼睛 023
Part 2 每晚睡前以纱布清洁口腔 023
Part 3 清洁宝宝的鼻孔 023
Part 4 清洁宝宝的耳朵 024
Part 5 清洁宝宝的手指、脚趾 024
Part 6 帮宝宝进行脐带护理 024
Part 7 清洁宝宝的生殖器 025
学会给宝宝抚触按摩 026
按摩前的四步骤 026
宝宝按摩好处多多 026
从腿部和脚丫子开始 026
背部按摩 027
手部按摩 027
胸部按摩 028
腹部按摩 028
头部按摩 028
宝宝穿着照顾原则 029
新生儿病理性黄疸 030
病因 030
黄疸的危害 030
父母应注意什么 030
黄疸儿的居家照顾 031
1个月宝宝的观察重点 032
眼睛 032
舌苔 032
皮肤 032
宝宝有眼垢怎么办 033
宝宝鼻塞怎么办 033
早产儿的护理 034
早产儿的特点 034
培养有日夜分际、安宁的生活 034
宜控制环境的温度与湿度 035
避免尘螨滋生 035
新生儿早期教育 036
新生儿智力发育 036
给新生儿选择玩具 036

第2章 第2~3个月的宝宝

✱ 第2~3个月宝宝的照护

让宝宝"一觉睡到天亮" 038
宝宝为什么手脚抖动 039
睡觉时使劲是长个吗 039
睡姿会改变宝宝的头型吗 040
 1岁半前，头部具有可塑性 040
 应因身体状况，调整宝宝睡姿 040
 脑部出现异常大小是健康警讯 040
纸尿裤 VS 传统尿布 041
 纸尿裤的优点 041
 传统尿布的优势 041
 使用纸尿裤注意事项 041
 使用传统尿布注意事项 041
 怎样给男宝宝换尿布 041
 怎样给女宝宝换尿布 042
 两种尿布各有千秋 042
清洁屁屁远离尿布疹 043
 尿布疹起因及症状 043
 挑选尿布重点 043
 勤更换尿布 043
 尿布疹的处理 043
 用痱子粉好吗 043
如何预防宝宝猝死 044
预防小儿脑震荡 044
宝宝的大便是否正常 045
 母乳宝宝的便便比较黏糊 045
 配方奶宝宝的便便颜色偏黄 045
 小宝宝便秘 045
小儿隐睾症 046
 什么是隐睾症 046
 天气冷和过度肥胖儿童也会影响睾丸的位置 046
 隐睾症的检查 046
 五种治疗目的 046
婴儿屏息症 047
 短暂的屏息无后遗症 047
 照顾者的预防及处理 047
 如何照护 047
宝宝胀气 048
 宝宝为什么会胀气 048
 处理方法 048
预防宝宝得鹅口疮 048
 预防鹅口疮的注意事项 048
安抚奶嘴任何时候都可以用吗 049
 安抚奶嘴的功用 049
 适时地使用安抚奶嘴 049
 安抚奶嘴的选择和使用 049
 不当使用安抚奶嘴的坏处 050
 帮助宝宝戒除安抚奶嘴的方法 050
怎样做空气浴、日光浴 051
 日光浴时要注意的事项 051
学会使用生长曲线 052
 如何判读生长曲线 052
 宝宝正常吗 053
怎样给宝宝测量胸围和头围 054
早期发现宝宝听力障碍 055
 哪些宝宝应主动接受听力筛检 055
儿童视力异常的检查与矫治 056
3个月宝宝学翻身 057
 第一步：从仰躺到侧卧 057
 第二步：从侧卧到俯卧/仰卧 057
接种疫苗及接种后的照护 058
 接种疫苗后需要忌口吗 058
 怎样选择计划外疫苗 058
 打了疫苗能否100%保险 058
 接种疫苗后出现反应怎么办 059
 错过打预防针的时间怎么办 059
 鸡蛋过敏者能否接种麻疹疫苗 060

目录

✳ 第2~3个月宝宝的喂养

- 宝宝为什么总吐奶 061
- 宝宝为什么会吐奶 061
- 宝宝什么时候爱吐奶 061
- 宝宝吐奶该怎么办 062
- 注意提高母乳质量 063
- 选什么样的配方奶粉 064
- 冲奶粉注意事项 065
- 怎样给宝宝补钙 066
- 0~1岁宝宝不宜吃蜂蜜及花粉类制品 067
- 1岁以下宝宝吃蜂蜜容易引起肉毒性食物中毒 067

✳ 第2~3个月宝宝的早教

- 把握宝宝发育敏感期 068
- 训练宝宝触觉发展 068

第3章 │ 第4~6个月的宝宝

✳ 第4~6个月宝宝的照护

- 不抱不摇，自然入睡 070
- 哄睡三大禁忌 070
- 轻松哄睡五大绝招 071
- 宝宝蹬被子怎么办 073
- 被子太过厚重 073
- 睡眠时感觉不舒服 073
- 怎样给宝宝自制睡袋 074
- 睡袋的款式 074
- 孩子睡觉为什么爱出汗 075
- 给宝宝选择合适的枕头 075
- 分床睡or一起睡 076
- 基本安全考虑 076
- 独立性格培养 076
- 舒适婴儿床安全第一 076
- 婴儿床摆放空间 076
- 预防宝宝夜惊 077
- 不要制止宝宝咬玩具的行为 077
- 宝宝总爱流口水是病吗 078
- 流口水宝宝症状 078
- 宝宝爱流口水的原因 078
- 如何照顾爱流口水的宝宝 078
- 宝宝衣物清洗有讲究 079
- 宝宝的衣物可以和大人衣物一起洗吗 079
- 洗宝宝衣物用什么洗涤剂 079
- 宝宝的衣物收纳处不可放置樟脑丸 079
- 宝宝的衣物沾到奶渍、排泄物如何去掉 079
- 宝宝毛发的保养 080
- 初生宝宝发量有多有少 080
- 头皮脂溢性皮炎不需处理 080
- 初生宝宝掉发是正常现象 080
- 1岁后头发也会自然生长 081
- 均衡营养有助于宝宝长头发 081
- 6个月以下宝宝头发清洁准则 081
- 呵护宝宝皮肤 082
- 要掌握清洁原则 082
- 清洁没做好危"肌"四伏 082

冬季干冷做好保湿 ……………………082	大白菜其实是放心菜 …………………090
选购清洁、护肤品，安全为第一考虑……082	大棚蔬果农药较少 ……………………090
6个月的宝宝学坐 ……………………083	冬季吃叶菜最安全 ……………………090
家长需要注意的一些不正确坐姿 ………083	有香味的菜可多吃 ……………………091
宝宝乳牙的萌出顺序 …………………084	野菜并非天然 …………………………091
小儿萌出的乳牙数目计算公式 …………084	有虫眼的蔬果不安全 …………………091
乳牙发育顺序表 ………………………084	**果蔬上的农药怎样去除** ………………091
乳牙迟萌怎么办 ………………………085	**6个月宝宝吃多少** ……………………092
乳牙迟萌常见的原因 …………………085	**增强宝宝的咀嚼能力** …………………092
预防孩子听力损伤 ……………………085	**合理控制宝宝体重增长** ………………093
	母乳储存不麻烦 ………………………094
★ 第4~6个月宝宝的喂养	手挤乳的方式 …………………………094
健康宝宝开始喂辅食 …………………086	挤乳器 …………………………………094
宝宝辅食的添加原则 …………………087	挤乳时间 ………………………………094
从好吸收、不易过敏、有纤维质的食物开始喂……087	**宝宝辅食制作** …………………………095
一次添加一种新食物，并从少量开始……087	蔬果水的制作 …………………………095
浓度由稀渐浓 …………………………087	米糊的制作 ……………………………096
添加辅食应注意什么 …………………088	
及时预防宝宝缺铁 ……………………089	**★ 第4~6个月宝宝的早教**
具体预防措施 …………………………089	**宝宝音乐智能的发展关键期** …………097
为宝宝选择安全果蔬 …………………090	**怎样给宝宝听音乐** ……………………097
豇豆、韭菜农药多；黄瓜、番茄杀菌剂多……090	**对宝宝进行综合感官训练** ……………097
	和宝宝一起去游泳 ……………………098

第4章 第7~9个月的宝宝

✱ 第7~9个月宝宝的照护

半岁以后宝宝爱生病 100
关于送孩子去急诊 100
  去医院的准备 100
  跟医生说什么 101
  发热有必要看急诊吗 101
  急诊的处理 101
别让药品危害宝宝 102
  根据医生指示服药 102
  服药搭配温开水最好 102
  口服剂型怎么用 102
  肛门栓剂怎么用 102
  外用制剂怎么用 103
  避免孩子误食药物 103
  不同药物不同时段吃 103
  服药间隔的时间 103
  选用合适喂药器 104
孩子睡觉为什么爱出汗 105
小儿倒睫 105
如何清除宝宝耳垢 106
  耳垢的作用 106
  经常给宝宝掏耳垢有害处 106
  如何给宝宝掏耳垢 106
给宝宝防蚊 107
预防宝宝泌尿系统感染 108
  泌尿系统感染的症状 108
  泌尿系统感染的治疗 108
  常换尿布、注重清洁 108
要注意保护宝宝的肾脏 109
8个月宝宝开始会爬 110
  宝宝想要爬行了吗 110
  影响宝宝爬行的因素 110
  有病的宝宝会怎样爬 110
  宝宝不爬怎么办 111
  爬行垫的材质 112
  永远不要低估你的宝宝 112

9个月宝宝学站立 113

✱ 第7~9个月宝宝的喂养

7~9个月宝宝这样吃 114
过敏宝宝怎么吃 115
小儿食品安全须知 116
  保色剂中的磷酸与硝酸盐类 ... 116
  膨松剂中的铝 116
  食品中的肉毒杆菌 117
  防腐剂及色素 117
  此糖非彼糖 117
  远离加工物 117
辅食不要用奶精、鸡精 118
婴幼儿辅食不可多盐 118
婴儿辅食清洁第一 119
孩子不爱吃辅食怎么办 119
不安全食品"拒买不吃" 120
小婴儿挑食不要勉强 120
宝宝进食量少怎么办 121

✱ 第7~9个月宝宝的早教

孩子什么都拿来舔怎么办 122

第5章 第10~12个月的宝宝

✴ 第10~12个月宝宝的养育

你家真的安全吗 124
　跌倒、坠落占事故比率约47% 124
　刺伤、割伤、夹伤、砸伤占事故比率约31% 125
　烧烫伤占事故比率约11% 125
　窒息、梗塞占事故比率约7% 126
　误食中毒占事故比率约4% 127
保护宝宝指导原则 128
　保留好孩子的记录 128
　公共场所注意孩子安全 128
　儿童安全十大原则 128
怎样预防宝宝铅中毒 129
　宝宝排铅吃什么 129
不要常带宝宝到马路边玩 129
宝宝生活要有规律 129
保护孩子的眼睛 130
　宝宝的视力发展 130
　七大守则呵护明亮双眸 130
宝宝玩"小鸡鸡"怎么办 131
宝宝不宜穿开裆裤 131
宝宝学走 132
尽量不要坐学步车 133
学步发展&选鞋 133
　发展期学步无早晚 134
　孩子刚出生时为扁平足、O型腿 134
　依脚部发展选鞋 134
宝宝的防晒装备 135
　防晒从婴儿时期做起 135
　防晒多管齐下 135
　使用防晒品要诀 136
养成爱干净的好习惯 137
　身教比言教更有效 137
　聪明父母的原则 137
　宝宝玩具要消毒 137

✴ 第10~12个月宝宝的喂养

要个头壮,非钙不可 138
　缺钙的不同症状 138
　天天补钙为何还缺钙 139
　不同年龄宝宝的补钙方针 139
　打造宝宝高钙饮食计划 140
　聪明选钙 140
　正确补钙 140
宝宝缺锌有哪些症状 141
　宝宝为什么会缺锌 141
　预防最重要 142
母乳宝宝如何断奶 143
　避免突然断奶 143
　减少喂奶的次数 143
　延迟吃奶的时间 144
　告别夜奶 144
　自然断奶的好处 144
　宝宝的反抗及后退情形 144
什么是孩子良好的饮食习惯 145
要不要给孩子补充维生素 146
　宝宝的阶段性营养需求 146
　正常饮食维生素够不够 146
　其他常见营养品 146
为贫血宝宝调整饮食 147
　轻度贫血的食疗 147
　药物治疗幼儿营养性贫血 147

✴ 第10~12个月宝宝的教养

表扬永远不嫌多 148
宝宝为什么爱乱扔东西 148
如何当称职好奶爸 149
　固定时间安排活动,让孩子有期待 149
　从互动中掌握技巧 149
　妈妈别在宝宝面前抱怨爸爸 149
　尝试和宝宝一起读绘本 149
　别错过孩子的成长 150
　当称职奶爸的四项建议 150

目录

第6章 第13~18个月的宝宝

★ 第13~18个月宝宝的养育

宝宝牙齿保健五大招 152
乳牙排列不好怎么办 152
乳牙蛀掉有没有关系 152
乳牙长得很开不好看 152
爱吃手指是否会影响牙齿排列 153
乳牙保健五大招 153

开始对宝宝进行如厕训练 154
如厕训练起始指标 154
如厕的训练方式 154
如厕训练注意事项 154
早训练宝宝大小便好吗 154

怎样给宝宝洗冷水浴 155
冷水洗手、洗脸、洗脚 155
冷水擦身 155

打造无过敏居家环境 156
过敏原的"量"是关键 156
为什么过敏人口增多了 156
换个环境,过敏情况消失不见 156
尘螨就在你的身边 157
蟑螂是排名第二的过敏原 158
宠物养或不养 158
清洁习惯不可少 158
过敏的疾病与症状 159

★ 第13~18个月宝宝的喂养

1周岁幼儿每日应吃多少食物 160
1周岁幼儿所需要的食物 160
幼儿食物要注意调配 160
幼儿对蛋白质的需要量是多少 160

帮助宝宝脑发育的饮食 161
脑部发育需要的营养素 161
甜食、蛋白质、油脂不要摄取过多 162

1岁以后过敏宝宝怎么吃 162

解决宝宝喂食困难 163
婴幼儿喂食困难及解决对策 163
九大用餐原则 165

给孩子适当吃些硬食 167

★ 第13~18个月宝宝的教养

宝宝开始不听话 168
了解原因 → 说理 → 告知后果 168
保持同理心 168
使用命令式的语气 168
转移注意力 169

谁家养出了惯宝宝 170
惯宝宝的养成 170
什么家庭会出现惯宝宝 170
不惯孩子,从小开始培养 170
宝宝给爸爸妈妈的备忘录 170

感觉统合训练——前庭觉 172
小游戏刺激前庭觉发展 172

感统开发——视觉认知功能 172
视觉注意力 172
视觉区辨能力 173
视觉空间能力 173
前景背景区辨能力 173
视觉记忆 173

宝宝语言发育迟缓的原因 174
注意隔代养育可能出现的问题 174
管教问题 174
祖父母的体力问题 174
语言沟通问题 175
儿童心理发育层面的影响 175

幼儿涂鸦 176
年龄小,能画什么 176
年龄越小≠越有想象力 176
"生活画"是主要题材 176
画人物和画植物 176

第7章 第19~24个月的宝宝

✽ 第19~24个月宝宝的养育

宝宝是安静或自闭 178
  自闭症的成因仍无定论 178
  自闭症的常见特征 178
  要从日常生活发现自闭症 179
  及早发现,及早治疗 180

宝宝便秘的照护 181
  如何判断是便秘 181
  便秘的四个原因 181
  便秘的照护 183

怎样给孩子捏脊 184
  捏脊的方法 184
  捏脊要注意什么 184

宝宝口吃怎么纠正 185
婴幼儿智力障碍的危险信号 185
宝宝为什么容易嘴唇干裂 186
纠正孩子吮指 186

✽ 第19~24个月宝宝的喂养

怎样给宝宝选择零食 187
  谷类零食 187
  薯类零食 187
  坚果类零食 187
  饮料类零食 188
  奶及奶制品 188
  蔬菜水果类零食 188
  肉类、蛋类零食 188
  豆类及豆制品零食 189
  糖果类零食 189
  冷饮类零食 189

不要让宝宝"积食" 190

✽ 第19~24个月宝宝的教养

为淘气的宝宝抓狂 191
  让父母们抓狂的行为 191
  和宝宝沟通的五项技巧 192
  当孩子令您抓狂时 192
  给父母的提醒 192

别被孩子的哭控制 193
  哭闹背后可能的原因 193
  回应哭泣Yes or No 193
  面对哭泣宝宝有对策 194

让宝宝早识字好吗 195
宝宝"五音不全"怎么办 196
  培养宝宝的听音能力 196
  不要让宝宝清唱歌曲 196

感统开发——认识两侧整合 197
  跨中线动作的能力 197
  两侧肢体不对称动作的能力 197
  两侧肢体对称动作的能力 197
  两侧肢体交替式动作的能力 197
  评量孩子的两侧整合 197

幼儿英语五大问 199
  一定要从ABC开始教吗 199
  幼儿听不懂英文时怎么办 199
  要从单词还是句子开始教 199
  怎么判断双语幼儿园好坏 200
  幼儿英语和学龄英语的差别 200

 目录

第8章 第25~36个月的宝宝

* 第25~36个月宝宝的养育

宝宝身高的关键Key 202
何谓生长迟缓 202
生长黄金年龄 202
预测孩子的身高 203
Key 1：营养需均衡 203
Key 2：运动量充足 203
Key 3：正常的激素 204
Key 4：疾病影响 204
关于身高Q&A 204
要重视宝宝的异常消瘦 206
营养性消瘦 206
慢性病性消瘦 206
孩子是好动还是多动 207

通过评量和测试做确诊 207
多动症怎样治疗 208
2岁前难以诊断多动儿 209
对孩子不要过度保护 210
预防孩子性早熟 210
双酚A 211
壬基酚 211
磷苯二甲酸盐 211
认识儿童癌症 211
儿童癌症有哪些 211
家长平常要注意哪些 211
从小减少患肿瘤风险 211
小心肘关节脱位 212
保护孩子柔嫩的肝脏 212

✽ 第25~36个月宝宝的喂养

- 别当孩子的喂饭跟屁虫 ... 213
- 不爱吃饭，每次要少给 ... 215
- 宝宝的胖胖危机 ... 216
  - 从生长曲线了解胖宝宝 ... 216
  - "能吃就是福"吗 ... 216
  - 过胖就别多吃 ... 216
  - 精致饮食容易发胖 ... 216
  - 用对方法，孩子不轻易发胖 ... 217
  - 除了节制饮食，还要运动 ... 217
  - 别把吃当作一种娱乐 ... 218
  - 别硬塞给孩子"营养饮食" ... 218
- 宝宝饮食七忌 ... 218

✽ 第25~36个月宝宝的教养

- 如何度过逆反期 ... 219
- 宝宝入园应具备的能力 ... 220
  - 生活自理能力 ... 220
  - 认知发展与语言表达能力 ... 220
  - 至少具备半天活动的体力 ... 220
- 感统训练——关于宝宝感觉敏感 ... 221
  - 触觉过度敏感 ... 221
  - 前庭觉过度敏感 ... 221
  - 听觉过度敏感 ... 222
  - 视觉过度敏感 ... 222

第9章 小儿常见病的家庭护理

- **小儿发热的注意事项及护理** ... 224
  - 需要注意 ... 224
  - 请先这样做 ... 224
  - 观察孩子全身的状况，确认有无其他症状 ... 224
  - 就医的基准 ... 224
  - 提供给医生的信息 ... 225
  - 有可能发生的疾病 ... 225
  - 让孩子觉得舒服点的居家照护 ... 225
- **小儿呕吐的注意事项及护理** ... 227
  - 需要注意 ... 227
  - 请先这样做 ... 227
  - 就医的基准 ... 227
  - 提供给医生的信息 ... 228
  - 有可能发生的疾病 ... 228
  - 让孩子觉得舒服点的居家照护 ... 228
- **小儿腹痛的注意事项及护理** ... 230
  - 常见的良性腹痛 ... 230
  - 如何观察孩子是否肚子痛 ... 230
  - 特殊的腹痛（严重疾病的表现） ... 231
  - 孩子肚子痛到底要不要紧 ... 232
  - 如何护理宝宝腹痛 ... 233
- **小儿腹泻的注意事项及护理** ... 234
  - 哪些原因可能引起腹泻 ... 234
  - 腹泻可能造成哪些危险状况 ... 234
  - 在家照顾，还是必须立即就医 ... 235
  - 宝宝腹泻时怎样照顾 ... 235
  - 宝宝腹泻时怎么吃 ... 236
  - 如何预防宝宝腹泻 ... 236
- **小儿出疹的注意事项及护理** ... 237
  - 需要注意 ... 237
  - 请先这样做 ... 237
  - 提供给医生的信息 ... 237
  - 有可能发生的疾病 ... 237
  - 就医的基准 ... 238
  - 让孩子觉得舒服点的居家照护 ... 238
- **小儿咳嗽的注意事项及护理** ... 240
  - 需要注意 ... 240
  - 请先这样做 ... 240
  - 就医的基准 ... 240
  - 提供给医生的信息 ... 241
  - 有可能发生的疾病 ... 241
  - 让孩子觉得舒服点的居家照护 ... 241

目录

水痘的注意事项及护理 242
  水痘传染方式与潜伏期 242
  症状 242
  治疗 243
  出水痘的护理 243

幼儿急疹的注意事项及护理 244
  症状 244
  治疗 244
  护理 244

猩红热的注意事项及护理 245
  症状 245
  治疗 245
  食疗 245

手足口病的注意事项及护理 246
  传染源 246
  传播方式 246
  临床特征 246
  诊断 246
  早期处理的方法 246
  预防原则 247
  家庭护理 247
  预防手足口病的食疗方 247
  常用重要治疗方 248

胃肠型感冒的注意事项及护理 249
  三大病毒类型 249
  发病症状 249
  家庭护理 249
  什么情况须立即就医 250
  全奶哺育期患儿的饮食照护 250
  辅食阶段以上的婴幼儿的饮食照护 250
  胃肠型感冒预防方法 251

流感的注意事项及护理 252
  幼儿流感可以预防 252
  流感与腺病毒的区别 252
  流感与普通感冒差异 252
  小儿流感食疗方 252

小儿蛔虫病的注意事项及护理 253

异位性皮炎的注意事项及护理 255
  症状 255
  宝宝为何会有异位性皮炎 255
  治疗 256
  预防可降低严重度 256

小儿荨麻疹的注意事项及护理 258
  日常护理注意 258

倒刺的注意事项及护理 259
日光性皮炎的注意事项及护理 259
  日常护理注意 259

小儿中耳炎的注意事项及护理 260
  急性化脓性中耳炎症状 260

小儿麦粒肿的注意事项及护理 261
小儿过敏性鼻炎的注意事项及护理 261
  哪些因素容易引起过敏 261
  症状 261
  治疗 262
  家庭护理 262
  预防 262

小儿鼻出血的注意事项及护理 263
急性扁桃体炎的注意事项及护理 264
  什么情况需要手术 264
  手术是合理的，但并不紧急的情况 265
  清热解毒利咽药膳 265

附录一：宝宝生长曲线图 266
附录二：中国5岁以下儿童生长发育参照标准 268

Chapter 1

第1章 宝宝第1个月

新生儿的发育

新生儿发育状况

- 新生儿，医学上是指出生时到满28天前这一期间的宝宝。此期间称为新生儿期。
- 足月儿指胎龄≥37周，且<42周（259~293天）的新生儿。
- 早产儿指胎龄≥28周，且<37周（196~258天）的新生儿。
- 过期产儿指胎龄≥42周（294天以上）的新生儿，又称过熟儿。
- 低出生体重儿指出生时体重<2500克者，<1500克者为极低体重儿。低出生体重儿大多为早产儿。
- 巨大儿指出生时体重≥4000克的新生儿。
- 高危新生儿指已发生或可能发生危重病情的新生儿。常包括：高危孕妇所分娩的新生儿；有疾病的新生儿。

睡眠

1个月内的新生婴儿每天睡眠时间很长，至少在18小时以上，睡的时间不规则，白天睡得多，晚上较清醒，这种情况在2~3个月后才会改变。

呼吸

新生儿的呼吸频率较快，一般40~60次/分，早产儿可达60次/分以上。新生儿以腹式呼吸为主，易出现呼吸节律不齐及深浅交替。观察新生儿的呼吸变化，要在新生儿安静的情况下，观察其胸、腹部起伏情况，每一次起伏即是一次呼吸。注意观察胸廓两侧的呼吸运动是否对称；呼吸是否急促、费力，有无呼吸暂停；口周皮肤的颜色有无青紫。

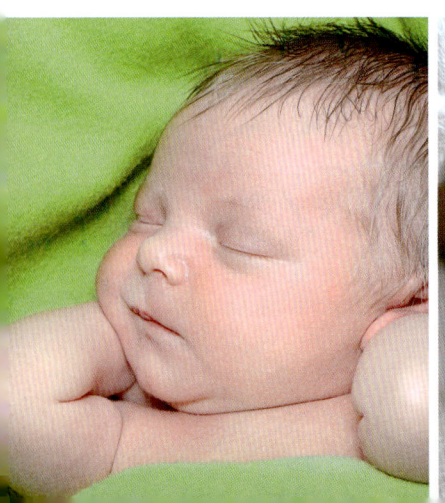
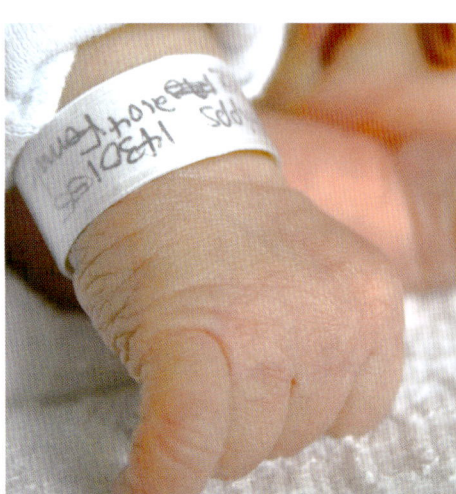
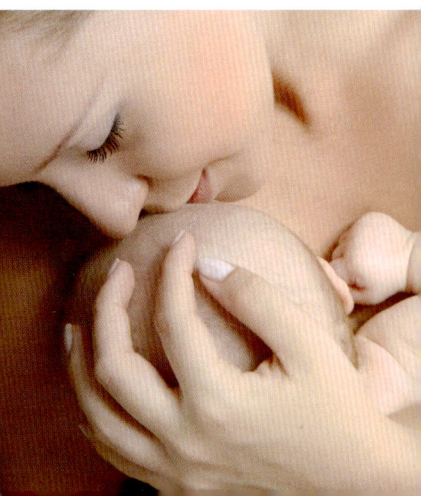

体重

孩子生长发育,体重是非常重要的指标。体重轻的孩子不容易养。但体重达到、超过4000克的"巨大儿",属于高危孩子。大部分"巨大儿"的母亲都能找到一些病因,比如妊娠糖尿病,母亲糖尿病生出的巨大儿,别看他体重很大,其实发育是不成熟的,他的血糖代谢会有很大的问题。这样的孩子出生后24小时内容易出现低血糖,低血糖对新生儿来说是非常严重的问题。在医院里对"巨大儿"会监测血糖,比如出生半小时内提前喂奶、糖水,这样能够避免低血糖。

另外,别看孩子很大,但是实际上他的器官发育是不成熟的,一般来说,糖尿病母亲生出的孩子,孕周相当于小2周,比如孩子是40周生的,可能发育的水平就是38周。当然,4000克以上的孩子也有一小部分是没有其他问题的,同正常新生儿。

体重轻的原因有两个:一是早产。没到日子,体重也不可能长到正常体重。还有一个就是身体有某种疾病。足月出生但体重不到2500克,这种孩子叫"足月小样儿"。

宝宝出生体重增减平均值

出生月数体重增减(平均值)		
1~2周	—	稍微降低
第3个月	+	30克/日
第4~6个月	+	20克/日
第7个月~1周岁	+	10克/日

脐带

新生儿脐带在离肚脐1~2厘米处被结扎。

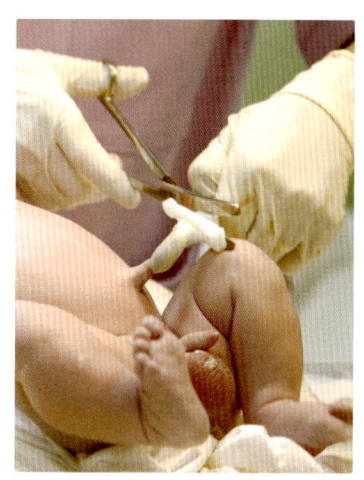

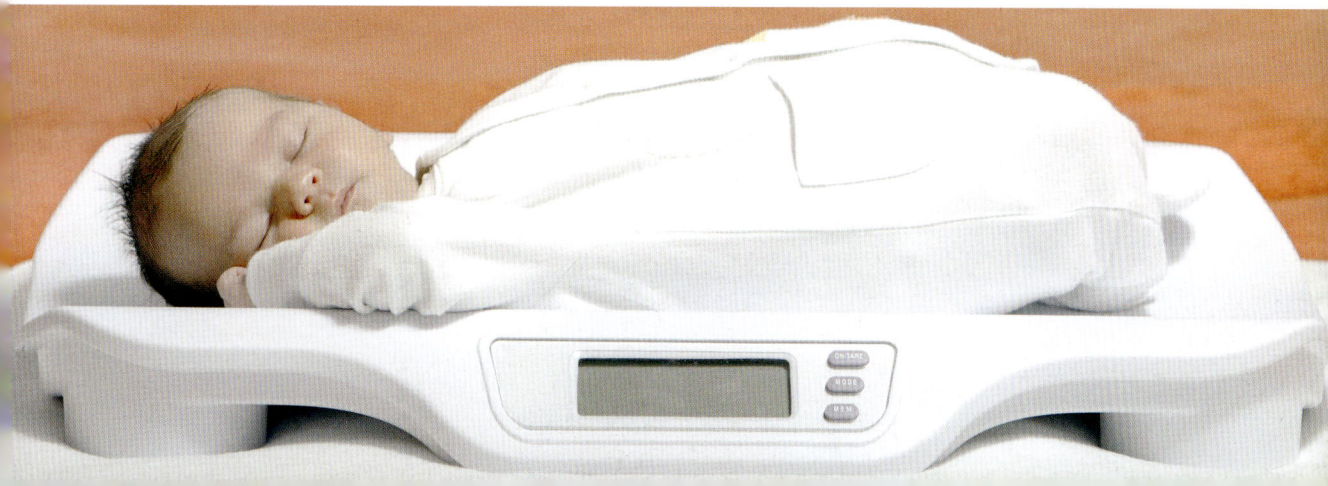

·称新生儿体重

前囟

前囟是新生儿头顶的柔软部位，是头颅骨尚未连接的间隙。前囟要到宝宝2岁左右时才完全闭合。宝宝的头皮覆盖着这个间隙，它虽然十分坚韧，但是千万不要让宝宝的前囟受重压。不必对前囟做特别的照顾。但是，一旦发现覆盖其上的头皮绷紧膨胀凸出，或在前囟部位出现不正常的萎陷时，应立即带宝宝前往医院请医生诊查。

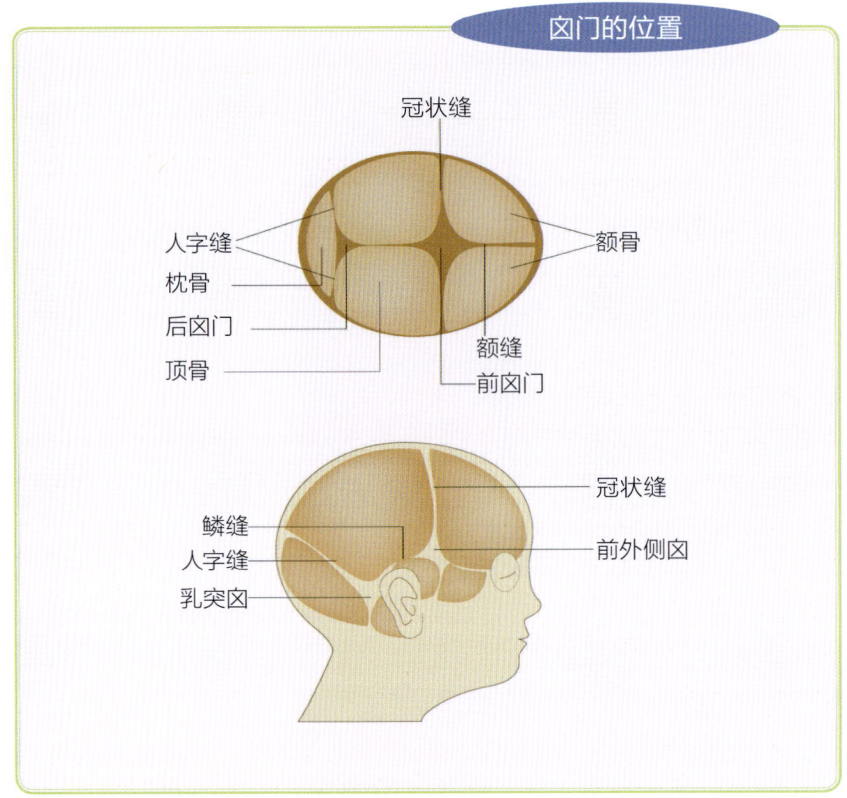

囟门的位置

皮肤

新生儿的皮肤会被白色的脂质所覆盖。医院对于胎脂的处理方法各不相同。有的医院予以保留，因为胎脂提供了一道抵抗轻度皮肤感染的天然屏障。它在2～3天之内会自然地被皮肤所吸收。但是，如果在宝宝皮肤的皱褶内有大量胎脂堆积并可能引起刺激时，就应把它擦拭干净。

体温

新生儿的正常体温为36～37℃，但新生儿的体温中枢功能尚不完善，体温不易稳定，受外界温度环境的影响体温变化较大，新生儿的皮下脂肪较薄，体表面积相对较大，容易散热。因此，要对新生儿注意保暖。尤其在冬季，室内温度保持在18～22℃为宜，如果室温过低则容易引起硬肿症。

视觉

新生儿一出生就有视觉能力，34周早产儿与足月儿有相同的视力。父母的目光和宝宝相对视是表达爱的重要方式。眼睛看东西的过程能刺激大脑的发育，人类学习的知识85%是通过视觉而得来的。

听觉

新生儿的听觉是很敏感的。如果用一个小塑料盒装一些黄豆，在宝宝睡醒状态下，距宝宝耳边约10厘米处轻轻摇动，宝宝的头会转向小盒的方向，有的宝宝还能用眼睛寻找声源，直到看见盒子为止。为了发展宝宝听力，只要宝宝醒着，就要随时随地和宝宝说话，还可以给宝宝播放优美的音乐，摇动有柔和响声的玩具，给予听觉刺激。

新生儿特殊的生理现象

体重减轻

新生儿出生后2~3天，由于皮肤上胎脂的吸收、排尿、体内胎粪的排出及皮肤失水，以及刚出生的新生儿吸吮能力弱、吃奶少，体重不增反而出现暂时性下降。在出生后3~5天体重下降有时可达出生体重的6%~9%，在出生后7~11天恢复到出生时的体重，这称为生理性体重下降。如果体重下降超过出生体重的30%，或在出生后第13~15天仍未恢复到出生时的体重，这是不正常的现象，说明有某些疾病，如新生儿肺炎、新生儿败血症及腹泻或母乳不足等，应做进一步检查。

黄疸

新生儿出生后的皮肤为粉红色，生后2~3天时，细心的父母会发现宝宝的皮肤发黄，有的眼睛巩膜（俗称白眼珠）也发黄，第4~5天明显，8~12天后自然消退。宝宝除皮肤发黄外，全身情况良好，无病态，医学上叫作生理性黄疸。

生理性黄疸的表现是：宝宝吃奶很好，哭声响亮，不发热，大便呈黄色，4~6天时黄疸明显，在出生后第8~12天消退，如果是早产儿可以在出生后第3周消退。一半的足月儿，还有50%~60%以上的早产儿都要经历过黄疸的过程，这是一个很普遍的现象。绝大部分属于生理性黄疸，其中有一少部分是病理性黄疸。

头部血肿

新生儿头颅血肿是头经产道娩出时受到挤压，位于骨膜下的血管受损伤出血所形成的，多于出生时或出生后数小时出现，数日后更明显。其表现为血肿发生在骨膜下，不超过骨缝，局部肤色正常，有波动感，消退时间至少需2~4周。此症多无明显不良后果，如果头颅血肿过大，可引起新生儿贫血或胆红素血症，即出现黄疸，此时应做相应处理。

乳房肿胀

不管是男婴或是女婴，受到母亲激素的影响，造成单侧或双侧的乳房肿胀，通常发生在出生后几天，2~4周后，乳房即恢复正常的平坦。

脱皮

出生3~4天的新生儿全身皮肤开始"落屑"，有时甚至是大块的脱落，这也是一种生理现象。1~2周后一般可自然落净，呈现出粉红色、非常柔软光滑的皮肤。

尿红

新生儿出生后2~5天，有的父母发现宝宝尿血，其实，宝宝并没有尿血，一般持续数天可自行消失。如果36小时后无尿，应立即诊治。

生理性脱发

有些新生儿在出生后几周内出现脱发。新生儿生理性脱发，大多数会逐渐复原，属正常现象，妈妈不要着急。目前医学对新生儿生理性脱发，还没有清晰的解释。

呼吸时快时慢

新生儿正常的呼吸频率是每分钟40~50次。新生儿中枢神经系统的发育还不成熟，呼吸节律有时会不规则，特别是在睡梦中，会出现呼吸快慢不均、屏气等现象，这些都是正常的。

出怪相

新生儿会出现一些如皱眉、咧嘴、空吸吮、咂嘴、屈鼻等表情，这是新生儿的正常表情，与疾病无关。

认识新生儿反射

家长可以先对这些反射动作有基本认识，若有觉得异常或担心的现象，必要时为宝宝做进一步的检查。

什么是"新生儿反射"

"新生儿反射"是指婴儿脑部发育成熟前，受到外界刺激时，为了保护自己或寻找食物，未经过大脑皮质而由脑干或脊髓直接反应所产生的动作。通常在婴儿出生后的几个月内，儿科医生会为宝宝做一些基本的新生儿反射检查，以观察宝宝是否有脑部或神经肌肉的异常。不过新生儿反射动作有很多种，有些反射动作一出生就有，有的可能会等几个月后才出现（所以刚出生时还看不出来）；随着大脑皮质的发展成熟，会逐渐抑制婴儿的原始反射，但每个反射动作的消失时间亦不相同。因此，新生儿反射动作须由专业的医生来做检查和判断。

医生建议，家长可以先对这些反射动作有基本认识，若有觉得异常或担心的现象，可于每次带宝宝回医院接种疫苗时，请教医生，必要时为宝宝做进一步的检查。

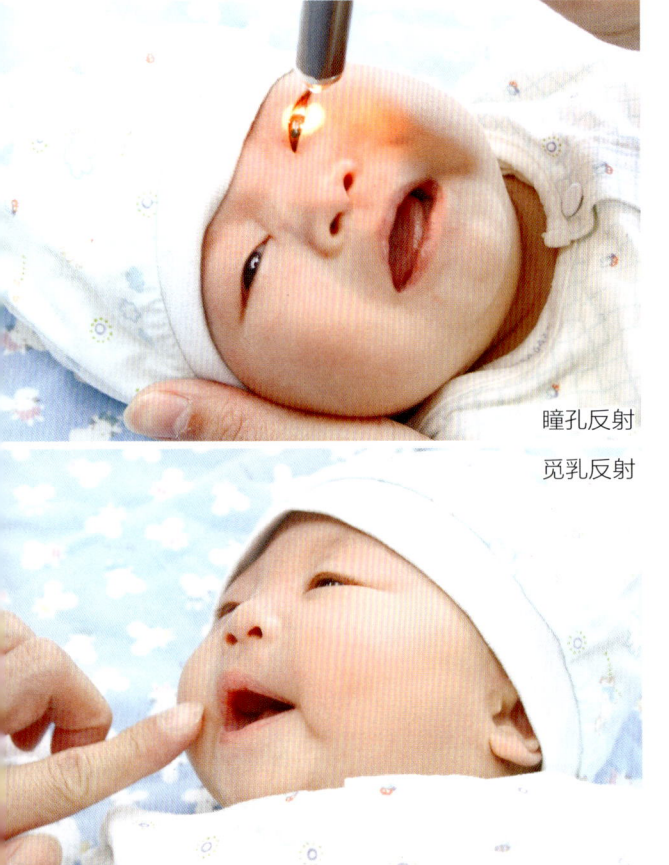

瞳孔反射

觅乳反射

"新生儿反射动作"有哪些

瞳孔光反射

当医生用手电筒照新生儿眼睛时，其瞳孔会缩小，此反射动作可看出其第二对脑神经（即视神经）和第三对脑神经（动眼神经）是否正常。医生做此检查时同时会观察新生儿的瞳孔颜色：正常的瞳孔颜色为黑色（不分种族），若是红色，可能是先天性视网膜母细胞瘤（恶性瘤）；若是黄色，则可能是罹患先天性白内障。

觅乳反射

将手指头轻轻触碰新生儿的嘴角时，他的头会自然转向该侧，找到手指头后会想要含住、吸吮。不过此反射动作在出生后1~2个月，随着大脑的发展，就不太明显了，4个月左右就完全消失。宝宝在母亲子宫内即已有吸吮和吞咽反射动作（因为会吞羊水），这些反射虽然终生都会存在，但到了4个月左右，宝宝已可使用情绪反应来表达肚子饿时,反射动作就不会那么明显了。

行走反射

将宝宝双手托起使其直立、并微微前倾时,他的脚会开始上下踏步,好像要准备走路一样。此反射动作大约在出生后6个月内会消失。

足踏反射

将宝宝的脚背轻轻碰向桌面,他的膝盖会缩起,并将脚抬起,再往外跨出,好像在做踏步动作一样。这是因为宝宝的脚背感受到障碍物后,会躲开,然后接着寻找一平面去踩。此反射动作大约在出生后6个月内会消失。

手、脚的抓握反射

将东西轻碰宝宝的掌面时,他会马上抓握不放开;将东西放到宝宝的脚掌并触碰脚趾时,宝宝的脚趾头会立时像"含羞草"一样,想要包住该物。抓握反射动作出生时就会出现,大约在出生后2～3个月消失,但持续具有抓握的能力。

惊吓反射

让宝宝躺在床上,正面朝上,一手抬高头部约15度,突然将头放开往下坠落再接住;放手的瞬间,正常状况下,宝宝的两只手臂会突然往外伸展,之后手臂弯曲成拥抱状(此动作较危险,不建议父母做,建议由医护人员执行)。宝宝若没有惊吓反射反应,表示可能有中枢神经系统的问题;若是单一侧的手臂无法做出正常动作,代表可能有锁骨骨折,颈椎神经或是臂神经丛有问题(肩难产时,在将肩膀拉出的过程中,有可能伤及臂神经丛),需要进一步检查异常原因。此反射动作在出生后4～5个月会消失。

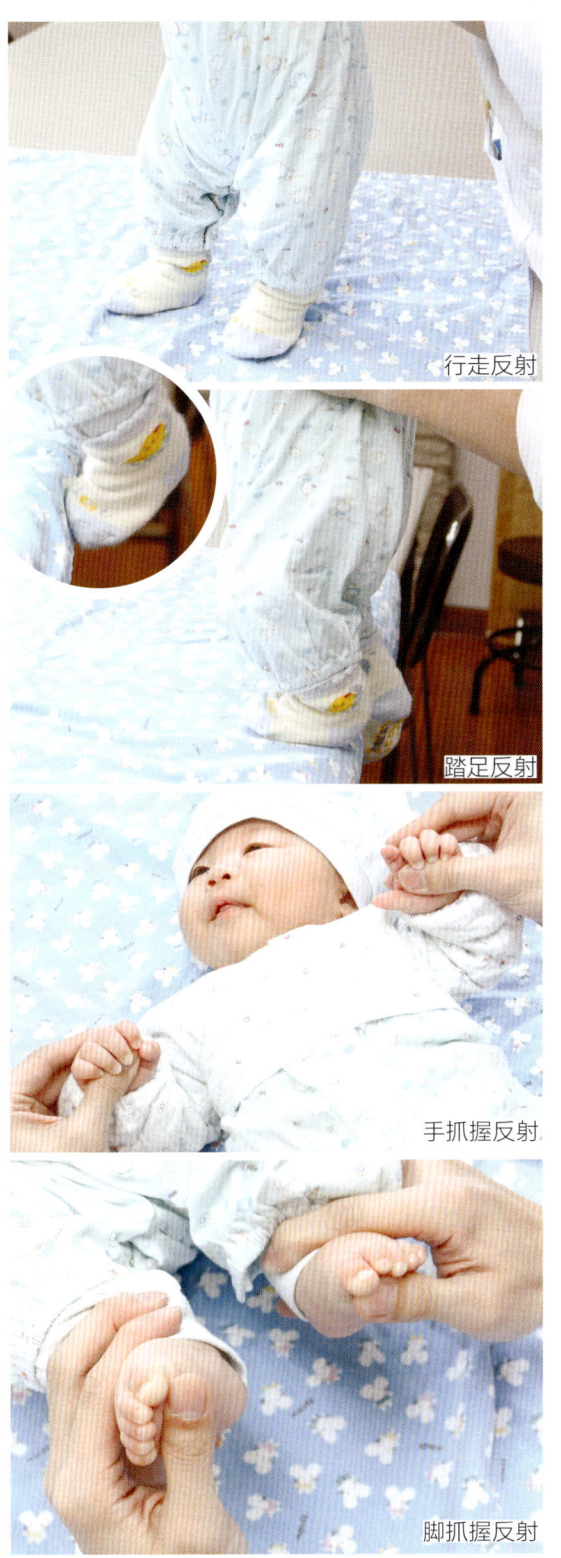

行走反射

踏足反射

手抓握反射

脚抓握反射

非对称强直性颈反射

宝宝平躺时，将其头部转向某一侧，此时该侧手臂会伸直，另一侧的手臂则会弓起，好像"弓箭手"一样。这个反射动作因为牵涉到比较多的神经肌肉，以及平衡系统的发展，因此在宝宝出生后1~2个月内才会开始出现，在6~7个月消失。

膝反射

在宝宝的膝盖肌腱处用小槌子轻轻敲一下，宝宝的小腿会立时弹一下。若宝宝的膝反射太强（一直来回摆荡），表示脑部可能有损伤情形（例如：脑性麻痹）；反之，若宝宝的膝反射太弱，则表示有周边神经或肌肉的问题，上述两种情况都需要做进一步的检查。

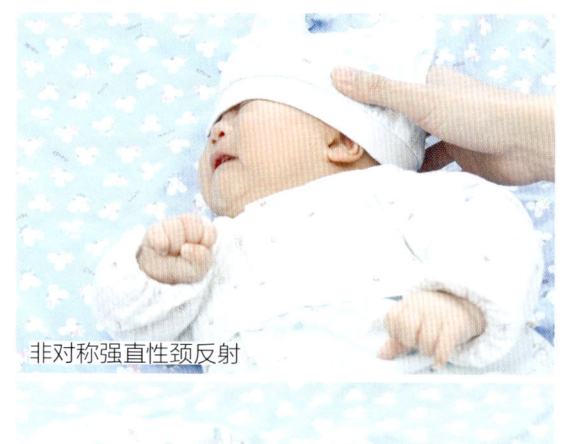

非对称强直性颈反射

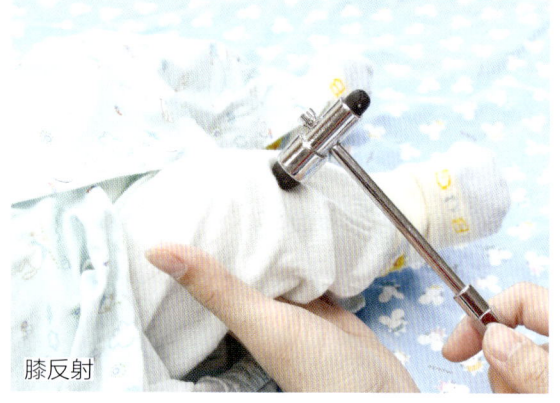

膝反射

🌿 1岁以前出现的反射动作

出生后2个月左右，爸妈会发现宝宝有"追寻反应"，这是指宝宝的视线会随着物体的移动而移动（60厘米内、90°内的距离）；另外，当你将宝宝正面向上扶起时，其胸部会微微向上抬起，这是"牵引反射"，可看出宝宝的肌肉张力是否正常。

出生2个月内的新生儿，其平躺时的正常身形会呈现"W+M"形，也就是宝宝的两只手臂会向上自然蜷缩成W形，两条腿会向内自然弯曲成M形。将宝宝面朝下平放在手上时，正常状况下宝宝的背部会呈现平直、手臂微张，若是呈现"倒U"形（背部拱起）、手臂下垂无力，则是异常状况。

当宝宝3~4个月大时，颈部肌肉已有力量，俯卧时可抬高约45°，并且直立抱住时，颈部不需支撑已可直立；6个月大时，靠着手臂力量的帮助，颈部甚至可抬高约90度，并且能够用手抓取可接触范围内的物品（若是不行，表示可能肌肉力量或中枢神经系统有问题），且具备左、右手交换对象的能力。

当宝宝8～9个月大时，会出现"降落伞反射"动作，也就是将宝宝抱起、面朝下移动，接近地面时，其手臂会自然向下准备撑住，这是一种自我保护的反射动作，若是没有出现此动作，表示宝宝的大脑可能有损伤情形，或是手部肌肉无力。这个阶段的宝宝也会出现"侧位支持反射"动作，就是当宝宝坐着时，若是用手轻推宝宝某一侧，他的另一侧手臂会马上出现撑住身体的动作，不让自己摔倒。

脑部有重度损伤、异常，或是神经肌肉严重障碍的宝宝，基本上在出生一两个月内就可借由上述这些肢体或反射动作异常而发现；但若是轻微的脑部或神经肌肉障碍，可能就要等比较大时才能观察得出来。比方说，若是6个月大还不会翻身，七八个月尚不会坐、爬，或是习惯用单侧手臂，或有身体、动作不协调，吞咽困难等现象，家长就需带宝宝进一步就医检查、找出原因，并尽早接受治疗或复健。

🌿 宝宝肢体动作异常的可能原因

宝宝若无法出现上述正常的反射和肢体动作，不外乎是在以下四个方面中的任一项出了问题：脑细胞、神经纤维、神经纤维与作用部位的交接处、肌肉组织，需要逐项检查以找出问题所在。

脑细胞的问题通常是因为缺氧（在子宫内或是生产过程中发生）、在子宫内受到病毒感染（母亲感染后经由胎盘传给胎儿，如：疱疹病毒），或染色体异常而造成。

脑瘫为常见的肢体异常原因，它的特征是一旦脑细胞受到伤害，将无法复原，但也不会再恶化。不过脑瘫的儿童因为仍在发展阶段，随着年龄不同会有不同的表现和变化。

脑瘫的原因很多，比如染色体异常、早产、产程过长、在母体内即受到感染、妊娠高血压（胎盘功能降低，或因母体血流供应不佳造成胎儿缺氧）、母亲吸毒，或是出生后罹患脑膜炎、脑炎、头部外伤、剧烈摇晃等，都是造成脑部伤害的危险因子。脑瘫会影响到肢体的协调，甚至智力。严重的脑瘫宝宝在出生后两三个月内就可发现其肌肉张力异常，关节僵硬、两脚交错（剪刀脚）等反常动作。

若是家长发现孩子有吞咽问题，发展迟缓、张力反射异常或是抽筋的现象，都有可能是脑瘫的症状，须尽快就医检查，以把握黄金早疗时间。虽然脑部的伤害已无法复原，但是早期疗育和做复健与物理治疗，可让现有的功能发挥最大效果，对于往后的发展和功能的提升有很大帮助，亦可预防肌肉挛缩。因此，掌握早期疗愈的黄金时间非常重要。

脑部有重度损伤的宝宝，在出生一两个月内，妈妈可试做这些反射检查。发现问题及时到医院就医，把握早期疗愈的黄金时间

新生儿的喂养

喂母乳很简单

① 宝宝出生后1~2小时内，母亲就要做好抱婴准备。

② 纯母乳喂养的宝宝，除母乳外不添加任何食品，包括不用喂水，宝宝什么时候饿了什么时候吃。纯母乳喂哺最好坚持6个月。

③ 宝宝出生后头几个小时和头几天要多吸吮母乳，以达到促进乳汁分泌的目的。宝宝饥饿时或母亲感到乳房充满时，可随时喂哺，哺乳间隔是由宝宝和母亲的感觉决定的，这也叫按需哺乳。一般白天每3~4小时喂一次，夜间可6~7小时喂一次，一天喂5~7次，夜里若宝宝不醒也可不喂。一般出生后2周左右才能按需要自然形成定时喂养。要注意，不要宝宝一哭就用喂奶来哄宝宝，因为宝宝哭的原因有很多，应查找原因。

④ 一般来说，每次喂奶15~20分钟就可以了，最多不超过30分钟。母亲将奶头和乳晕全部塞进宝宝嘴里，宝宝的嘴唇、齿龈和舌的吸吮运动，能使奶液从乳晕内的乳腺管中流出。一半以上的奶液在开始喂奶的5分钟就吸到了，8~10分钟吸空一侧乳房，这时再换吸另一侧乳房。让两个乳房每次喂奶时先后交替，这样可刺激产生更多的奶水。

⑤ 纯母乳喂养不要再喂水。对于单纯母乳喂养的婴儿，是不需要喂水的。如果过早、过多喂水，会抑制新生儿的吸吮能力，使他们从母亲乳房吸取的乳汁量减少，反而不利于新生儿的生长发育。

1个月婴儿的食量表

母乳：依宝宝需求来哺乳，哺喂时间不定，平均2~3个小时喂1次。

婴儿配方奶：一天喂6~10次，每次60~90毫升。

喂食须知：洗澡、外出活动后要及时补充水分。

备注：喂食量是否足够的指标是，每天至少便1次，且尿布湿6~8次。

Q&A

Q：医院鼓励新妈妈产后马上喂母乳，但我的奶量只有一点点，宝宝吃得饱吗？

新妈妈刚开始分泌的奶水称之为初乳，初乳的分量很少，但初乳的营养价值极高，同时也能够满足新生儿头几天的营养需求，所以妈妈不需要担心宝宝吃不饱。

Q：生病的妈妈，例如感冒、有肝病等，是否能喂母乳？

妈妈即便生病也还是可以喂母乳，除非患有艾滋病或其他少数情况才不能喂母乳。由于大部分的传染性疾病都是接触性传染，例如感冒，宝宝并不会因为喝母奶被感染，而是因为妈妈的接触才会被传染。

所以若妈妈感冒的话，可以戴口罩，勤洗手，这样可以避免传染给宝宝。另一方面，妈妈会因为感冒产生抗体，使喝母乳的宝宝也因此产生抗体。不过，至于其他类疾病，还是要根据具体的病情和治疗情况，遵从医生的建议而决定是否可以母乳喂养。

哺乳的姿势

妈妈在哺乳时，要以自己最轻松的姿势为佳，妈妈先调整好姿势，再让宝宝贴近哺喂，不能迁就宝宝。假如这样哺喂时间较长时，才不会造成腰酸背痛，哺乳才会持续。另外哺喂时要注意宝宝的头、颈和身体有无呈一直线，下巴贴着妈妈的乳房，正确含乳。

摇篮式抱法

- 妈妈大腿平放。
- 先确定背部有可倚靠支撑的力量。
- 在大腿上放靠垫，将宝宝抱过来靠近妈妈的胸部，将宝宝和妈妈胸部较近的手臂放在妈妈身后，以前臂支撑宝宝的身体，让宝宝的头、颈和身体呈一直线。
- 让宝宝紧贴着妈妈的身体。
- 确认宝宝正确含乳后，可在手肘下方放靠垫。

摇篮式抱法

卧姿

- 妈妈侧躺，并在自己的头部、背后或两腿之间各放一个靠垫来支撑身体。
- 妈妈可以舒服地躺着或用手臂支撑自己的头部（右侧躺用右手支撑，左侧躺用左手支撑），另一只手搂着宝宝的头部及背部，让宝宝贴近乳房。
- 可随时调整自己的角度，若乳房的位置过高或过低，可在哺喂的那侧乳房下方垫毛巾支托乳房，协助宝宝正确含乳。
- 假如要换另一侧的乳房喂，可稍微调整身体使另一侧乳房靠近宝宝，或与宝宝一同翻身后再喂。

卧姿

橄榄球式抱法

- 可用靠垫将宝宝垫高，让宝宝的头部和身体呈水平躺在上方。
- 妈妈用手掌及腕部托住宝宝的头，以整个手臂支撑宝宝的身体，或是以手臂及手肘轻轻地把宝宝夹在腋下，如此宝宝的脚就会在母亲的腰际或是背后。
- 这个姿势可以左右同时哺喂两个宝宝，适合双胞胎。
- 采用这个姿势时，妈妈要注意不可在宝宝的后脑勺施压。

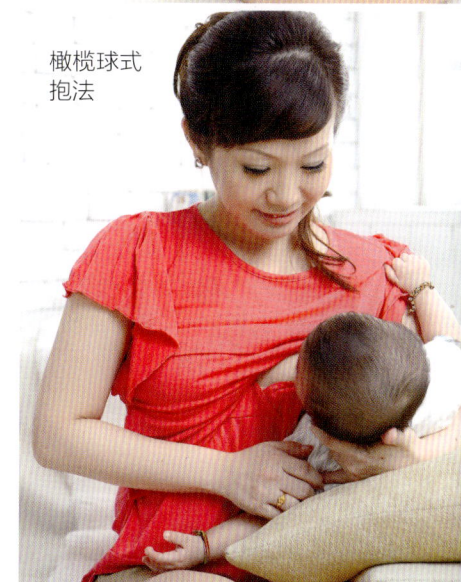
橄榄球式抱法

修正橄榄球式抱法

以类似橄榄球式的抱法，但是让宝宝的身体横过妈妈的胸部，吸吮另一边乳房，这个姿势非常适合新生儿或较小的宝宝，妈妈可以清楚观察到宝宝的含乳、吸吮状况。

刚开始哺喂时，若宝宝还无法将乳头含得很好，妈妈可在宝宝口中先用手挤出几滴母乳，让宝宝知道含吸住是有奶水的，或是协助宝宝含住乳头和乳晕。

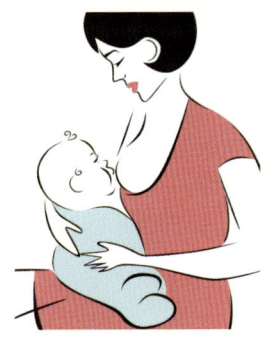

修正橄榄球式抱法

乳头较短平怎么办

妈妈不要以为自己乳头短平宝宝就喝不到奶了，婴儿并不是借由吸乳头吸到奶，而是吸吮乳晕、乳房，再从乳头得到奶水。

一般来说，在婴儿的吸吮之下，短或平的乳头也会被拉长。这是因为乳头有伸展性。如果妈妈的乳头有良好的伸展性，那么即便乳头短、平，在宝宝的吸吮下，也会逐渐伸展并且变长。检查乳头是否有好的伸展性的办法是：轻轻地将乳头拉出来，如果乳头可以被拉出来，那么它的伸展性是好的；如果要拉出乳头的时候，乳头反而陷进去，那么就代表乳头的伸展性不好，并且是乳头凹陷。

乳头过大怎么办

如果妈妈的乳头较大，对宝宝来说，可能无法整个含住妈妈的乳头，所以在喂宝宝的时候，不要强迫宝宝含住整个乳晕，可以橄榄球式抱法喂宝宝，这样才能看得见宝宝含住乳房的状况，确认宝宝有无吸到奶水。也有一些妈妈采用让宝宝直接趴在身上喂奶的方法。哺乳时可以将乳房压平一点再放入宝宝嘴巴，并且鼓励宝宝张大嘴，喂奶前你可以张大嘴跟宝宝示意。假以时日，宝宝就会模仿你。等到宝宝逐渐长大之后，嘴巴也变大了，就较容易含住妈妈的整个乳头与乳晕。

乳头大的妈妈，刚开始哺乳会比较辛苦，但随着宝宝长大，问题会迎刃而解。最好的方式就是及早哺乳，让宝宝在吸第一口母乳时就认识妈妈的乳房。

必读小叮咛

无论妈妈的乳头属于较长或较短，都能够喂母乳。但一定要产后马上让宝宝吸吮乳房，熟悉乳头。尽量不要让宝宝碰奶瓶奶嘴，免得宝宝不肯吸吮妈妈的乳房。

宝宝正确含乳

哺喂母乳时，除了妈妈的姿势要注意，宝宝的含乳是否正确也会影响宝宝吸到乳汁。妈妈哺喂时将宝宝抱起靠近乳房，用手靠着胸壁托着整个乳房，妈妈可调整角度，增加乳房和宝宝鼻孔间的空隙，让宝宝吸吮时能含住整个乳晕，帮助宝宝顺利吸到乳汁。新手妈妈哺喂时，可以先用乳头轻碰（刺激）宝宝的嘴角，测试宝宝的反应，当宝宝的嘴巴有想要吸吮或张大的反应时，再迅速将宝宝紧贴妈妈的身体。

正确含乳姿势

- 含住整个乳晕，而不是只有乳头。
- 宝宝下巴贴近妈妈的乳房。
- 宝宝的嘴巴张大并且嘴唇往外翻。
- 宝宝吸吮时，上方的乳晕会露出较多。
- 宝宝的头、颈和身体呈一条直线。
- 脸颊没有凹陷。
- 妈妈的乳房不会疼痛。

舌头位置

- 宝宝的舌头伸长，超过他的下牙龈。
- 舌头包围着乳房。

宝宝喝够了没有

如何判断宝宝是否真正吸到乳汁

- 以缓慢有节奏的速度去吸吮和吞咽，频率为一秒一次（一吸、一放）。
- 可观察到宝宝嘴巴张大—暂停—再闭起来。
- 可借由宝宝深而慢的吞咽声和太阳穴轻微地动，观察宝宝是否有吸到奶水。
- 宝宝喝完后表现出放松、饱足的样子，有的时候甚至会直接睡着。
- 母亲有下乳的感觉。

判断宝宝是否喝到足够的乳汁

- 每天2～3小时喂一次，一天喂8～12次以上。
- 排尿：第一天湿1片、第二天湿2片、第三天湿3片，类推到第七天，变成一天湿6～8片。
- 宝宝喝足够奶水会表现安详饱足感或舒服入睡。
- 在出生后三个月内，每一周的体重增加120克。

宝宝出生后的生理性脱水，体重下降约10%以内，2周后就恢复到出生时的体重。

Q&A

Q: 喂母奶的女性乳房容易变形下垂吗？

乳房变形绝对与喂母奶无关，而是在于平日穿着内衣的习惯。喂母奶时乳房罩杯通常会升级，因此需要穿着适合的胸罩。若是为了哺乳方便而偷懒不常穿胸罩，乳房当然就有可能下垂变形。

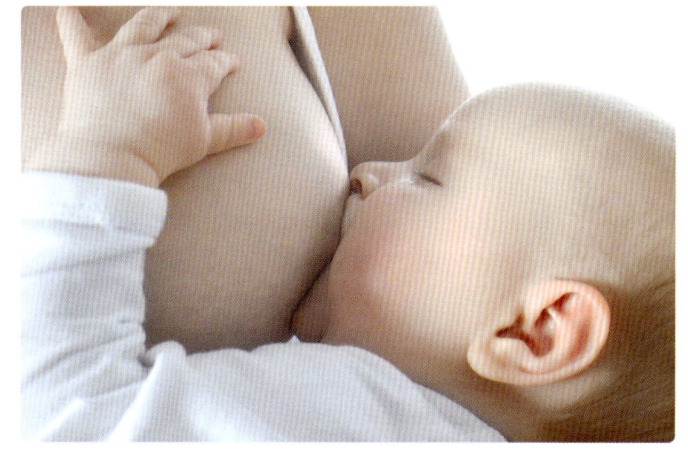

排气、吐奶与溢奶

🌿 排气

通常母乳宝宝喝完奶后不会有胀气现象,因为较不会有空气进入宝宝口中。不过,喂配方奶宝宝或多或少都会吸进一些空气,因此妈妈可要记得在喂完奶后替宝宝排气,否则宝宝容易有腹胀或溢奶的状况。

方法一: 让宝宝坐在腿上,并让宝宝的头及胸部靠在手腕上,并以另一只手扶住宝宝的背部。将手指与手掌弯曲,对着宝宝的背部由下往上拍,帮助他排气。

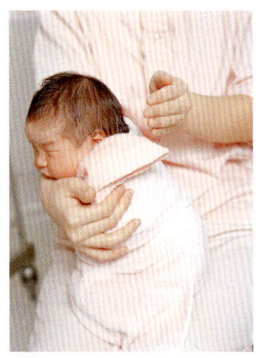

方法一

方法二: 抱起宝宝,让宝宝的身体靠在肩膀上。亦可在肩膀上铺毛巾,以毛巾垫在宝宝的嘴巴下方,防止溢奶。手指手掌弯曲拱起,由下往上拍打宝宝的背部。

当宝宝顺利排气,爸妈会听到打嗝的声音。如果拍了10~15分钟都没有听到打嗝的声音,可以停止排气,让宝宝侧睡,降低溢奶的情形。

方法二

🌿 预防吐奶与溢奶

① 少量多餐。

② 每次喂奶中及喂奶后,把宝宝抱直排气。

③ 喂奶时勿让宝宝吸食太急,中间应暂停片刻。

④ 奶瓶嘴孔应适中,因孔洞太小吸吮较费力,空气容易由嘴角处吸入口腔再吞入胃中;奶嘴孔洞太大,奶水会淹住咽喉,很容易呛到。

⑤ 喂食后勿马上平躺,上半身应抱直并轻拍背部(妈妈手呈杯状)。若要躺下时,要将宝宝上半身放高,并采取右侧卧。

⑥ 喂食后避免宝宝激动或任意摇动。

婴儿每日哺奶量、次数参考表

宝宝年龄	每天哺喂次数	每次哺喂奶量	哺喂间隔时间
0~2周	8~10次	90~140毫升	1~2小时
2周~1个月	6~8次	90~140毫升	1~2小时
1~2个月	6~7次	110~160毫升	约3小时
3个月	5~6次	110~160毫升	约4小时
4~5个月	5~6次	170~200毫升	约4小时
5~6个月	4~5次	170~200毫升	4~5小时
6~9个月	4~5次	200~250毫升	5~6小时
9~12个月	3~4次	200~250毫升	5~6小时

民间发奶方法有哪些

① 民间的发奶食物

仔细分析几乎都是高蛋白质与富含水分的食物,这些食物的确有助于奶水的分泌,例如花生炖猪脚汤、青木瓜排骨汤、山药排骨汤、鲜鱼汤、鸡汤、红糖姜汤、黑糖芝麻汤圆、牛奶、酸奶、豆浆、黑麦汁等,其中,较少为人知,但也被列在发奶食物的啤酒酵母其实也是高蛋白质食物,因为它含有50%的蛋白质。

② 温和药材有

补充气血以增加乳汁:当归、黄芪、麦冬等,以四物汤或八珍汤为底的药材。疏通局部气血:白通草、地黄、川芎、王不留行。

有特殊体质或情况,例如燥热体质、子宫肌瘤、乳房瘤或囊肿、发热、感染性、发炎性等疾病,不适合食用上述药材。

③ 刺激乳汁分泌穴位

- 膻中穴:在身体正中在线,乳头相连的中心点。
- 乳根穴:乳房中心点向下,乳房根部的正下方。
- 天宗穴:肩胛骨中央凹陷处。
- 少泽穴:小拇指指甲外侧下方0.1寸。

不同居住地区或是族群都各有祖先们流传下来的发奶食谱,只要在饮食均衡的原则下摄取这些发奶食物,对妈妈们都是有益无害的。

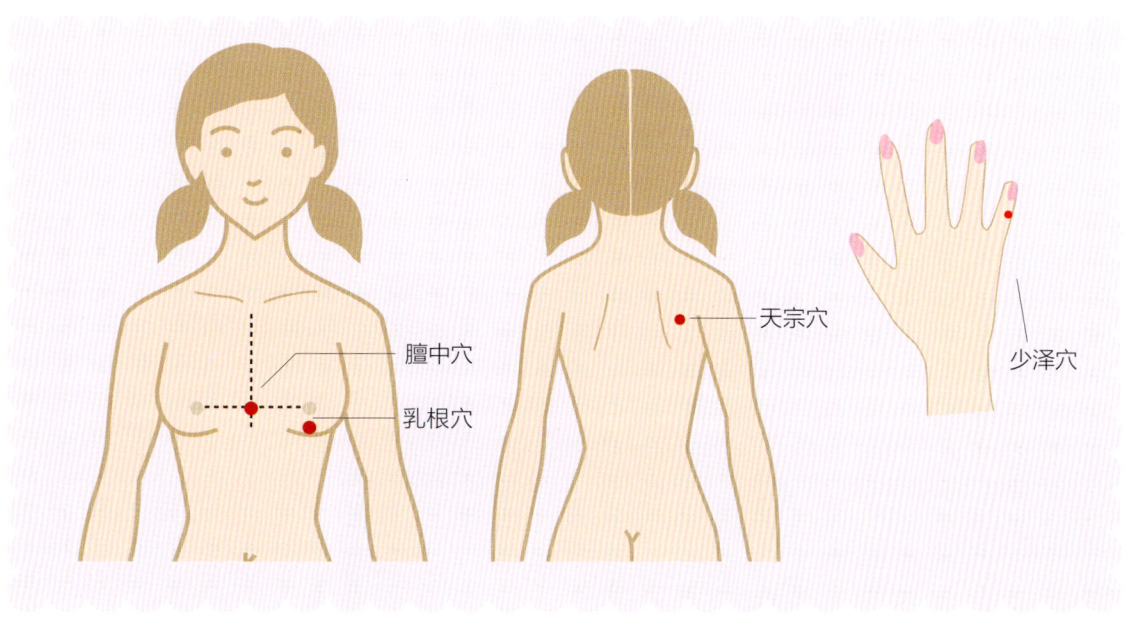

妈妈缺乳的饮食调理

有些妈妈产后身体太过虚弱,加上没有配合适当的饮食,就可能会影响乳汁的分泌。妈妈在一天中摄取的水量总共要2000~3000毫升,才能提供足够的奶水量以哺喂宝宝。若是要调理身体、补充气血和增加乳汁,可以依照妈妈的体质,用温和的中药调养。另外可以搭配按摩穴位去疏通乳腺,增加乳汁分泌。

红豆汤

原料 红豆200克,带皮老姜30克,米酒3000克。
调料 红糖150克。
做法 ①将红豆泡入米酒水中,加盖泡8小时。②老姜切成丝,放入已泡好的红豆中。③大火煮滚后,加盖转中火继续煮20分钟。④转小火再煮1小时后熄火,加入红糖搅拌后即可食用。

花生炖猪蹄

原料 猪蹄2只,花生150克。
调料 味精、盐各适量。
做法 ①将猪蹄除去蹄甲和毛后,洗净。②猪蹄和花生一起放入炖锅中,加水适量,小火炖熟。③加盐、味精调味即可食用。

猪蹄通草汤

原料 猪蹄2只。
调料 通草6克,葱白30克,盐适量。
做法 ①猪蹄洗净。②猪蹄与通草、葱白一同放入锅内,小火焖煮3小时。③加入盐调味即可。

红豆汤

花生炖猪蹄

猪蹄通草汤

母乳妈妈的饮食禁忌

最好不吃冰凉的食物吗

月子期间应尽量避免冰凉食物,夏天很多食物会放冰箱,建议食用前最好先微波炉加热或常温后再吃。

妈妈吃西瓜,宝宝会拉肚子吗

此说法没有经过验证得到证实,母乳宝宝大便本来就像水一样很稀,与妈妈吃哪些食物并无绝对关联。肠胃不好的人,吃太多凉性食物较容易引起腹泻,所以最好避免。

妈妈吃苦瓜,宝宝气管会不好吗

中医将苦瓜归为凉性食物,月子期最好少吃或不吃。如果过了月子期,就不需太在意食物是否属于凉性。

NO食物清单

- 韭菜:是大家熟悉的退奶食物,虽然不清楚哪些成分有退奶作用,不过很多想退奶的妈妈试过都觉得效果不错,正在喂母乳的妈妈最好少碰。
- 人参:一样具有退奶作用,产后妈妈如果要持续哺育母乳,最好少吃。
- 大麦芽:它会加速退奶,母乳妈妈应该避免,而我们平常喝的大麦茶或未发芽的大麦并没有回乳作用。
- 生鱼片:主要怕细菌污染造成无法预知的危害,除非确定经过正确的处理,否则母乳妈妈的食物应该一律煮熟再吃。
- 咖啡、茶、巧克力、可乐:含有咖啡因的食物都应该禁止。
- 海鲜类食物:为避免透过乳汁增加宝宝过敏机会,哺乳妈妈食用海鲜要特别小心,尤其虾、螃蟹等高风险的带壳海鲜最好禁止。

> **必读小叮咛**
>
> 建议每一位产妇依据不同的产后体质,制订个人的产后进补计划。坐月子千万不可道听途说而乱补或补过头,以免得到反效果。

奶胀痛可频繁喂奶

即便一开始喂奶会有些许疼痛感,只要喂的姿势正确,疼痛感是会消失的

有的妈妈觉得胀奶的疼痛甚至大过生产之痛,可见得乳房肿胀的痛苦程度。胀奶时,最好的缓解方法就是让宝宝吸吮;宝宝若是吃饱了,乳房却仍有肿胀不适感时,就先将奶水挤至瓶内,但不需要完全排空,只要感到乳房柔软下来、没有不舒服就好;若是排空,反而会刺激大脑分泌更多奶水,乳房很快又会胀痛。

若是感到乳房周围有些奶水肿胀的硬块,可以用二、三指并拢,在硬块处轻揉,由外侧往内按(往中央轻推)。只有在喂奶或挤奶前才建议热敷约10分钟让奶水流出;但如果乳房很胀时不建议热敷,可以稍微冷敷以降低疼痛感,但千万不要冷敷乳晕乳头,否则反而会抑制乳汁排出。

国外已有研究指出,将圆白菜叶洗净放冰箱冷藏,可用来冷敷乳房、缓解乳房胀痛。因为圆白菜本身所释放的酵素有助于舒缓肿胀,又容易取得,让妈妈不需一直重复拧毛巾冷敷,省事许多;圆白菜叶的"环形"叶状又正好可以包住乳房、露出乳晕乳头处,可说是天然的冷敷好帮手。

胀痛可能是婴儿吸奶的方式不对,或是乳房某一部分的奶水蓄积,所以妈妈应以不同的方式喂奶,只要婴儿可以吸到奶水的姿势都可以,这样一来,乳房中每一个部位的奶水都可以被排出。其实,让宝宝的下颌对着肿胀处哺乳,也是许多妈妈疏解胀奶的小秘方。另外,要多以肿胀的那一侧喂母乳。

婴儿喂奶量与体重关系表

体重	每3小时喂奶量	每4小时喂奶量
2千克	45~65毫升	60~90毫升
2.5千克	55~70毫升	70~90毫升
3千克	65~85毫升	90~110毫升
3.5千克	75~95毫升	100~130毫升
4千克	90~110毫升	120~150毫升
4.5千克	95~120毫升	130~165毫升
5千克	105~130毫升	150~195毫升
6千克	120~140毫升	180~220毫升

乳头酸痛、破皮怎么办

不少妈妈会有乳头酸痛、破皮的现象，喂母奶是否会疼痛因人而异，因为每个妈妈的耐痛度不同。不过，即便一开始喂奶会有些许疼痛感，只要喂的姿势正确，疼痛感是会消失的。如果疼痛感一直存在，就表示妈妈的喂法或是姿势错误。乳头破皮也是一样，在正确的喂姿之下，妈妈的乳头是不会破的，因为婴儿是同时含住乳头与乳晕吸吮母乳，而不是直接吸吮乳头。

假使乳头已破皮，将乳汁涂在伤口处可有助于好转。也可以涂点羊脂膏，让它风干，通常一两天后就会康复。当乳头受伤时，要暂停使用吸乳器，以免更痛。建议妈妈即使在家，也要穿戴胸罩，以免衣物摩擦乳头，亦可能容易发生破皮现象。若乳头出现小白点或水疱，表示乳汁出口有阻塞情形，可以多让宝宝吸奶，或者可用纱布蘸点生理食盐水轻擦乳头，有时会自己畅通；若仍无法改善时，可请医师帮忙用无菌针头挑开。

乳腺炎要及时治疗

如果出现乳腺炎，务必先要将奶水挤出来，否则感染现象不会好转，而且妈妈的奶水有可能就此停止供应。感染乳腺炎的乳房，仍然可以直接哺喂宝宝，但妈妈若担心发炎状况会影响宝宝，可以先用手或吸奶器将奶水挤出，并且用未感染的那一侧直接喂奶。此外，亦可在两次喂奶的间隔时间里冷敷乳房镇痛，或是做按摩。

得了乳腺炎，医生也会给予抗生素以及止痛、退热药加以治疗，而服用这些药物时是否能继续喂奶，则必须要遵医嘱。如果婴儿发生嗜睡、起红疹或不吃奶的现象，就须留意是否是药物造成的影响。

至于脓肿，只有在乳腺炎未加以治疗后才会产生，这时候通常必须将乳房切开把里面的脓引流出来。

另外提醒妈妈，不要穿着过于紧绷的胸罩，因为钢丝可能会压迫到乳腺，也不利奶水的分泌与排出。

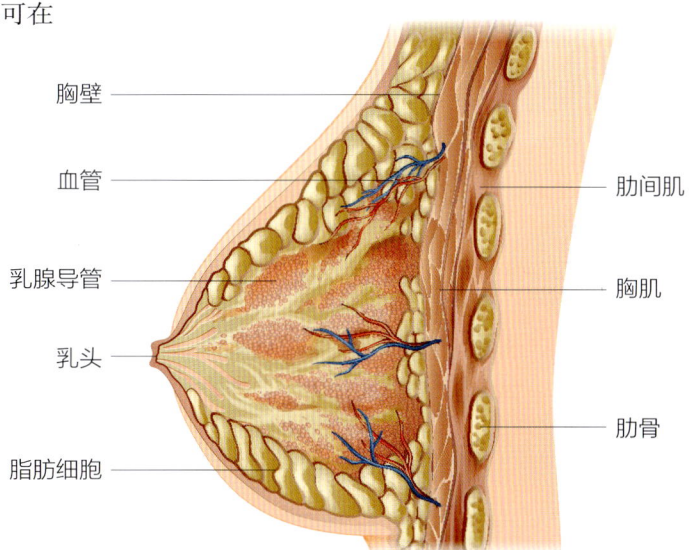

·女性乳腺解剖图

小奶瓶大学问

目前市面上的奶瓶共分为玻璃、PES、PPSU、PP及PC等五种材质，每种材质各自有优缺点，可斟酌其材质特性及使用需求去选购：

PES、PPSU奶瓶

PES及PPSU塑料奶瓶是现在市面上询问度最高的奶瓶，而PPSU是较PES更顶级的材质，这一类奶瓶的特性是轻巧、耐摔，冲泡热水及高温消毒时不会产生化学毒素双酚A，耐热度可达到180℃，能用蒸汽消毒、紫外线消毒，使用上很安全，因此相对单价也比较高。

玻璃奶瓶

玻璃材质的奶瓶最让妈妈放心，优点是使用寿命长、易清洗、耐热度高及导热快等，也较不易产生化学物质，磨损率比塑料奶瓶来得低，价格上也比PES、PPSU材质来得便宜。不过，传统的玻璃奶瓶很重，不大适合婴儿练习手拿，外出携带也较不方便。

PC奶瓶

透光性佳，但由于经过高温消毒或烘干时会产生有毒物质双酚A，伴随奶汁进入宝宝体内，容易导致宝宝性器官发育不全、性早熟，或造成幼童过动及注意力散漫等障碍，目前市面上已较少见了。

PP奶瓶

PP材质的奶瓶不会产生双酚A，但受到高温时容易变形，还能放到冰箱冷冻，所以大部分消费者都会用PP奶瓶来储存母奶。

必读小叮咛

妈妈要注意，矿泉水、纯净水不宜冲奶粉。矿泉水所含的矿物质是按照成人标准设计的，不适合婴儿，宝宝如果长期饮用，会增加肾脏负担，加大患肾结石的风险。家用纯净水也叫"穷水"，它不含微量元素，还会把体内的有益微量元素带走。不管是给宝宝冲奶粉，还是直接喝，最好用普通的自来水煮沸放凉。

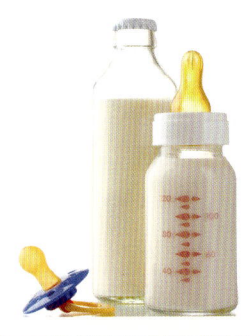

词汇解读

含有双酚A的塑料婴儿奶瓶：根据国家卫计委等六部门的新规，自2011年6月1日起我国禁止双酚A用于婴幼儿食品容器（如奶瓶）生产和进口；自2011年9月1日起，禁止销售含双酚A的婴幼儿食品容器。因为在塑料奶瓶加热时双酚A会析出到食物和饮料中，对婴儿发育、免疫力有影响，诱发性早熟，甚至致癌。

人工喂养：指采用其他乳品和代乳品进行喂哺宝宝的方法。人工喂养方法复杂一些，但只要细心，同样会收到较满意的喂养效果。

喂食婴儿配方奶粉注意事项

以婴儿配方奶粉喂食宝宝时，需要记住以下注意事项：

- 冲泡奶粉前要先洗手。
- 使用前要将喂食器皿彻底清洁干净并消毒。
- 温不温奶瓶均可，但是一旦选定一种方式不要轻易改变。
- 冲奶粉要按说明书的比例，不要随意增加奶粉的浓度。
- 加热奶瓶前，先拿掉瓶嘴、瓶盖。
- 120毫升的奶瓶在微波炉中以强波加热时，时间不要超过30秒，240毫升的奶瓶则不要超过45秒。
- 奶瓶嘴流量需适中。哺喂之前，先试温度，加热后，盖好瓶盖及瓶嘴，并将瓶子反复翻转8~10次，不要摇奶瓶。
- 将加热过的奶水滴一些在你的手腕背面测试温度，不烫也不太凉的温度就正适合，因那个部位比手腕内侧更敏感。
- 在宝宝的下巴旁边垫一条小方巾，让奶瓶从宝宝嘴巴侧边慢慢滑入嘴里，并确定奶嘴放在舌头的上方，嘴唇整个含住奶嘴，不会内翻到嘴巴里。
- 别强迫宝宝将奶水喝完。
- 已过期的配方奶粉千万不要给宝宝喝。配方奶粉配完后超过30分钟也不宜给宝宝喝。
- 别用微波炉加热玻璃奶瓶，因为可能会破裂或爆炸。
- 喂食后倒掉剩余的奶水。
- 变硬或没有弹性的瓶嘴不能再给宝宝使用。
- 切忌先加奶粉后加水。

必读小叮咛

新生儿需要每3~4小时喂食一次。宝宝第一天一餐的奶量大约30毫升，第二天则是一餐60毫升左右，但详细状况仍因不同的宝宝而有差异，如果宝宝没吃饱，每次可多加一点奶量，但上限是30毫升。而冲调奶粉的开水温度只要温和不烫伤宝宝即可，最好不要超过40℃。

冲奶粉时，先放水后再放奶粉较容易冲开。

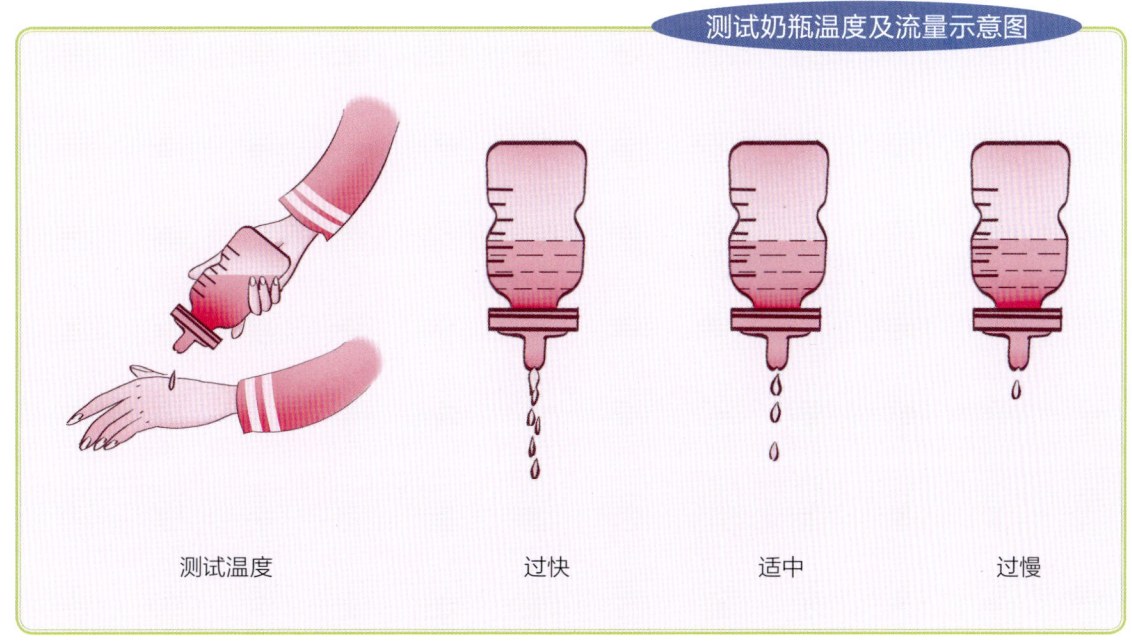

测试奶瓶温度及流量示意图

测试温度　　过快　　适中　　过慢

Q: 宝宝喝配方奶的时间应该固定,还是饿了就喂?如果要固定时间喂,那么宝宝睡觉的时候是不是也要叫醒喂?

原则上尽量固定时间喂奶,但是如果宝宝确实很饿而哭闹不停,还是应该让宝宝吃饱。在两个月大以后,如果婴儿半夜熟睡可以少喂一次;至于白天,最好还是叫醒宝宝按时喂奶。对人工喂养的宝宝来说,前3~4天,大多数宝宝每2~3小时喂奶一次,白天为8次左右,晚上还有不少临时喂食,可能需要喂2~3次。妈妈通常可在固定的时间间隔哺喂宝宝。等到了3个月大时,通常约4小时喂一次,白天5次,夜间1~2次。

Q: 混合喂养,如何掌握宝宝喝配方奶的量?

妈妈每次可稍微多冲调一些配方奶,如果宝宝没有喝完,观察一下余量,就知道宝宝这次喝了多少配方奶,下次冲调时就按照这个标准掌握量就可以。反之,如果宝宝把配方奶都喝完了还有点意犹未尽,就说明这次冲调的量有点少。宝宝不断成长,奶量也在不断变化,这需要妈妈细心摸索。

Q: 宝宝可以喝比他年龄段小的配方奶吗?

可以,阶段越小的配方奶粉,所含的营养元素越全面,越均衡,也更容易消化,所以大宝宝可以吃小宝宝的配方奶粉。但是小宝宝却不能吃大宝宝的奶粉,尤其是新生儿配方奶不要超前。

Q: 配方奶粉被打开后为什么只能保存几周?

一般打开的配方奶粉,应在4周内饮用完,因为配方奶粉里含有很多高营养物质,潮湿、污染、细菌等因素都会影响配方奶粉的质量。

Q: 宝宝喝了配方奶就便秘怎么办?

配方奶多添加纤维素,本身不会引起宝宝便秘,便秘可能是给宝宝喝了足够的配方奶后又添加了钙,或者冲调的配方奶过稠的缘故。

Q: 多喝水有利于缓解宝宝便秘吗?

通常建议大家在两次喂奶之间给宝宝喝一些水。尤其是天气炎热或者宝宝出汗多的时候,水量也要相对增加。你可以通过观察宝宝小便的颜色来判断是否该给他喝水,如果小便是透明无色的,说明他身体里的水分够了;如果小便发黄,说明他需要喝一些水了。

Q: 按照外国标准生产的奶粉,适合中国宝宝的体质吗?

如果宝宝喝了这种配方奶粉后没有任何不良反应,生长发育也很正常,妈妈就不用担心。

Q: 宝宝喝了配方奶还需要补钙吗?

如果宝宝喝了足量的配方奶就不需要补钙,因为配方奶里的钙已经能够满足宝宝的需要,不需要额外添加。如果补的钙超出了宝宝本身的需求,就会给宝宝的代谢带来安全隐患。

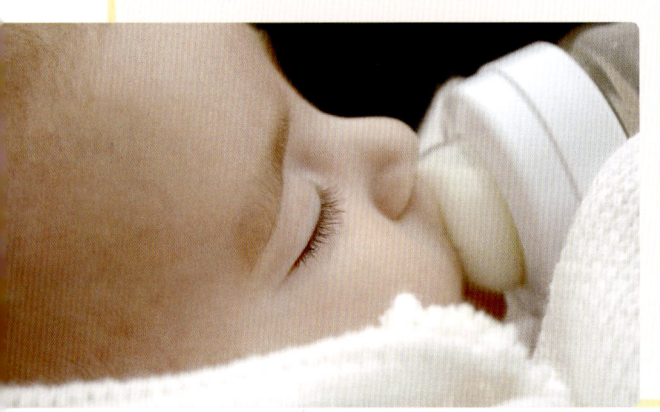

新生儿的护理

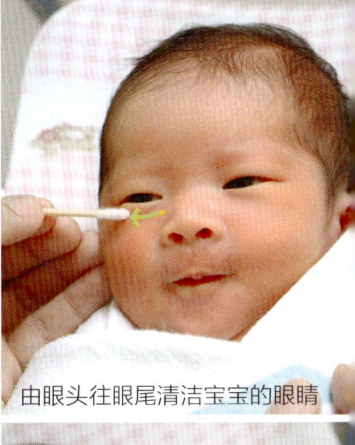
由眼头往眼尾清洁宝宝的眼睛

宝宝的清洁

🌿 需准备的器具

- 细轴棉花棒 • 纱布 • 冷开水或生理食盐水 • 脐带护理包,内含棉花棒、浓度95%的乙醇(酒精)

🌿 Part 1 清洁宝宝的眼睛

方向:眼头——>眼尾

趁着水还是最干净时先清洁宝宝的眼睛,利用纱布蘸水,轻轻地由内(眼头)往外(眼尾)擦拭即可!切记不可以来回擦拭,来回造成重复污染,一边眼睛使用一支干净的棉花棒或是干净的纱布一角。

平时若看到宝宝眼睛有眼垢,可以利用棉花棒或是纱布的一角蘸生理盐水或冷开水,由内往外擦拭即可。此外,家中宝宝的棉花棒盒避免大人共同使用。

用纱布清洁宝宝的口腔

🌿 Part 2 每晚睡前以纱布清洁口腔

宝宝喝完奶后,让宝宝喝点水来清洁宝宝的口腔。家长最好在每晚睡前都能用纱布帮宝宝清洁一次口腔。将干净纱布套在手指上,将纱布蘸点冷开水,当妈妈把纱布轻轻地放入宝宝的口中时,宝宝会有吸吮的动作,这时候就可以顺势旋转擦拭宝宝舌头上的舌苔。

🌿 Part 3 清洁宝宝的鼻孔

宝宝洗澡后是清洁鼻孔的最佳时机,用棉花棒蘸冷开水或生理食盐水,用旋转的方式,就能把鼻腔分泌物卷出来。棉花棒伸入鼻孔的深度约1厘米即可,并不是愈深入就能清理愈干净。

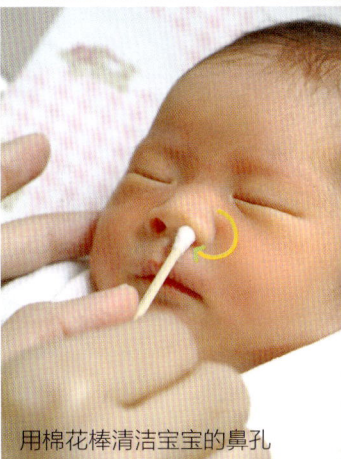
用棉花棒清洁宝宝的鼻孔

使用吸鼻器时

当宝宝有鼻涕时,可使用吸鼻器将鼻涕吸出。先将吸球中的空气尽量挤出,再轻轻放入宝宝的鼻孔中,将鼻涕一点一点地吸出。趁宝宝睡着的时候再使用,会比较容易进行。

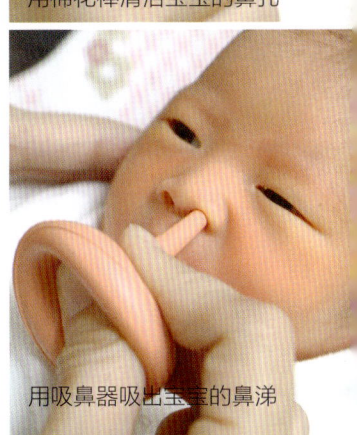
用吸鼻器吸出宝宝的鼻涕

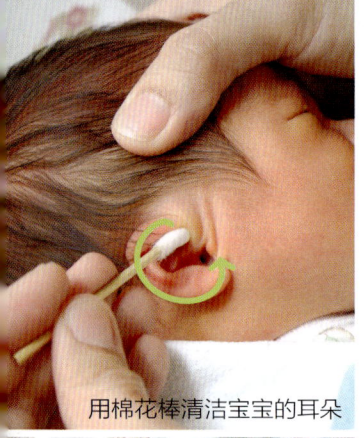
用棉花棒清洁宝宝的耳朵

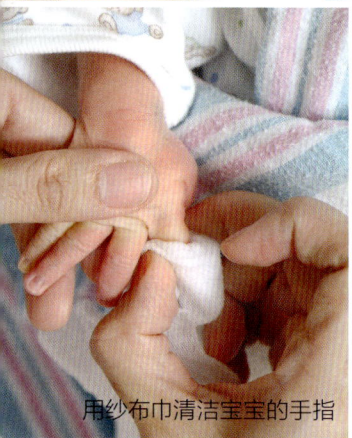
用纱布巾清洁宝宝的手指

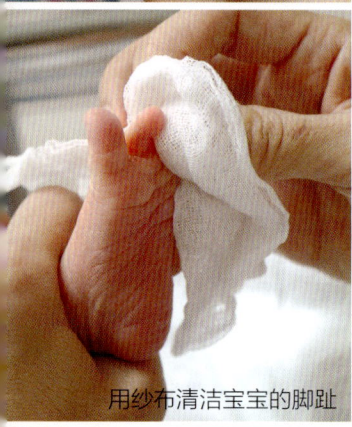
用纱布清洁宝宝的脚趾

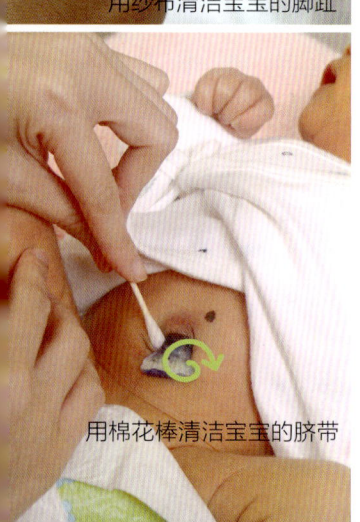
用棉花棒清洁宝宝的脐带

Part 4 清洁宝宝的耳朵

给宝宝洗澡时，妈妈可以将纱布蘸湿，轻轻擦拭宝宝的耳缘部分。如果宝宝的耳朵进水了，妈妈可以拿棉花棒在外耳处轻轻旋转，将水慢慢吸干。平时若看到宝宝的外耳有污垢，可用棉花棒蘸冷开水，轻轻旋转将外耳的脏东西卷出即可。

有时候家长担心宝宝的耳朵进水，便一直拿棉花棒清洁宝宝的外耳道，反而造成宝宝外而出现红肿、糜烂的现象。新生儿患外耳道炎，大部分都是由家长过度清洁宝宝的耳朵所引起的。因此，家长每日给宝宝清洁一次耳朵即可。

Part 5 清洁宝宝的手指、脚趾

宝宝的手指、脚趾相当脆弱，平常只需用纱布蘸水轻轻擦拭每根手指、脚趾即可。如果手指、脚趾甲太长，可以趁着洗澡后顺便修剪。建议使用婴儿专用指甲剪来修剪宝宝的小指甲。修完指甲后，再用锉刀将指甲磨平，宝宝才不会抓伤自己。

为了避免宝宝抓伤自己，有些家长会给宝宝套上手套。套上手套固然能避免宝宝抓伤脸蛋，但只要修好宝宝的指甲，让宝宝脱下手套，让手指自由碰触、抓取物品，这些动作反而能帮助宝宝得到更多反射刺激。

Part 6 帮宝宝进行脐带护理

① 洗完澡后，将宝宝身体擦干，穿上衣服、尿布。最后再露出脐带的位置。
② 用干净棉花棒蘸取75%的酒精，由内而外，从脐带的根部开始，消毒脐带周围。消毒范围大约是半径一厘米的圆圈大小。
③ 调整一下宝宝的尿布的裤头位置，一定要露出脐带，避免脐带受压迫、不透气。

• 宝宝脐带在脱落之前应保持干燥。洗澡之后，应先以干净棉花棒轻轻擦拭脐带周围，再进行脐带护理。
• 避免让尿裤的裤头覆盖住脐带！减少摩擦，同时也能避免尿液或粪便沾染到脐带。
• 如果脐带碰到水，一定要再使用酒精重新护理一次。
• 正常情形下，脐带会有淡黄色分泌物，但无臭。如果有渗血、脓黄分泌物、有臭味，周围的皮肤有红肿现象，就可能是脐带发炎了，爸妈应带宝宝到医院检查。
• 脐带脱落的几天之后，仍然要继续给宝宝做脐带护理，直到肚脐眼完全干燥为止。

🌿 Part 7 清洁宝宝的生殖器

女宝宝的清洁方向：会阴部———>肛门

帮宝宝清洁阴部时，要由会阴部往肛门方向清洗，不可来回擦洗，才不会将肛门的细菌又带到会阴部而诱发感染。此外，宝宝的会阴部有胎脂覆盖，清洁时并不需特别费力搓洗，只需要将皱褶处的白色皮垢清洗干净即可。

男宝宝的清洁重点

帮宝宝清洁生殖器时，则要小心翻开包皮皱褶处，将皮垢清洁干净。睾丸是常令人忽略的清洁部位。同时检查宝宝睾丸的位置是否正常，两边睾丸是否都在阴囊中，观察宝宝是否有隐睾症的情况。

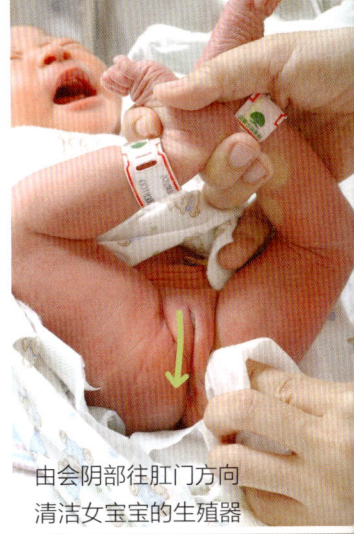

由会阴部往肛门方向清洁女宝宝的生殖器

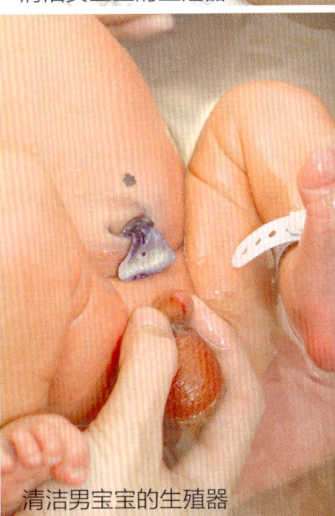

清洁男宝宝的生殖器

注意事项

洗澡前准备好的尿布最好先摊开，免得宝宝喷尿。帮宝宝洗头、洗脸的时候，不需要将尿布先脱掉，这也是为了防止宝宝喷尿。

洗澡的时间最好不要超过10~15分钟，爸妈可自行决定是否使用沐浴液。夏天是37~38℃，冬天时可稍微提高温度，为39~40℃。

学会给宝宝抚触按摩

> **按摩前的四步骤**
> - 妈妈将饰品取下,清洁手部。
> - 帮宝宝脱衣服。
> - 将按摩油(或植物油)倒入手中,用手心搓热。
> - 将毛巾围成圈圈,仿造子宫内的形状,再将宝宝轻放在圈圈中,可让宝宝更有安全感。

宝宝按摩好处多多

- 按摩可以让早产儿情绪稳定,睡眠安稳,自然也会吃得较多,有助宝宝摄取更多营养。
- 经常抚摸宝宝,能刺激宝宝的感觉统合能力。
- 在宝宝清醒时、能清楚观察宝宝的表情和反应之下,才是按摩的适当时机。
- 最好能选在两餐之间的间隙,此外,宝宝洗澡后也很适合进行按摩。
- 宝宝想睡觉或大哭、表现不开心时可停止。
- 避免在冷气出风口附近或是风扇附近按摩。妈妈可以摸摸宝宝的手脚,不会有凉凉的感觉即可。

按摩顺序:双脚 →背部→手部 →前胸→腹部→头部。

从腿部和脚丫子开始

- **揉捏脚趾**:一手握住宝宝的脚踝,一手轻轻地搓揉宝宝的脚趾。

- **脚背推按法**:两手轻握宝宝脚掌,一手用拇指,轻轻由脚踝往脚背方向推按。

- **大腿推按法**:双手握住宝宝大腿,利用拇指由宝宝的大腿中心往外侧推按,再由膝盖往脚趾方向推按。

- **小腿按摩**:用双手握住宝宝的小腿轻轻拉直,腿部按摩便完成。

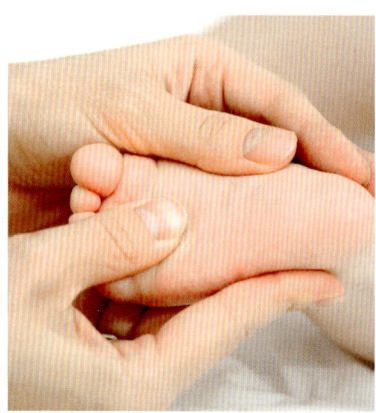
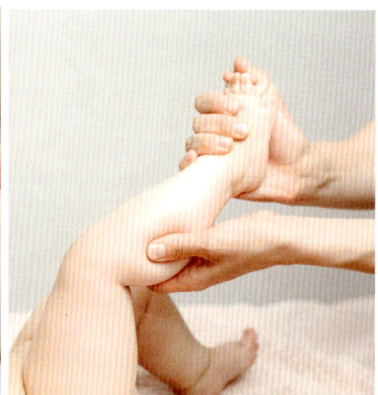

🌿 背部按摩

- 水车式：双手交替，轻轻滑推背部。
- 脊椎旋推：一手扶住宝宝的身体，手指合起，轻轻旋转推按宝宝的脊椎两侧。
- 旋推屁股：双手扶好宝宝屁股，利用虎口带动拇指力量，在宝宝的屁股上由里向外推按。
- 轻捏屁股：整个手掌包覆宝宝屁股，轻捏宝宝的屁股。

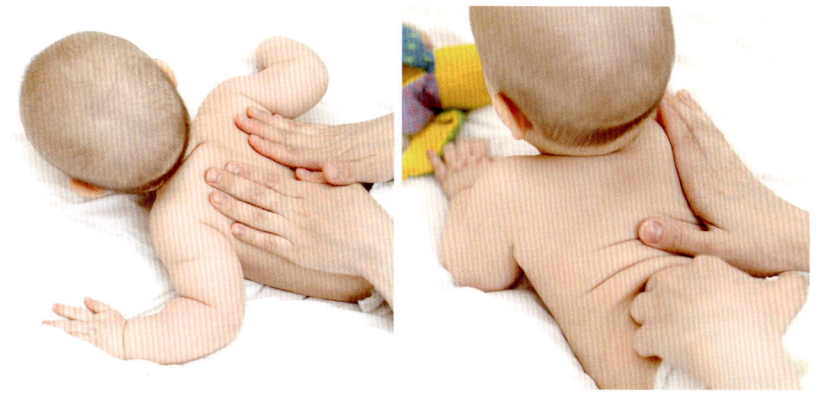

🌿 手部按摩

- 手心推按：利用拇指，按摩宝宝的手心，往手指轻轻滑推。
- 拉拉手指：用拇指和食指力量，轻拉宝宝的手指。
- 手背：利用双手拇指由手背的中间往旁边轻轻滑推。
- 手臂：双手握住宝宝手臂，由下往上，利用拇指力量从中间往两旁滑推。
- 腋窝：将宝宝手臂轻轻拉起，轻轻按压腋窝有皱褶的地方。

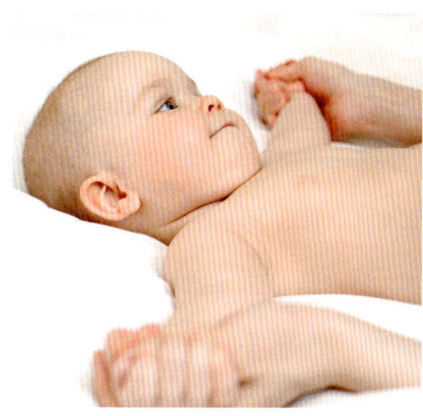 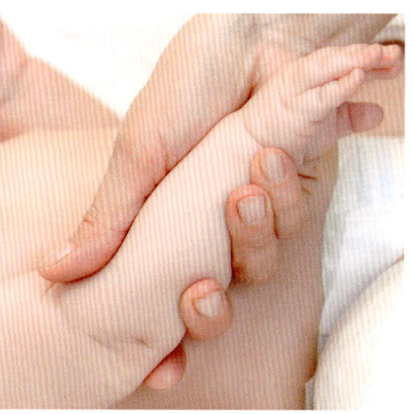

Q&A

Q: 给宝宝按摩要用什么样的油？

为了避免帮宝宝按摩的时候，宝宝吸吮手指而误食按摩油，因妈妈可以选择植物性油或是食用油，如甜杏仁油、大豆油（色拉油）、花生油、橄榄油（因为比较油腻，不建议在夏天使用）都是不错的选择。

Q: 如何让宝宝更放松地接受按摩？

将毛巾铺成圆圈状，让宝宝躺在里面就像待在舒服的子宫内，可以让宝宝更加安心、放松。

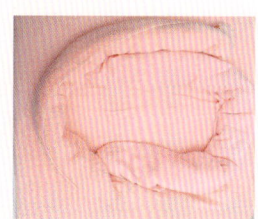

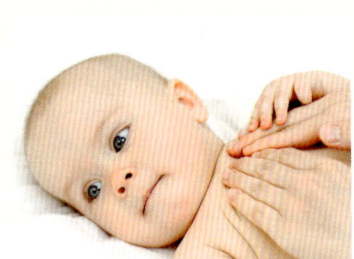

🌿 胸部按摩

- 轻轻推按宝宝胸部：用手掌先固定宝宝身体一侧，将手指并拢，利用掌心温度，轻轻按宝宝的胸部。
- 手指旋推胸部：利用手指，轻轻旋推宝宝胸部。
- 双手包覆宝宝胸部：双手包覆宝宝胸部，利用拇指，从宝宝的胸部中心往外侧轻轻滑推开来。
- 胸部画爱心：利用手指力量，从宝宝的胸骨中间一直到肩膀上侧，在宝宝的胸前画一个爱心。

🌿 腹部按摩

- 交替滑推：利用手掌的力量，两手交替滑推宝宝的腹部。
- 日月式：两手放在宝宝的腹部，左手以顺时针方向画圆，接着再用右手顺时针画圆按摩。
- I love you：在宝宝的肚子上，轻轻画"I"、倒"L"、倒"U"。
- 点点按摩：手指头由左往右，像用手指头走路一样，在宝宝的腹部轻轻点按。

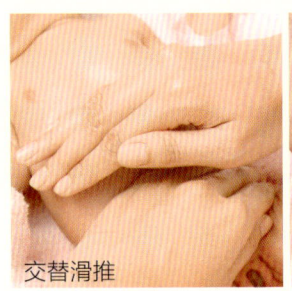
交替滑推

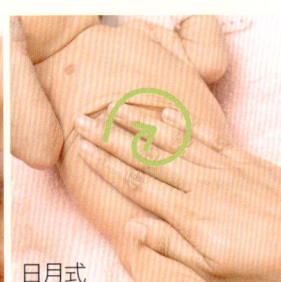
日月式

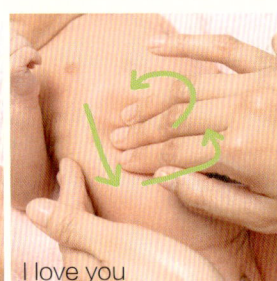
I love you

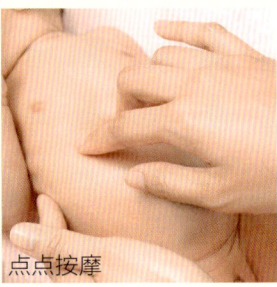
点点按摩

🌿 头部按摩

- 眉毛上方滑推：从宝宝的眉毛上方，由眉心往眉尾方向轻轻滑推。
- "C"字按摩：从宝宝的鼻梁上方往颧骨方向，画一个"C"的形状。
- 人中按摩：由人中穴位的地方，向脸颊两侧轻轻点按，或由脸颊往人中方向轻轻点按。
- 下巴部位：由中间往两旁轻轻点按，再由两旁往中心点按即可。

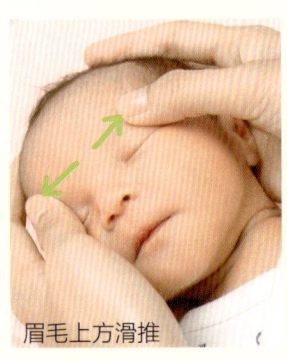
眉毛上方滑推

"C"字按摩

人中按摩

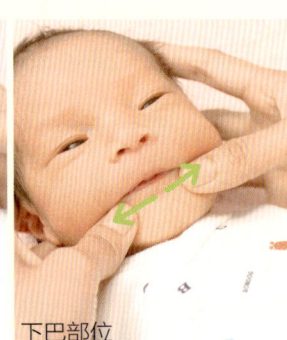
下巴部位

宝宝穿着照顾原则

❶ 要特别注意早晚温差较大，新生儿一抱离被窝，必须有毛巾包裹。

❷ 夏天气温较高，宝宝穿一件薄棉纱衣服即可；冬天可穿3~4件衣服，若有包巾，则不用穿得太多。

❸ 新生儿可以比大人多穿一件，大一些的婴儿可以比大人少穿一件。穿衣多少，应随室内或室外温度而增减。

❹ 有冷气的地方最好维持长袖、半长袖或披上薄外套。

❺ 使用空调时，要将温度调到比成人适宜温度高出2℃~4℃，冷气口要朝向天花板，不可直接吹到宝宝；使用电扇也要使其旋转，并对着墙壁吹。

❻ 婴儿房的温度应与室外相差5℃以内较适当。

❼ 理想的湿度应控制在60%~65%。梅雨期及夏天湿度比较高，可使用除湿机。

❽ 出汗后应将身体擦干，换上干爽的衣服。

❾ 气温不稳定时，要随时测试婴儿的颈部、四肢是否温暖，或观察婴儿脸色及神情加以判断。

Q: 公婆常说宝宝的衣服穿得太少，但是宝宝的手并没有冰冷现象，我该怎么办？

可以检查一下宝宝唇色是否红润，四肢是否温暖，若是四肢温暖，大致来说就够了，不必担心宝宝穿得太少。

Q: 宝宝刚出生时，需要睡枕头吗？

新生儿脊柱弯度与成人不同，可以直接稳固地平躺在床上，而且3个月以前宝宝的肢体活动都是与身体平行向的动作，也不会摇晃脊柱，因此此时的宝宝并不需要睡枕头。

新生儿病理性黄疸

🌿 病因

如果是病理因素造成的黄疸,被称为"病理性黄疸"。

❶ 新生儿血液方面的疾病,如ＡＢＯ血型不合、Ｒｈ血型不合、先天性溶血疾病等导致红细胞破坏,使胆红素代谢增加。最常见的是ＡＢＯ血型不合,即母亲为Ｏ型,婴儿为Ａ型、Ｂ型或ＡＢ型,则婴儿有可能因红细胞破坏增加而出现黄疸。

❷ 肝脏疾病,如先天性胆道闭锁、先天性肝炎等,导致胆红素无法排出。

❸ 新生儿感染,导致红细胞被破坏、肝功能降低。

❹ 生产过程导致新生儿头皮瘀血,瘀血内的红细胞破坏而产生胆红素。

🌿 黄疸的危害

病理性黄疸的黄疸指数通常大于15,需要及早治疗,而且若不注意,有可能导致严重的后果。

黄疸最大的危害,就是血液里黄疸素通过血液传输到全身各处,但是最关键的是到脑里去了,叫"胆红素脑病"。引起这样的病有一定的条件,比如黄疸进展非常迅速,到了一个危险的水平。例如足月的孩子,出生24小时内胆红素超过15毫克,第二天胆红素就超过20毫克,第三天甚至能超过25毫克,越高的水平胆红素越容易通过血脑屏障到达大脑。一旦出现了胆红素脑病就是不可逆的。在很早期,在黄疸短时期内增高过程当中,如果孩子反应不好,吃奶明显减少,能睡四五个小时都不醒,嗜睡,身体软了,一些正常的反射也做不出来,问题就非常严重了。

🌿 父母应注意什么

宝宝是否有黄疸

首先,需注意宝宝是否有黄疸。把婴儿置于明亮处,观察婴儿皮肤及眼巩膜部分,若比前一天观察时更黄,或比其他婴儿黄,就可能有黄疸。同时观察不同的部位,若只有脸部泛黄,表示黄疸程度并不是很严重;若泛黄的情形向下延伸至腹部及以下时,则黄疸可能已经达到需要照光治疗的程度了。

注意黄疸的程度:若腹部或以下皮肤泛黄,或是皮肤泛黄的速度很快(如泛黄很快由脸延伸至胸部、腹部时),须送医院检查。此外,出生24小时内就有黄疸,或是足月儿黄疸超过1~2周,早产儿黄疸超过2~3周,也是病理性黄疸的表现,最好送医院检查。

注意病理性黄疸可能出现的症状,包括呕吐、肤色苍白、活力变差、食欲不振、腹胀、腹

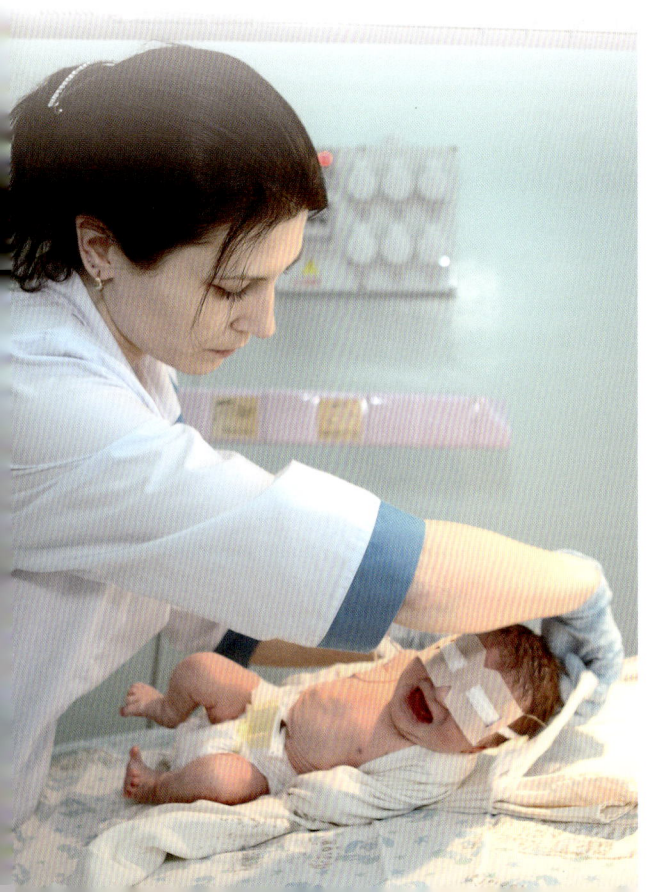

泻、发热、小便变浓茶色、大便颜色变白等情形。若有以上情形须立刻送医检查。

注意某些使黄疸加重的因素，如早产、生产时曾缺氧、家族史中有溶血性疾病（如蚕豆症）、婴儿产前或产后可能有感染（如妈妈产前有发热感染、羊水早破）也是须注意的事项，并于送医时告知医生此病史。

把婴儿放到明亮处，观察他的皮肤和眼巩膜是不是泛黄。如果宝宝因痒挠抓，要给他戴上手套

🌿 黄疸儿的居家照顾

如果无异常状况，生理性黄疸只需多加观察，按照一般照顾的方式照顾宝宝即可，不需特别处置。建议方法如下：

- 给予足够的喂食。
- 不建议给予葡萄糖水、开水或退胎水，因为不但无法改善黄疸，反而会加重症状。
- 照阳光或一般日光灯照射或许有点帮助，须小心不要被晒伤。
- 避免接触萘丸、碘酊等会引起溶血的物质。
- 避免感染、饮食不足、环境温度过高或过低等情形。
- 如果是生理性黄疸，出现得早，水平也不是太高，给孩子吃一些药。如中药三黄汤、茵栀黄，吃这些药的目的是增加代谢。但药吃完之后孩子会拉稀。喂养不足会造成胎便排不出去而出现黄疸，增加喂奶、喂糖水，目的是增加胎便的排出。这些办法可以帮助减轻生理性黄疸。

Q: 喝母奶会引起黄疸？黄疸儿可以继续喝母奶吗？

喝母奶可能引起黄疸。若黄疸出现时间在第2~4天，称为"早发性母乳性黄疸"，原因与喂食不足导致排便量减少（随粪便排出的胆红素因而减少）有关，所以需给予足够的喂食。若黄疸在出生后10~14天才出现，则称为"晚发性母乳性黄疸"，可能持续2~3个月才会完全消退，原因和母乳内所含的物质有关。一般而言，母乳性黄疸极少引起严重的病情，不需因怕黄疸而停止哺喂母乳。

根据小儿科医生的建议，当黄疸指数小于15时，仍可放心地哺喂母乳并且照光治疗。超过此指数时可以持续哺喂母乳，或暂时以母乳加配方奶喂食，或暂时换成配方奶，再加上照光治疗。至于该采用什么方法，可以和医生讨论比较适合宝宝的处理方式。

Q: 黄疸儿什么时候需要住院？

在小儿科门诊，医生通常会询问病史，对婴儿进行身体检查，必要时抽血检查黄疸指数。当足月儿黄疸指数大于12（早产儿大于15），就需要住院照光治疗。此外，根据致病原因，再辅以其他危险因素以及临床症状，也是医生判断是否住院的依据。

1个月宝宝的观察重点

🌿 眼睛

婴儿眼球充血： 此为产程挤压所导致的常见现象，会自行消退。

鼻泪管阻塞： 新生儿鼻泪管下1/3段尚未发育完全，泪水无法流出鼻泪管，因而积在眼眶内形成眼垢。此现象在1岁内会自行好转。建议妈妈可在宝宝鼻子两边由上往下按摩，以促进鼻泪管的发育。

🌿 舌苔

舌苔并不会影响宝宝食欲，妈妈不必特别用纱布清除，可以喝奶后让宝宝喝点开水，通常3个月后会逐渐改善。需要注意的是，肠胃消化功能较差的宝宝，舌苔会比较厚，而且会持续存在。

🌿 皮肤

脱皮： 几乎所有宝宝都会发生脱皮现象，不论是轻微的脱屑症状，或较严重的如蛇脱皮，只要宝宝能吃能睡，都是正常的现象；若合并水泡或红肿等症状，应尽快就医。

脓疱疮： 婴儿皮肤敏感又脆弱，照顾上要特别小心，例如脓疱疮，一旦弄破很容易引发细菌感染。此时为宝宝洗澡，用中性的沐浴用品较适宜。

湿疹： 脸部湿疹引起瘙痒，常会让宝宝把脸抓得像小花猫。建议使用温水为宝宝洗澡，并请教医生配合外用药膏治疗。

脂溢性皮肤炎： 出生后1~4个月内，宝宝眉毛、耳朵后以及头皮上会出现一些黄色油性的分泌物，干了之后呈现皮块状，类似酥油皮般地黏在皮肤上，此为暂时性现象，四五个月后会痊愈。轻微的脂溢性皮肤炎可以不予理会，也不可以用肥皂将其清洗掉，因为越刺激皮肤，会分泌得越多。清洗时，只要以温水清洗即可；分泌较多而结块者（通常发生在头部），可用婴儿油将块状油脂润软后，再轻轻地剥下；严重者则需请教医生进行处置。

宝宝有眼垢怎么办

新生儿的眼垢较多最常见的原因是先天性鼻泪管阻塞。这是因为新生儿的鼻泪管发育未成熟，导致鼻泪管不通，眼泪无法顺利经由鼻泪管排入鼻腔中，所以患儿眼睛看起来会水汪汪的，眼垢的分泌物也会增加，有时会并发细菌感染。先天性鼻泪管阻塞多半会自行痊愈，不过，溢泪及眼垢增加的症状也可能是其他一些较严重的疾病造成的，如：倒睫、先天性青光眼、先天性结膜炎。所以，还是应该找医师诊查，加以鉴别诊断。若只是单纯的先天性鼻泪管阻塞，医师会指导家长帮新生儿做鼻泪管按摩，促进鼻泪管的通畅，必要时配合抗生素眼药膏的使用，以治疗或预防细菌感染的发生。若到6个月大以上还不通的话，可能会考虑小手术治疗。

宝宝鼻塞怎么办

如果宝宝鼻子堵了，你可以在孩子的褥子底下垫上一两条毛巾，头部稍稍抬高能缓解鼻塞。

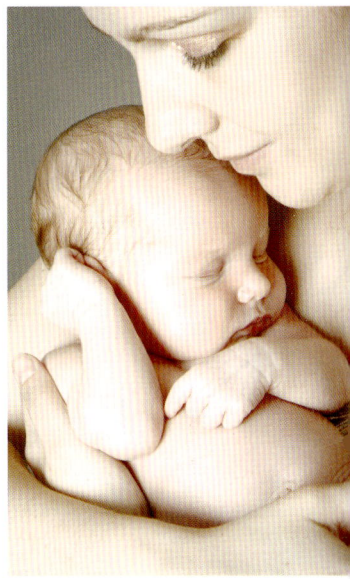

幸福时光：与宝宝玩耍，目光交流，与他说话，安抚宝宝的情绪

❶ 可以在宝宝的鼻孔中抹上一点凡士林油，往往能减轻鼻子的堵塞；也可以试着用吸鼻器，或用医用棉球捻成小棒状，带出鼻子里的鼻涕；如果鼻子堵塞已经造成了吃奶困难，可以在吃奶前15分钟用盐水滴鼻液滴鼻，过一会儿，用吸鼻器将鼻腔中的盐水和黏液吸出，宝宝的鼻子就通畅了。

❷ 保持空气湿润。可以用加湿器增加宝宝居室的湿度，尤其是夜晚能帮助宝宝更顺畅地呼吸。房间里可以挂两件刚洗过的衣服或是湿毛巾，在暖气上放盆水，空气就不会太干燥了。

❸ 为宝宝做个热敷。可以用热毛巾，不要太烫，热敷鼻梁和两眼间。

❹ 新生儿鼻内分泌物要及时清理，以免结痂。简便有效的方法是：把消毒纱布一角，按顺时针方向捻成布捻，轻轻放入新生儿鼻腔内，再逆时针方向边捻动边向外拉，就可把鼻内分泌物带出，重复几次，不会损伤鼻黏膜。

吸鼻器固然可以清理鼻内分泌物，但分泌物较少时，没有必要使用吸鼻器。

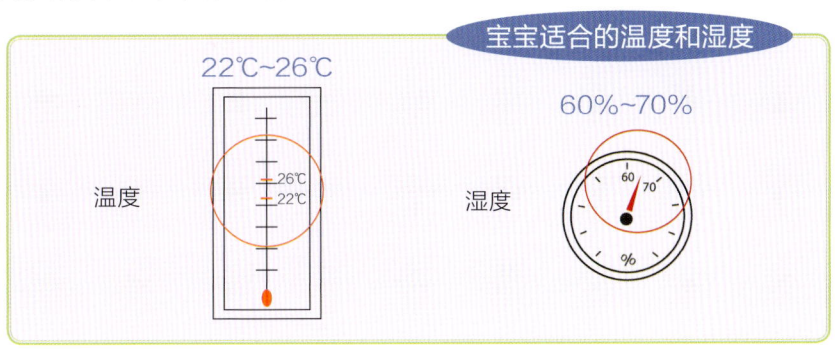

早产儿的护理

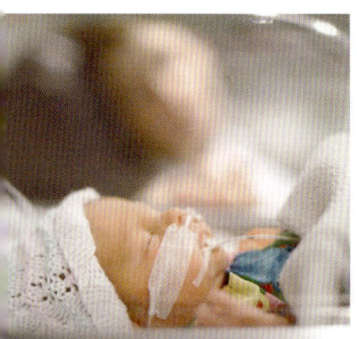

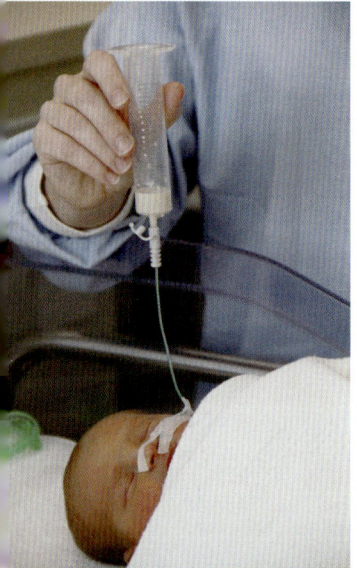

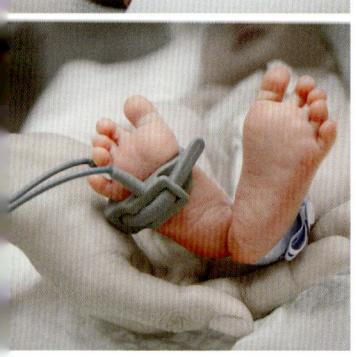

早产儿的特点

早产儿即指不足月、提前娩出的婴儿。其外观特点显示皮肤红嫩，胎毛较多，且细、软、长；头比较大；耳郭发育不好，常因受压而紧贴头部。指（趾）甲软，一般不超过甲床；足底纹理稀少；男婴的睾丸常未降到阴囊内（隐睾），女婴的大阴唇不能完全遮蔽小阴唇；哭声常较弱。

早产儿常有呼吸暂停或呼吸不规则现象。若呼吸暂停在20秒以上、脉搏减慢低于每分钟100次、出现口唇青紫或肌张力减低等现象，即称为呼吸暂停。此时需到医院吸氧及采取积极措施进行治疗。早产儿消化系统吸吮和吞咽能力差，经常把吸入食管内的奶压挤到会厌部，然后呛入气管中，引起吸入性肺炎。早产儿对脂肪及蛋白质的吸收功能也差，由于生长快，需要吃得多，但吃奶过多，又超过了早产儿的消化能力，很容易发生胃肠道功能紊乱，如出现呕吐、腹泻和腹胀等。

早产儿生理性黄疸的程度要比足月儿重，持续时间可长达3周，且容易引起严重并发症。为了防止早产儿黄疸过重，医生常在早产儿刚出现黄疸时就及时采取相应措施进行治疗（以蓝光照射为主）。

早产儿很容易出现营养物质缺乏，所以容易发生低血糖；若是早产儿体内维生素K缺乏，则容易发生出血；若是早产儿体内维生素E缺乏，则容易发生贫血。

早产儿抵抗能力差，要特别注意防止感染。要注意清洁早产儿的皮肤，预防皮肤感染。早产儿脐部护理要精细。早产儿应尽量少与外人接触，特别是不能接触有病的人，妈妈更不能亲吻宝宝。妈妈给宝宝喂奶时，应洗净手和乳头，戴好口罩，避免一切发生感染的可能。

培养有日夜分际、安宁的生活

当早产儿带回家以后，早产儿的居住环境也需有所改变。在医院24小时都有专人照护，而无日夜之分的作息也会干扰到早产儿的生长与发展。回家以后日夜分际就应较为明显，养成孩子夜间长时间入眠的习惯，旁人尽量轻声细语、不要有太多不必要的刺激。一般而言，若是为周数较小的早产儿准备的睡眠环境，应营造处于子宫内部黑暗的感觉；等到周数较大如32周以后，就应尽量创造有日夜分别的环境，作息如同正常婴儿。

宜控制环境的温度与湿度

居家环境也要注意温度与湿度的部分,最好将室内温度控制在26℃~28℃左右,不宜让早产儿处于过热的环境内,并须注意通风;湿度也要控制在60%以下,避免湿气太重,并且保持环境整洁与卫生。

避免尘螨滋生

早产儿的环境应尽量避免布质窗帘与地毯、绒毛玩具等,因为早产儿呼吸道比较敏感、脆弱,容易被诱发过敏现象。其他的生活照料方式与一般婴儿一样即可,无须过于担忧。为了安全起见,尽量不要与孩子同睡一张床。

早产儿日后发展迟缓的比例仍较足月儿高,为了及时发现问题、及早帮助早产儿顺利生长,需要定期做后续追踪检查。当早产儿的矫正年龄到达6个月、12个月、24个月及5岁时,应回门诊追踪检查,包括神经、心智、粗动作与细动作等,尽量使早产儿发展达到正常小孩的水平,所以带孩子持续追踪回访医生非常重要。

> **词汇解读**
>
> 矫正年龄:矫正年龄以月为单位,算法是扣除提前出生的那一段时间,以足月来估算早产儿的年龄。比如:母亲的预产期为2013年10月1日,但宝宝提早在7月1日就诞生了,那么到2013年11月1日为止,他的矫正年龄就是1个月,而不是4个月。不过矫正年龄也不是一直无限计算,通常算到2岁半左右,之后就以出生实际年龄来推算。之所以需要使用矫正年龄,因为早产儿的成长、发展性是以赶上同年龄小孩为目标,应扣除提早出生的那一段时间,才能算是正常生长的水平。

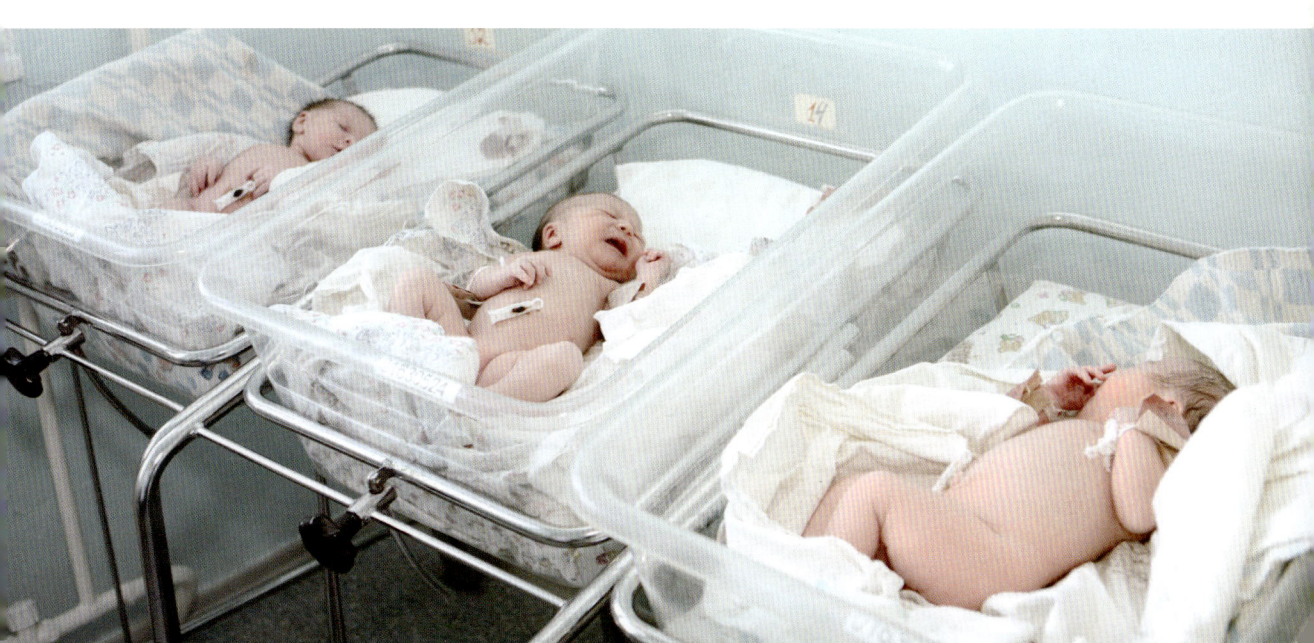

新生儿早期教育

🌿 新生儿智力发育

训练感官刺激：开发智力，首先是训练人对外界的反应。早期开发智力，就要从培养宝宝的视觉、听觉、动作和语言能力开始。

有些年轻的父母非常心疼自己的宝宝，生怕一点儿声响惊吓了他，生怕一点儿光线刺激到他，于是努力给宝宝营造了一个安静、谢绝各种"打扰"的环境，殊不知，这样"无声无息"的环境对宝宝的健康发育是不利的。

视觉能力的培养：虽然新生儿的视力有限，但半个月左右就可以分清明暗了，所以在房间里挂上五彩缤纷的花鸟、可爱的小动物图画或装饰品，对宝宝而言都有刺激的作用。黄色、蓝色和绿色等天然的颜色对宝宝具有安抚作用，鲜明的基本色可让房间充满活力，在摇床上或换尿布的小床上方悬挂色彩明亮而会舞动的小物体，可提高宝宝的注意力和观察力。

运动能力的培养：新生儿脑发育和运动有密切关系。首先是双手的运动。手的动作是由大脑支配的，同时大脑的发育又随双手的活动而进展。宝宝出生后父母应注意其双手活动能力的训练，应让宝宝的双手可以自由活动，而不要将其紧紧地包裹起来。

🌿 给新生儿选择玩具

玩具对新生儿来说并不意味着玩，而是接收对视觉、听觉、触觉等的刺激。新生儿可以通过看玩具的颜色、形状，听玩具发出的声音，摸玩具的软硬等，向大脑输送各种刺激信号，促进脑功能的发育。

① 能看能听的色彩玩具：玩具颜色要鲜艳，最好以红、黄、蓝三原色为基本色调，并且能发出悦耳的声音，同时造型也要精美。这种能同时刺激宝宝视觉与听觉的玩具，对宝宝的智力发展十分有益。彩色气球、吹气塑料玩具比较适用于新生儿。

② 体积较大的填充玩具：父母可以为宝宝选购一些造型简单、手感柔软温暖、体积较大的绒布或棉布制品填充玩具，这会给他们一种温暖和安全感。

③ 视觉刺激挂图：3个月以内的孩子喜欢看黑白图和颜色鲜艳的图形。

Chapter 2

第2章 第2~3个月的宝宝

第2~3个月宝宝的照护

让宝宝"一觉睡到天亮"

家有新生儿的父母,时常无法好好睡觉。其实,只要父母能按照作息表来训练宝宝喝奶、睡觉的时间,甚至只要3~10天,宝宝就能一觉睡到天亮。

① 在晚上10时最后一次喂奶后,就不要再在半夜喂奶或起来抱孩子。虽然在宝宝半夜可能会哭闹,但爸妈一定要忍住,至少忍5~10分钟之后再去安抚一下孩子,不过最好不要抱起来。

② 若实在受不了或舍不得宝宝半夜一直哭的话,可以采取逐渐拉长半夜喂奶间隔的做法,例如原本宝宝会在半夜2时哭闹,爸妈可以在2时半时起来喂;隔天再拉长时间至3时起来喂,以此类推,每天延后半小时起来喂奶,渐渐地宝宝就能够睡过夜。

③ 白天时尽量多让宝宝活动,不要睡太久,晚上最好让宝宝早一点睡觉,晚上家里尽量营造安静、适合入睡的环境。爸妈最好也能尽量早睡。

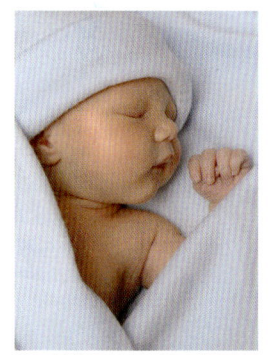

- 宝宝的睡眠环境要固定。家长应让宝宝习惯在固定环境下入睡,避免宝宝半夜醒来因环境变化而惊吓不安
- 在宝宝睡觉前,给他一段较长时间的镇定时间。在他困倦但醒着的时候,放在床上,他就能学会自然入睡
- 宝宝4个月以后,不要再使用抱、放车里摇、喂食等方式帮他入睡,以免养成不良入睡习惯

婴儿睡眠时间表

年龄	总睡眠时间	白天的睡眠时间	晚上的睡眠时间
新生儿	18~20小时	10~12小时	8~10小时
2个月	16~18小时	6~8小时	10~12小时
3个月	14~15小时	3~4小时	10~12小时
4个月	14~15小时	3~4小时	10~12小时
6个月	13~14小时	2~3小时	10~12小时
9个月	13~14小时	2~3小时	10~12小时
1岁	12小时	1~2小时	10~11小时

Q: 如何判断宝宝想睡觉了?

当宝宝想睡觉时,你会发现宝宝开始揉眼睛,身体也会扭来扭去。不过,当宝宝开始想睡觉却无法静下来睡觉时,宝宝便会开始哭闹,当你抱着宝宝时,也会感觉宝宝的头一直想往自己的怀里钻,或是宝宝会不断做出往后仰的动作,这就表示你该让宝宝好好休息了。

宝宝为什么手脚抖动

婴儿会有手脚不自主抖动的情形，尤其在哭泣或四肢伸直时，这是正常的表现。若是常常发生，且呈现单边规律性的动作，可能是抽筋的现象，建议带宝宝找脑神经科医生评估与检查。

新生儿相对来说容易兴奋，容易激动，容易一惊一跳的。睡眠肌阵挛是由于孩子兴奋性神经的递质高，发育得相对好，抑制性相对差造成的。极少数的肌痉挛不只是在睡眠的情况下发生，必要的时候可做一些检查。

睡觉时使劲是长个吗

有一部分早产的孩子，睡觉睡不踏实，睡觉老使劲，实际上这种现象不完全属于生理现象，不属于要长个、长身体的现象，这是神经系统发育协调能力差造成的。但是这种现象有轻有重，轻的话可以暂时不管，随着生长发育慢慢会调整过来。但有非常严重的，孩子几乎睡不了很深。睡眠不好的孩子发育会受到影响，精神状态也差，吃奶也不好。对于这样的孩子要对他进行安抚，更多需要母亲的怀抱，需要包裹得相对紧一些。如果情况非常严重，就需要及时就医并进行相应的药物治疗。短期用药相比他睡不好觉，效果会更好一些。

孩子在两三个月以后，体重长得非常快，尤其是前6个月是人一辈子当中体重长得最快的年龄段。这一段时间由于生长发育迅速，营养需求比较多，可是相对消化功能较弱，会造成营养缺乏性疾病，很常见的就是佝偻病。佝偻病孩子表现为惊跳，尤其在睡觉以后易惊、出汗多、睡得不踏实。如果发现这样的现象，要及时给他补充维生素D和钙，症状很快会消失。

必读小叮咛

以下睡眠问题是正常现象：
- 总是翻来覆去的
- 有时会突然抽啼几声
- 睡着有时会睁眼看看
- 撅着屁股睡
- 睡觉时惊乍
- 睡觉时出汗
- 不枕枕头
- 睡觉时咀嚼

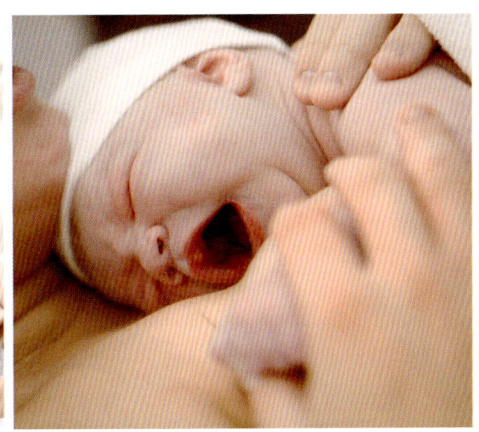

睡姿会改变宝宝的头型吗

宝宝出生时头骨柔软可塑，而出生后头骨会迅速钙化变硬，以便保护脑部，因此对出生不久的宝宝来说，不同的睡姿确实会改变他的头型。

1岁半前，头部具有可塑性

宝宝刚出生时，头盖骨还没有长到彼此之间相连在一起的位置，不像成人的头骨是互相融合在一起的。欧美宝宝因为睡觉时多为趴睡，所以脸型普遍较狭长且后脑较圆；而习惯仰睡的我们，宝宝的脸型则较宽大而后脑扁平。

应因身体状况，调整宝宝睡姿

在医院里，刚出生的小婴儿若无特殊因素，通常都平躺，也就是仰睡。新生儿睡觉时，大都把腿蜷曲着，靠近身体，两手握成拳，摆在头两边；满2个月后，婴儿手脚才会伸开成"大"字形。不满3个月的宝宝，不建议采用趴睡姿势。满3个月以后的宝宝，头颈部大都已发育成熟，会抬头及翻身，此时就可让宝宝趴睡；趴睡时记得要把床铺得硬一点，如果床太软，宝宝的身体会陷下去，由于头还不能灵活运动，就可能跟着陷下去而造成窒息。

此外，常有口鼻分泌物的宝宝，建议采用侧卧的睡姿；若宝宝有消化不良、腹胀等症状，也较适合侧卧。侧卧时要注意让宝宝的头左右侧轮流睡，不然容易使头倾向同一侧；若是有腹痛的症状，趴睡会是较好的姿势，可对腹部施以些许压力，解除部分疼痛。

脑部出现异常大小是健康警讯

只要宝宝的头围在正常发育指数内，头型的大小、圆扁并不会影响宝宝的智力与健康。若是脑部异常的大或小，就有可能是婴儿健康的预警信号，例如：患有脑水症的孩子，脑部会比一般的宝宝大很多；而头围过小，则有可能是宝宝脑部头骨过早闭合，限制了脑部发育，使得脑容量无法正常地扩张。

另外有些宝宝因先天性感染、染色体异常、代谢异常或母亲怀孕时服用酒精（酒精胎儿综合征）及极度营养不良等，也会造成脑部发育障碍，及心智发育迟缓的现象，这些情况下，从外观看起来头部就会显得比其他小孩来得小。

纸尿裤 VS 传统尿布

纸尿裤的优点
- 保持干爽。纸尿裤的吸水性更强。
- 减少细菌传播。
- 纸尿裤吸水性强，宝宝排便后哭闹的次数就少，妈妈也能睡个大觉。
- 减去了洗尿布、换尿布的时间。
- 外出方便。

传统尿布的优势
- 经济实用，可重复使用。
- 安全、无刺激、避免尿布疹。
- 定时给宝宝把大、小便，容易养成良好的习惯。

使用纸尿裤注意事项

1. 更换纸尿裤时等皮肤干爽了再换上新尿裤，这有利于减少尿布疹的发生；一般一个尿裤的使用时间不得超过4小时；新生儿期最好使用布尿布，以便及时更换，还可观察屁屁皮肤的情况。
2. 纸尿裤的松紧度以双手食指刚好放入纸尿裤与宝宝腹部间，测试是否太紧或太松。
3. 只要发现有大便在尿片上，就应马上更换。
4. 同一型号的产品不要储存太多，因为宝宝发育很快。
5. 一旦发现尿布疹、外阴炎、肛周炎、肛瘘等应立即停止使用纸尿裤。

使用传统尿布注意事项

1. 如果自制尿布，最好用旧的纯棉白色或浅色布。也可以购买布尿布和尿布套。
2. 夏季应该增加婴儿"光屁股"的时间。在冬天给宝宝换上的尿布不仅要干燥，而且最好用热水袋热敷。
3. 不要用塑料布垫尿布。夜间可用棉花、棉布做成厚垫，垫在孩子身下。
4. 尿布太长易包过脐部，这样尿布变湿后盖在脐部，易引起脐部感染。男婴的尿向上，腹部垫厚一些即可。尿布一般为55厘米见方，叠成4层三角形或8层长方形使用。也可做成36厘米×12厘米的长方形，尿布的尺寸应随孩子年龄的增大相应加宽、加长。
5. 尿布的数量要充足，一个婴儿一昼夜需20~30块。

怎样给男宝宝换尿布

1. 男宝宝换尿布时可能出现小便喷出的情况，妈妈可用小纱布盖住外生殖器来防护。

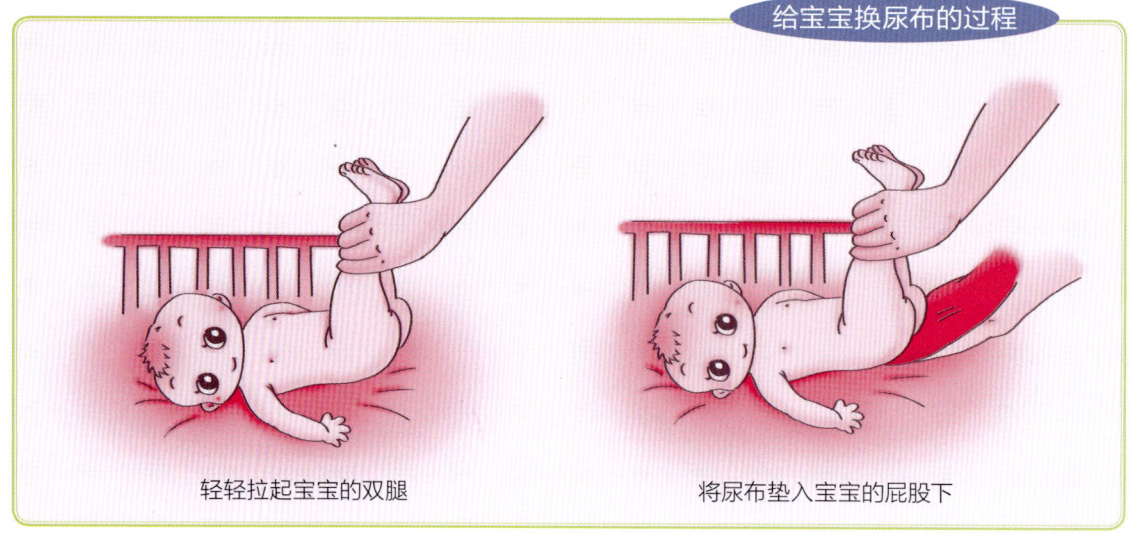

给宝宝换尿布的过程

轻轻拉起宝宝的双腿　　　将尿布垫入宝宝的屁股下

❶ 打开尿布。用纸巾擦去粪便。
❷ 用干净棉花蘸水彻底清洁大腿根部及阴茎的皮肤褶皱，由里往外顺着擦拭。
❸ 用干净纱布清洁宝宝睾丸各处，包括阴茎下面，因为那里有尿渍或大便。
❹ 清洁宝宝的阴茎，不要把包皮往上推，只是清洁阴茎本身。
❺ 举起宝宝双腿，清洁宝宝的肛门及屁股，大腿根背面也要清洗。清洗完毕即除去尿布。
❻ 擦拭自己的手。如果宝宝患有红屁股，让他光着屁股踢一会儿脚。预备些纸巾，万一宝宝撒尿时可以用到。

怎样给女宝宝换尿布

给新生儿期的女宝宝换尿布时，妈妈会看到偏白色的黏性物，这是正常的分泌物。可以用纸轴细棉签，蘸点清水，轻轻地卷出分泌物。大一点了，就在换尿布的时候，先用湿巾轻轻地擦会阴，然后再擦别的地方，不然可能引起小阴唇粘连。而大便后给女宝宝擦拭最好由前往后擦，才不会将便便的细菌带到阴道口及尿道口。

给女宝宝换尿布的具体步骤如下：
❶ 用纸巾擦去粪便。
❷ 用一块干净纱布擦洗她大腿根部所有皮肤褶皱里面，由上向下、由内向外擦。
❸ 举起宝宝双腿，清洁外阴，注意要由前往后擦洗，防止肛门内的细菌进入阴道。不要清洁阴道里面。
❹ 用干净的纱布清洁宝宝的肛门然后是屁股及大腿，向里洗至肛门处。洗完即拿走纸尿布。
❺ 洗自己的手，让宝宝光着屁股玩一会儿，使她的臀部暴露于空气中。
❻ 在外阴道四周、阴道及肛门、臀部等处擦上防疹膏。

女宝宝一般不建议用爽身粉。

两种尿布各有千秋

"时尚"的也经历了几十年的考验，还是安全的。"传统"的也十分可爱，割舍不掉的育儿优良传统。所以，两者完美结合，宝宝屁屁最能受益。结合的方法应该是：天气炎热时少用纸尿裤，白天可与夜晚交替用自制布尿布和纸尿裤。外出用纸尿裤。

清洁屁屁远离尿布疹

尿布疹起因及症状

宝宝在出生后前3个月,2~3小时就会便便一次,且喝母乳宝宝的便便和喝奶粉宝宝的相比会较稀,加上有尿液的话,闷在尿布中会导致宝宝的皮肤受到刺激,如果没有经常更换尿布,会发生尿布疹。虽然尿布疹有适当治疗,通常两三天就可以复原,但假如置之不理,会造成更严重的后果。

孩子的尿布腰围以家长两只手指头能放入的宽度最为适当,同时须注意侧边的腰贴是否能黏贴超过身体的2/3处,另外也要注意宝宝的大腿内侧会不会太紧。目前市面上都有推出小包装的试用产品,可先买试用包给宝宝穿看看。另外要挑选透气性佳的尿布,尤其在闷热的环境下更要注意。

挑选尿布重点

在挑选尿布时,有三大重点可考虑:

1. 通透性:夏天闷热潮湿,尿布要选择透气良好的材质。
2. 吸水力:吸水力佳的尿布能让宝宝降低不适感。
3. 抑菌力:选择具有抑菌能力尿布,降低宝宝被细菌感染的机会。

勤更换尿布

平时2~3小时要更换宝宝的尿布,更换新的尿布之前要先将宝宝的屁屁清洁干净。宝宝有便便的话,清洁方式以温水冲洗最好,因为宝宝的皮肤很薄,经常擦拭会红起来。另外在包上尿布之前,先让宝宝的屁屁通风5~10分钟,能保持干爽。在穿上新的尿布之前,可涂抹护臀膏或凡士林,可减少摩擦。

尿布疹的处理

刚形成的尿布疹,屁股上会有轻微的泛红,擦凡士林可疗愈。不要用具有酒精或香精成分的湿纸巾清洁。清洁完后,擦上医师给的药膏,不需再擦其他护臀产品。

用痱子粉好吗

有许多人喜欢给宝宝擦痱子粉,认为能保持干爽。擦痱子粉在脖子、腋下等处是可以的。假如将痱子粉擦在臀部,宝宝的尿液、便便等排泄物会让痱子粉结块、变质,会粘在肌肤上,对宝宝的屁屁反而是种刺激。

另外,要注意,不要使用芳香婴儿湿巾或主要成分为酒精的婴儿湿巾。在这段时间,最好的办法是使用棉球和冷却的白开水。

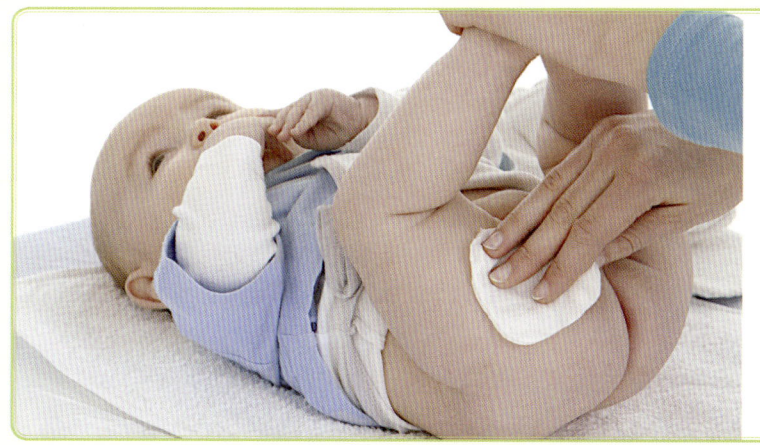

清洁屁屁小方法

除了每日洗澡,平时最好不要常用清洁产品洗屁屁,因这样易把皮肤上的天然油脂洗掉,宝宝的屁屁会变得太干燥。假如屁屁上黏着不易擦拭掉的便便,可先用擦拭纸巾蘸点橄榄油,轻擦一下马上可将便便清干净。

如何预防宝宝猝死

该病最常发生在未满周岁的宝宝身上，这种情形几乎没有先兆，原因也尚未查明。父母应注意以下几点：

① 医学研究显示，趴睡的宝宝出现猝死的概率比较高，宝宝采用仰睡或侧睡睡姿后，死亡率降低50%。

② 在婴儿床上除了固定的床被和宝宝本身外，不要放任何东西。小床上不要放软垫以及玩具、靠垫、安抚物品等。

③ 别在宝宝周围抽烟，被动吸烟也会导致宝宝猝死。

④ 别将宝宝放在柔软的表面上，如沙发、水床、成人床、棉被、塑料袋等上面。

⑤ 别让屋子或房间过暖。

⑥ 最好让宝宝睡小床，假如宝宝和你一起睡的话，让宝宝睡在近旁，但是别太靠近，以减少窒息的可能。

⑦ 不要依赖监视器作为降低婴儿猝死的方法。

预防小儿脑震荡

宝宝脑震荡不单单是由于碰了头部才会引起，有些是在无意中造成的。比如，有的父母为了让宝宝快点入睡，就用力摇晃，推拉宝宝车；为了让宝宝高兴，把宝宝抛得高高的；有的带宝宝外出，让宝宝躺在过于颠簸的车里等。这些一般不太引人注意的习惯做法，往往可以使宝宝头部受到一定程度的震动，严重者可引起脑损伤，留下永久性的后遗症。

宝宝的大便是否正常

宝宝一天解几次大便才算正常，没有一个绝对的数据。宝宝每日大便3~4次或每1~2天一次，均视为正常。如果宝宝平时每日只排大便一次，忽然增加到5次以上时，就可能是不正常了。若宝宝平时经常每日排便4~5次，但其他情况良好，体重依然不断增加，就不能认为是大便异常。

母乳宝宝的便便比较黏糊

喝母乳的新生宝宝排便次数会比喝配方奶的宝宝来得多。新生儿的大便通常呈现较稀的黄色酸便，排便次数一天可达5~6次；等宝宝满月后，肠胃功能趋于成熟，解便的次数开始减少，甚至要累积2~3天才排一次便。

配方奶宝宝的便便颜色偏黄

喂食婴儿配方奶粉的宝宝，排便通常呈糊状或条状软便，大便的颜色偏黄、黄棕色或墨绿色，气味比较臭，大便中的白色颗粒较大(白色颗粒是未消化完全的蛋白质)，排便次数一天为2~3次。此外，不同品牌的婴儿配方奶粉，因为成分比例的不同，解便的颜色和质地也各有差异。

小宝宝便秘

便秘是指大便次数明显减少，大便坚硬及排便费力。

新生儿早期有胎粪性便秘，是由于胎粪稠厚积聚，在乙状结肠及直肠内，排出量很少，若于出生后72小时尚未排完，则新生儿表现为腹胀、呕吐、拒奶，这时可用温盐水灌肠或开塞露刺激，胎粪排出后症状消失不再复发。如果随后又出现腹胀，这种顽固性便秘要考虑先天性巨结肠症。

喝牛奶或配方奶的宝宝，有的2~3天解一次大便。如果宝宝排便并不困难，并且大便也不硬，宝宝精神好，体重也增加，这种情况就不是病，而是宝宝排便的一种习惯。如果除大便次数明显减少外，每次排便时非常用力，并且排便后可能出现肛门破裂、便鲜血，应及时处理。

可在宝宝的肛门内放开塞露，或细小的肥皂条以帮助排便，切忌用泻药。

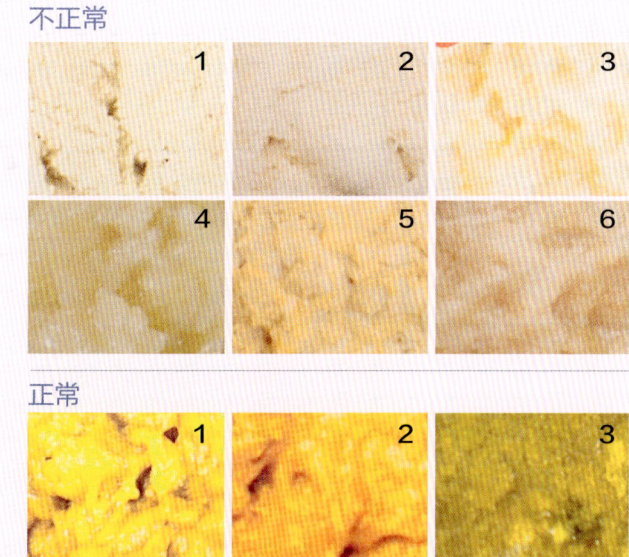

小儿隐睾症

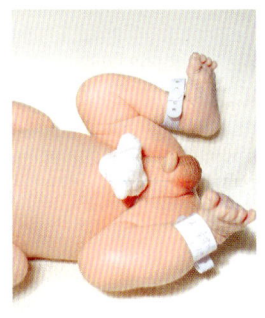

睾丸是男性的象征，主要作用为分泌男性激素，在青春期时，会使男孩子的声音变粗、肌肉较结实、阴部会长出阴毛、喉结突出。

什么是隐睾症

一般来说，睾丸下降的过程，在宝宝出生时就已经完成。如果睾丸在下降的过程中，半途停顿或没有按原定途径而跑到其他地方，使得该侧阴囊里头没有睾丸，这就有可能是隐睾症。

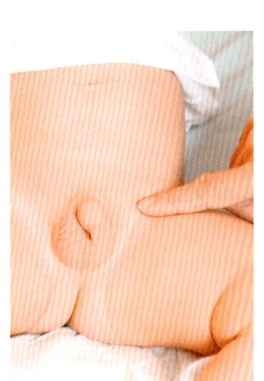

天气冷和过度肥胖儿童也会影响睾丸的位置

在幼儿冬季体检时，因为天气冷，睾丸因提睾肌收缩作用而被拉到靠近腹股沟，检查时也容易发生摸不到睾丸的情形，这是正常的生理现象，家长无须太过担心。除此之外，比较肥胖的小儿，因为皮下脂肪太厚，相对使睾丸的位置偏高，检查时也会较容易和隐睾症的症状混淆。

隐睾症的检查

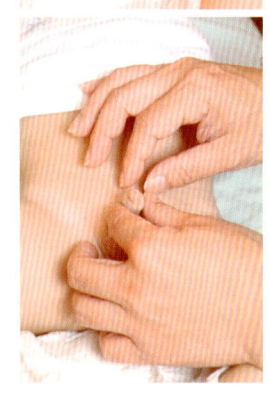

❶ **在洗澡时先看看**：妈妈帮宝宝洗澡时，可以试着摸摸宝宝的阴囊，看看两粒睾丸是否都在阴囊里面。因为洗热水澡时，阴囊和提睾肌皆呈现放松状态，睾丸在热温下也会自动掉入阴囊内，会比较方便检查。

❷ **医师专业检查**：如果在阴囊内没有触摸到睾丸，要带孩子到医院检查，医师检查的方法还包括血液检查、超声波检查或磁共振摄影来确定睾丸的位置。

五种治疗目的

单侧隐睾症的患者虽然仍拥有生育能力，但是在日后仍有可能产生睾丸病变或造成男孩子心理上的自卑感。因此，医师还是会建议隐睾症患者接受相关治疗。主要是有五方面的考虑。

第一，治疗身体方面的缺陷。因为隐睾症有95%~98%会合并疝气，两者需同时治疗。第二，避免影响生殖能力。因为患有隐睾症的宝宝在一岁之后，睾丸生殖细胞较容易开始受损。第三，降低睾丸癌发生的概率。小时候患有隐睾症的男宝宝，将来患有睾丸癌的概率会比正常人高出35~40倍。第四，预防睾丸扭转。因为睾丸的位置不正常，容易让睾丸产生扭转碰撞而擦伤。第五，降低心理障碍。虽然说拥有一颗睾丸便足以生育，但可能会使男孩子感到"少了点什么"，甚至会觉得自己少了男性自信和自尊。

因此，医师会建议在宝宝1~1岁半，进行将睾丸放回阴囊的手术。

婴儿屏息症

有的孩子哭闹得很凶,直哭得脸发黑、不呼吸。此种现象诊断为"幼儿哭泣发绀"或"婴儿屏息症",在婴幼儿是常见且属正常的,不必过于忧虑。

短暂的屏息无后遗症

婴幼儿哭泣时脸色及肤色都会变暗些,有时甚至会短暂地停止呼吸(憋气或屏息),这是暂时(少于2~3分钟)且正常的现象。通常不需要任何特殊治疗,宝宝长大后至1岁左右自然会逐渐改善。然而,对于某些原本心肺功能就不佳的宝宝要特别注意。

照顾者的预防及处理

通常较被娇宠的宝宝容易发生屏息症,是一种下意识地向父母威胁的作为(就如躺在地上撒娇用头去撞墙),在外人面前就不太会有此现象。照顾者愈紧张,宝宝发作会愈严重,宝宝虽小但还是会感应到父母的作为,有此认知后就可以思解化除之道了。

处理方法:

首先需要让儿科医师检查宝宝心肺功能是否健康,有无胃食管反流等。

预防方法:

平日对宝宝的照顾要坚持原则,勿让其感受到撒娇或哭闹就可以达到目的。

易呕吐的宝宝:

可采用少量多餐式的喂食,以减少胃内容物的量;此外,让宝宝的上半身直立,因重力的关系,胃内容物不易顺食道进入口腔中。呕吐时可照一般处理,注意勿使之吸呛。可请儿科医师诊治,并给予适当药物治疗以减缓此问题。

如何照护

❶ 原本心肺功能好的宝宝:于哭闹后发生屏息时,父母可以暂时离开,但需要在旁边(勿让宝宝知道),观察其肤色是否转变,若无则无须焦虑,就让他继续哭下去直到结束。若肤色开始变黑也勿急着紧张(通常1~2分钟内的停止呼吸是可以接受的),通常宝宝会慢慢地重新开始呼吸,此时父母再出现。若肤色变暗红或变苍白达2~3分钟以上(表示情况严重),则可以手指捏拿宝宝的脚底部,让其因突然的刺痛而重新开始呼吸,只要有呼吸,宝宝缺氧的状况自然就会改善了。

❷ 原本心肺功能差的宝宝:原本于哭闹时就容易发黑,轻微者其处理如上述。较严重者其处理方法如下:

- 不要让宝宝剧烈地哭泣,但轻度的哭泣是无妨的。
- 平日家中需要准备氧气备用,于宝宝哭泣时可在口鼻附近给予些氧气(1~2升/分)。
- 若发生抽搐或昏迷时,除了一般的急救步骤(清除口腔、维持呼吸、心跳)外,尚需要立即送医治疗。

大部分的婴幼儿屏息症到1岁左右就自然消失了,父母需要先排除宝宝有无心肺方面的问题,照顾时勿过于任性娇宠,有正确养育的观念,宝宝才能正常健康地长大。

宝宝胀气

宝宝为什么会胀气

哭泣太久而吸入太多空气；奶嘴孔过大或过小，都容易让宝宝因为吸奶用力而吸入空气；便秘，有时因为大便阻塞在肠内，气体排不出来而造成胀气；喂奶方法不正确，以奶瓶喂食的宝宝，奶瓶中的奶喝完了却没被发现，因而一直吸入空气；或食物引起等。

处理方法

- 一般婴孩喂奶前肚子是软软的，喂奶后肚子摸起来较胀、较鼓，那是正常的。但如肚子一直是硬硬的，宝宝哭闹不安，要赶快就医，因为可能是腹腔感染，或肠道阻塞、小肠转位，要立刻处理，以免造成肠坏死。
- 如果是有病理性的问题，按摩也没用，重点是要去看医生；至于觉得揉了有效，那并不是真的胀气。
- 若确定妈妈吃了某种食物之后喂母乳，会让宝宝胀气而不舒服，要避免吃这些食物，目前都还是鼓励妈妈正常饮食，不用特别去避开某些食物。

宝宝4个月之前腹壁还薄，加上身体比例占大部分，所以，每次吃完奶之后肚子就会明显鼓鼓的，有些妈妈以为宝宝肚子鼓起来就是胀气，其实这是正常现象。

如果宝宝吃得不错、睡得也好、排便正常、成长也正常，就不需要担心胀气问题，但如果宝宝经常肚子鼓鼓硬硬的，而且饮食、睡眠都已经受到影响，那么就要留意胀气已经让宝宝觉得不舒服了。

预防宝宝得鹅口疮

鹅口疮是一种称为白假丝酵母菌的真菌感染所导致的疾病，是婴儿常见的疾病之一，尤其好发于6个月以下的宝宝。

通常健康宝宝的鹅口疮不使用抗霉菌药物，1~2个月也会自行痊愈，医师诊治给予使用抗霉菌药物涂抹口腔，通常治疗效果都很好。

预防鹅口疮的注意事项

- 照顾者及爱吃手的宝宝要常洗手，尤其是在喂奶前，且要确实洗干净。
- 保持口腔清洁，吃完奶后要用开水沾湿的纱布清洁口腔。
- 奶瓶、奶嘴、餐具要确实清洗干净并消毒过才可使用，有惯用安抚奶嘴的宝宝，要多备几个安抚奶嘴，常清洗、消毒。
- 哺喂母乳的妈妈要保持乳房、内衣的清洁，要每天洗澡、更换胸衣，并且保持胸衣的干燥、定时更换溢乳垫。
- 宝宝的玩具要定时清洗。
- 注意家中清洁、除湿，以减少真菌滋生。

安抚奶嘴任何时候都可以用吗

安抚奶嘴的功用

一般而言，小宝宝的口欲期在前六个月最强，这个时期适当地给予安抚奶嘴能够抚平宝宝焦虑的情绪，让他感受充分的安全感。如果在此时期，父母一味地禁止宝宝吸安抚奶嘴，反而会让宝宝因为得不到满足，而产生悲观、退缩的行为。对早产儿而言，安抚奶嘴更被认为可以训练吸吮和吞咽能力，促进肠胃蠕动。

适时地使用安抚奶嘴

当宝宝哭闹不休时应先检查他是否饿了或尿布湿了。如果不是，可试着抱抱、轻摇安抚他，若孩子仍出现躁动、情绪不佳的反应，则可以适时给予安抚奶嘴，帮助他稳定下来。对不易入睡或整夜睡不安稳的宝宝，睡前可给予安抚奶嘴，亦有助于减少哭闹的情况，建议等孩子睡安稳后，便将奶嘴取出。其他像是宝宝喝完奶了，还想再含着一会儿的话，也可给他安抚奶嘴，满足他的需求。

安抚奶嘴的选择和使用

选购一体成形的奶嘴

安抚奶嘴虽然品牌很多，但大致的构造就是一个没有吸孔的奶嘴头连在一块底板上，后端有一个拉环。非一体成形的奶嘴有颜色和可爱图案，妈妈和宝宝都会喜欢，但是一体成形的奶嘴不会因零件脱落而有危险，安全性较高。

注重底板形状与透气

与奶嘴连接的底板因为要符合唇型，多半设计成凹型，有些国外品牌虽然安全好用，但也许是西方人与东方人五官不同的缘故，不是板子的上缘看起来几乎卡住鼻孔，就是吸久了板子的外缘会在嘴巴出现红印，建议爸妈在购买时可先向店员询问。底板的两端会有两个透气孔，可防止板下的皮肤因封闭而出现湿疹。

材质选硅胶还是乳胶

奶嘴头的成分可分硅胶跟乳胶，硅胶是白的，乳胶是黄的。乳胶口感较软，消毒后有乳胶味，比较容易破损；硅胶较硬些，消毒后没异味，也较不易破损。宝宝喜欢的口感因人而异。不过，因为有极少的可能会发生乳胶过敏，所以使用硅胶会比较安全。

哪种奶嘴头形状较好

奶嘴头的形状可分三类：

① 拇指型：接近上下颌咬合处较薄，较不会影响口腔发育和牙齿排列，但长期吸吮仍有影响。

② 圆型（现在都标榜仿母乳头）：接近上下颌咬合处较厚，可训练上下颌咬合力。

③ 扁圆型：与嘴型密合，可防胀气和流口水。

可依需要选择，若怕宝宝长期使用会影响口腔发育，可选择拇指型；母乳宝宝则选仿母乳头的圆型。基本上只要选择有品牌、离制造日期较近的奶嘴，安全性皆可。

奶嘴要定期消毒，有损毁要更新

第一次使用前要消毒，6个月以内的婴儿其安抚奶嘴每天至少要用消毒锅消毒一次。奶嘴使用一段时间后要详细检视有无细小裂痕、破洞或变色，如果有就要更换。

如何买到适合宝宝的奶嘴

第一次选购奶嘴，建议买几个不同牌子及形状，让宝宝找到最爱。安抚奶嘴依年龄分不同尺寸，包装上会明显标明，买太大会顶到上颌引起恶心呕吐。也有些宝宝什么安抚奶嘴都不要，那就顺其自然，不要强迫。

必读小叮咛

若宝宝口欲很强，戒除奶嘴宜慢慢来，不要过度强迫，否则有些宝宝可能会改成吸手指，就更难戒除。当宝宝开始学会走路，也能简单与大人沟通时，就要积极戒除奶嘴。

🌿 不当使用安抚奶嘴的坏处

过度使用安抚奶嘴，会影响口腔的发育和牙齿的排列，导致宝宝牙齿变形、咬合不正及影响对食物的咀嚼，将来还可能出现戒除困难的问题。大部分的孩子在1岁半后，因为语言能力增强，手部动作慢慢成熟，及注意力转移的关系，就会慢慢停止使用安抚奶嘴。至于超过2岁以上的孩子若仍在使用安抚奶嘴，则需要父母帮忙戒除。

🌿 帮助宝宝戒除安抚奶嘴的方法

① 6个月以上添加辅食时，千万不要将米粉、麦粉等食物放到奶瓶中让宝宝吸食，而要让他改用学习餐具进食。这样才能加强他练习咀嚼的机会，逐步摆脱吸吮奶嘴的习惯。

② 宝宝无聊的时候，容易一整天咬着奶嘴不放，为了避免他将安抚奶嘴当作必要的"消遣"，建议父母多和他说话，给予他表达的机会，或是多抱着他看看外围的花草。一岁半的宝宝，已有羞耻心的表现，虽然在家会吸奶嘴，但出去时会有所克制，平日在家的时候，家长可用玩具转移他的注意力！

③ 床边故事不仅可以培养宝宝爱读书的习惯，在戒奶嘴的时候，还能消除他的不安，情绪获得抚慰，使亲子关系更亲密、更融洽！

④ 宝宝开始长牙后，多半会比较不喜欢奶嘴，可拿固齿玩具或其他安全卫生的东西给他咬，很快他就会忘记有奶嘴了。

怎样做空气浴、日光浴

宝宝出生后2~3周，就要让其逐步与外界空气接触。在夏天要尽量把窗户和门打开，让外面的新鲜空气在室内自由流通。在春、秋季，只要外面的气温在18℃以上，风又不大时，就可以打开窗户。就是在冬天，在温暖的时刻，也可每隔一小时打开一次窗户，每次5~8分钟，以流通空气。让宝宝呼吸到新鲜空气，有利于宝宝生长发育。

宝宝在逐渐适应室外空气后，从第三个月起可以做日光浴。日光浴有促进血液循环、强壮骨骼和牙齿生长的功效，并能增加食欲，帮助睡眠。

做日光浴须循序渐进，刚开始时可选在中午阳光照射充足的房间，打开窗户晒太阳（隔着玻璃的日光浴达不到效果），每天一次，每次晒4~5分钟，持续2~3天。适应后，再让宝宝到户外做全身日光浴，时间最长不超过30分钟。最好每天晒晒太阳，对宝宝更有好处。做完日光浴后，要给宝宝喂些清水或果汁。

日光浴时要注意的事项

① 不要让宝宝的头部特别是眼睛晒到太阳，注意把头部置于阴凉处或者让宝宝戴上帽子。
② 只可以在宝宝身体状况良好的时候做日光浴，在宝宝身体状况不佳或者有病时，不要勉强。
③ 直射的阳光对宝宝来说刺激过强，做日光浴时要避免阳光直射。
④ 阳光充足要给宝宝涂防晒霜。

学会使用生长曲线

如何判读生长曲线

儿童曲线图上有男孩、女孩各自身高、体重与头围的生长指标百分位图，每张图上均有5条曲线，由上而下分别代表同年龄层之第97、85、50、15、3百分位。2岁之前是测量宝宝躺下时的身长，2岁以后（含2岁）是测量宝宝站立时的身高。使用方法如下：

步骤一： 先找到横坐标所标示的年龄（足月／年）。例如：目前6个月大的宝宝就选择横向坐标写着"6个月"的位置。

步骤二： 找到纵坐标所标示的身长（厘米）、体重（千克）、头围（厘米）数值。例如：身长68厘米，就去找位于65~70的范围，找到68的位置（体重和头围也是用相同方式）。

步骤三： 依据两条线的交叉点，就可比对到宝宝在同年龄层中所占的百分位。例如：交叉点落在第85百分位，这表示在100个6个月大的宝宝中，身长超越85人，以比例来说算排名靠前。

生长指标落在第97及第3百分位两线之间均属正常，若超过第97百分位和低于第3百分位就要多加注意观察。另外，生长曲线是连续性的，不能只看某一个时间量出来的落点，需要观察一段时间，可以3个月为一个阶段。宝宝的每个不同阶段落点可连成线，这条线应该要依循生长曲线的走势。由于个人的体质、遗传等不同因素，生长曲线可能会有些差异，但若是发现生长曲线在短时间内偏离超过两条曲线（高于或低于两个曲线间）的情况，就需请医师评估检查。

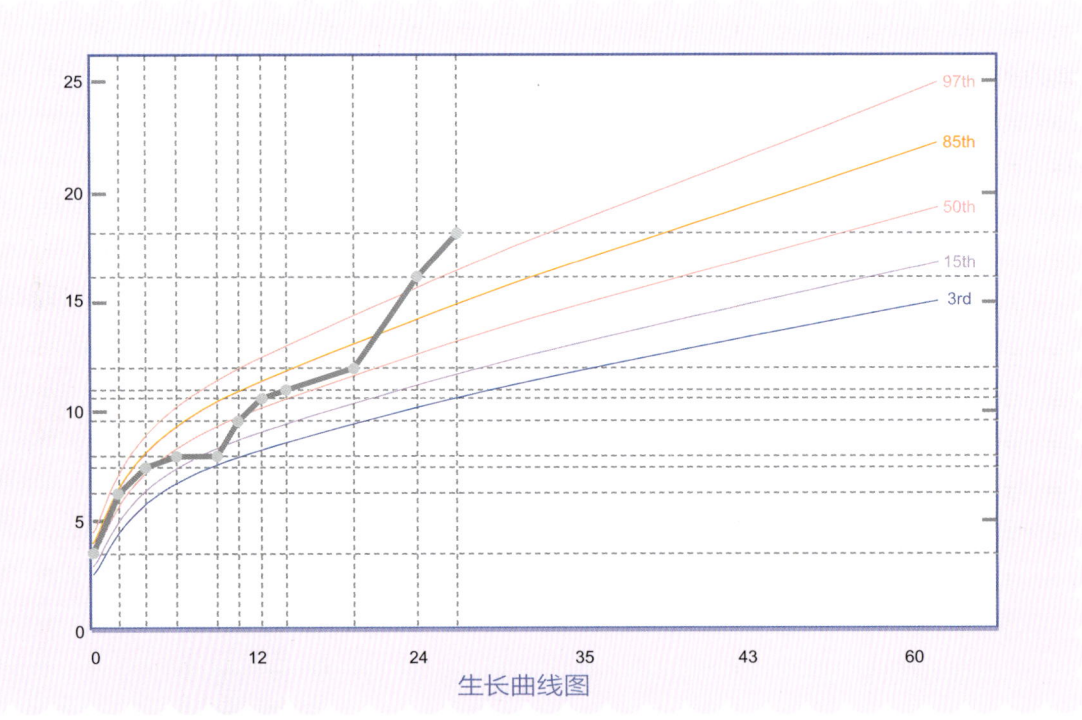

生长曲线图

备注：图中这位宝宝的家长从宝宝出生就开始给宝宝记录生长曲线，宝宝从出生至2岁之间生长曲线正常提升，在2岁之后他的体重超出了第97个百分点，这样提示了小孩在这段时间里的体重增长过于迅速，家长需要关注小孩的饮食搭配是否合理、小孩的锻炼安排是否足够、小孩体格是否横向发展。

宝宝正常吗

1. **身长**：宝宝从出生后到第6个月，身长平均每月长2.5厘米，从第7个月开始到宝宝1岁大，平均每个月长1.3厘米，身长大约是出生时的1.5倍，这时会发现宝宝好像变瘦了，是身长增加的缘故。1岁以后成长速度会逐渐趋缓，一年10～11厘米，2岁以后一年约长8厘米，到6岁前每年长5～6厘米。学龄后的宝宝一年平均最少长4厘米为最佳状态。若发现矮别人一截，可能是父母遗传或是营养问题。

2. **体重**：足月新生儿的体重2500～4000克。宝宝从出生后第2个月开始，体重每日会增加35克左右，第4个月时的体重会增加到出生时的2倍，第6个月之后体重每日增加10～15克，宝宝到了1岁时，体重约是出生时的3倍。排除先天性或疾病问题，假如体重未达标准，可能要注意是否有摄取足够营养。

3. **头围**：新生儿的头围32～37厘米，6个月39～45厘米，1岁42～48厘米。头围主要是神经的发展，假如头围过大，可能是颅内出血或脑积水等特殊性疾病感染；头围过小，可能是遗传、营养或感染等问题。除了注意头围大小问题，另外也要观察前囟门和后囟门有没有依正常时间关闭。通常后囟门在宝宝2～6个月会闭合，前囟门则为宝宝12～18个月闭合。假如头围正常发展，囟门较早闭合，不必过于担忧。但若是头围较小，囟门也较早关闭，则要注意是否有发育不全、甲状腺、内分泌等功能问题。

Q：生长曲线呈现什么走向，父母就该注意？

新生儿出生体重大约以3500克为标准，只要曲线落在正常范围（第10个百分位到第90个百分位），且一直都沿着曲线往上走，就是最标准的。但若没有任何特殊状况（如感冒、厌奶期）掉下一格还能接受，超过两格标准差就是有明显意义的异常。持续维持高或低的曲线都是能接受的，但如果在一两个月内突然掉了两格，也就是上下差了30～50个百分位时，就有其特殊的意义，必须关注。

怎样给宝宝测量胸围和头围

必读小叮咛

身长指从头顶至足底的垂直长度，它是反映宝宝骨骼发育的重要指标。2岁以下宝宝可仰卧，头顶和脚底各放一块板，用尺量两板之间距离。

小儿出生时头围相对较大，为33~34厘米，1岁时为46厘米；胸围的大小与肺和胸廓的发育有关，出生时平均为32厘米，比头围小1~2厘米，1岁左右胸围等于头围；1岁以后胸围逐渐超过头围，头围与胸围的增长曲线形成交叉。1岁左右胸围与头围大致相等。

胸围——是沿乳头下缘绕胸一周的长度。测量时，应取呼气与吸气时的平均数记录。定期为婴幼儿测量胸围，是保持健康、预防疾病的措施之一。

测量胸围时，3岁以下的小儿宜取卧位，3岁以上的小儿宜取立位，嘱两手自然平放或下垂，将软尺0点固定于乳头下缘，拉软尺接触皮肤，经两肩胛骨下缘回至0点，取平静呼、吸气中间读数，或呼、吸气时平均数。

新生儿出生时胸围比头围小1~2厘米；1岁时胸围与头围大致相等；1岁后胸围超过头围，其差数（厘米）约等于小儿的岁数。

测量头围的具体步骤是：寻找宝宝两条眉毛的眉弓（眉弓就是眉毛的最高点），将软尺沿眉毛水平绕向宝宝的头后；寻找宝宝脑后枕骨结节，并找到结节的中点，再将软尺绕回重叠交叉，交叉处的数字即为宝宝头围。

软尺不能过松或过紧，否则测出的数据也不会准确。

观察头、胸围交叉时间亦可作为衡量发育是否正常的一项指标。一般来说，若头、胸围交叉时间延至2岁以后，为胸围发育落后的表现。

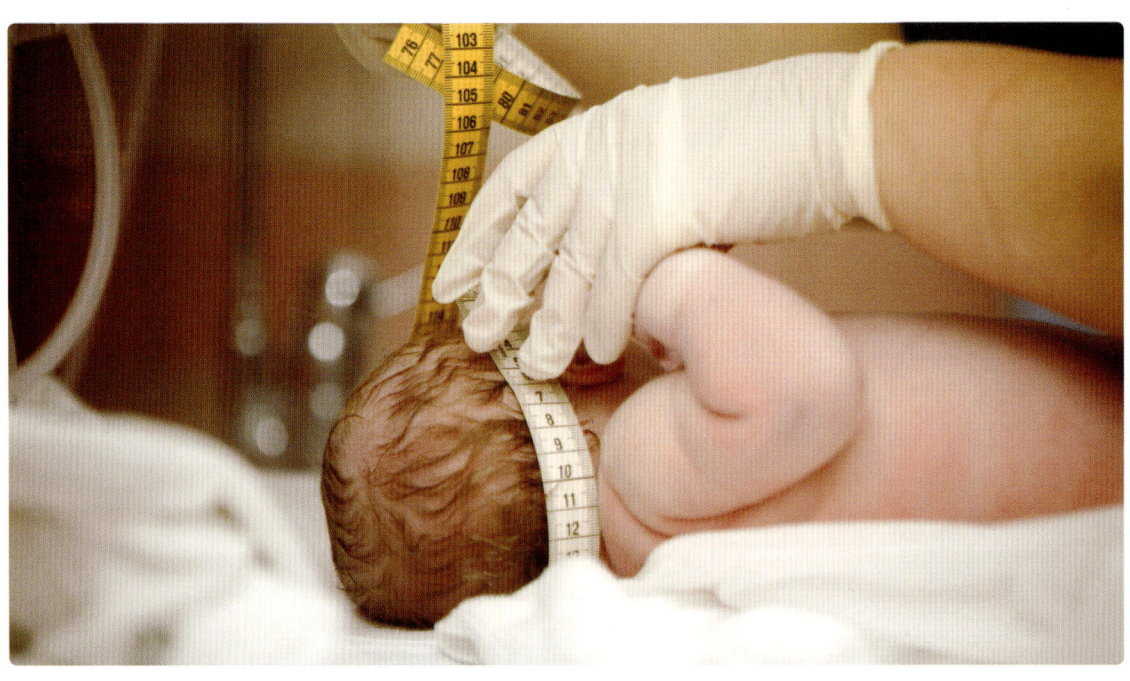

早期发现宝宝听力障碍

据统计，每1000名新生儿中，就有2~3名有双耳听力问题。由于听力问题较不易由外观上发觉，往往轻、中度听损的婴儿会错过0~6个月大的黄金疗愈期。由于家长的疏忽，目前重度听损儿童诊断出的年龄平均为1.5岁，中、重度听损为3.5~4岁，然而，孩童发展语言的黄金时期则是0~6岁。

可惜的是，多数家长没有警觉到宝宝的听力有问题，因而错过早期治疗的黄金时段。虽然听损的发生率高，但90%以上仍具有可利用的存余听力，多数借由配戴助听器或少数需要植入人工电子耳，只要善加利用存余听力，孩子仍有机会学会开口说话。

🌿 哪些宝宝应主动接受听力筛检

- 有听障家族史
- 婴儿出生时伴随先天性的病毒感染（如：弓形虫症、德国麻疹、水痘、梅毒等）
- 出生时有严重呼吸困难
- 出生体重小于1500克
- 曾有急需输血的黄疸现象
- 曾经严重缺氧
- 曾罹患细菌性脑膜炎
- 需机械性辅助呼吸5天或以上者
- 头颈部有先天性畸形的新生儿

简易居家听力语言行为评量表

出生~2个月大	3~6个月大
• 巨大的声响（如：用力关门声、拍手声）会使孩子有惊吓的反应。 • 孩子浅睡时会被大的说话声或噪声干扰而扭动身体。	• 当你对着孩子说话时，他会偶尔发出咿咿呀呀的声音或是有眼神的接触。 • 会对一些环境中的声音表现出兴趣（如：电铃声、狗叫声、电视声等）。
7~12个月大	**1~2岁大**
• 开始牙牙学语，并自得其乐。 • 喜欢玩会发出声音的玩具。 • 当你在背后叫他，他会转向你或咿咿唔唔地叫。	• 可以说简单的单词（如：爸爸、妈妈）。 • 2岁左右时能够重复你所说的话、词组（如：不要、没有了）或是短句子（如：爸爸去上班）。

宝宝有下列的状况，需要做听力检查

- 说话比同年龄的孩子不清楚。
- 无法像同年龄的孩子一样与人沟通。
- 常要别人重复述说。
- 在家或在学校似乎都不专心。
- 在看电视或听音乐时，音量设定比其他人的声大。
- 有多次中耳感染。

以上评量表仅供家长参考，不能取代专业的听力检查，若怀疑孩子的听力或说话有问题，请带孩子做进一步的专业听力检查。

儿童视力异常的检查与矫治

及早发现儿童的视力异常成为儿童眼保健工作的重要环节。视力是一个人对外部环境中的事物清晰度的分辨能力，可以用视力表或其他辅助手段加以测定及描述。如我们较常使用的国际标准视力表和对数视力表，都是使用一系列按不同缩小比例排列的英文字母"E"字作为视标，让被测者说出"E"字的开口方向，直到不能正确分辨为止；再以相应行的视力水平作为视力状况的记录，前一种视力表正常为1.0，后一种视力表正常为5.0。此种方法一般在3岁半到4岁以上应用较为普遍，要求被测者具有一定的智力水平，因此，在小年龄儿童中较难应用。

为了弥补低年龄儿童视力检查方法的不足，目前国内已经研制出一整套自新生儿开始即可采用的视力检测用具，如点状视力表，选择性观看视力检测卡及儿童图形视力表等，但在检查过程中都有一定的限制，难以向家庭中普及。其实，只要家长掌握了一些儿童视力发育的规律及视力异常的可能表现，就可以在家庭护理中及时发现小儿的视力异常，必要时再到医院采用特殊手段进行检查。

新生儿宝宝即对光有反应，在他睡眠时，如用手电光突然照射新生儿面部，他会出现皱眉，全身蠕动甚至觉醒，说明他有光感。4~6周时，能注视眼前30厘米左右处的较大物件，如用一红色毛绒球在小儿面前缓慢移动，他可用眼注视红球，并跟随片刻。4个月时，会看自己的手，有时用手去接触周围的物体。7~8个月时，可盯住某一物体稳定注视较长时间，此时，如用特殊方法检查，视力可达0.3左右。1岁时，具有了躲避外来刺激的能力，如有物体突然临近眼前，可闭目躲避，视力可达0.4。2岁时，对飞行的物体感兴趣，可追着看，视力已达1.0。6岁时，视力发育可接近完成。

无论是利用生活场景还是视力表检查小儿的视力时，都要注意检查单眼的视力，即分别定住某侧眼睛，然后观察另侧眼睛的视物反应。在小年龄儿童，分别定不同眼时，小儿表现应相似。如先定某侧眼时，小儿毫无反应，而再定另一眼，小儿则拒绝，往往提示后定的一眼为好眼，也就是健眼，是真正用来注视的眼，而先定的一眼可能存在视力问题。当然，这种检查要反复做几次，如结果相同，才可能提示确有问题。当用视力表检查时，如双眼视力相差大于或等于2行，则视力较好的一只眼的发育就会受到抑制，此时，即使视力不是很差，也应到医院及时进行矫治。

3个月宝宝学翻身

宝宝翻身出现时间点是3~6个月。翻身的动作其实牵涉到整个身体动作控制,但需待宝宝的躯干肌肉比较有力之后,才能够做到。通常会由肩膀先翻,刚开始可能只能做到由平躺翻至侧躺(身体翻到一半)、用下侧身体支撑体重。爸妈可以尝试在宝宝两侧边说话、拿玩具逗宝宝,或是用鲜明的颜色(如:红、黄、蓝)和一些音乐、声音,来吸引宝宝注意力,让他会有动机想要翻身、活动身体。当宝宝有翻身的意图时,爸妈也可以顺势用手轻推宝宝的肩膀和屁股,来帮助其翻身。

受到重力的影响,通常宝宝由俯卧翻转至仰躺,会比由仰躺翻转至俯卧容易做到;不过6~8个月宝宝就可以做到成熟翻身,由仰躺翻转至俯卧。要注意的是,正常宝宝在7~9个月时,身体会做分节式翻身,可控制速度,并作躯干旋转。若7~9个月宝宝仍没有这样的"分节式翻身"而是像木头一样直接"啪"一声翻过去的话,很可能代表脑部发育有异常,像脑瘫的孩子因为肌肉张力过强,翻身时就会有此现象。若9~12个月宝宝翻身时仍出现木头式现象,建议爸妈带孩子就医找出原因,并尽早治疗。

第一步:从仰躺到侧卧

- 先将宝宝仰面放在床上,从后轻轻把右腿放在左腿上面,使宝宝的腰自然扭过去,肩也会转一周,多次练习后宝宝便能学会翻身。
- 让宝宝侧身躺在床上,逗引宝宝,他会顺势将身体转成仰卧姿势。

第二步:从侧卧到俯卧/仰卧

同样从宝宝的身后,扶住宝宝的肩膀和大腿,帮宝宝翻转身体。翻身后可能会出现其中一只手臂压在胸下动弹不得的情形,要帮宝宝挪好手臂的位置,以后再慢慢训练他自己把手臂抽出来。

一旦宝宝学会了翻身,就会喜爱翻过来翻过去。这时谨防宝宝从床上翻落下来。

由于个体差异,宝宝学习翻身会有早有晚,如果到了半岁,宝宝仍然不会翻身,妈妈就应该引起重视了,看看是不是以下因素阻碍了宝宝学会翻身:

- 体重超标:宝宝如果长成了大胖子,可能就懒得动弹了。
- 体弱缺钙:如果肌肉无力,骨骼缺钙,宝宝就会觉得运动困难了。
- 衣服束缚:如果宝宝在冬天学习翻身,妈妈要尽量保持室内温度,减少衣服对运动的阻力。

接种疫苗及接种后的照护

接种疫苗后需要忌口吗

"忌口"一般是为了治疗疾病的需要才忌吃某种食物。打防疫针与生病不同。有些父母认为,打完防疫针不能给宝宝吃鸡蛋、鱼、水果等食物,认为这些食物可影响免疫力,这是毫无道理的。所以饮食上无须让宝宝忌口,除了少吃刺激性的食物外,可多摄取蛋白质和维生素。

怎样选择计划外疫苗

❶ 根据宝宝具体生活环境的需要,如果近期要入园,可提前一个月接种水痘疫苗;如经常在外就餐,可接种甲肝和乙肝疫苗;还有,可以在每年的3月至9月底使用轮状病毒疫苗。

❷ 考虑到家庭经济状况。有些疫苗可有多种免疫的程序选择,条件稍差的家庭可选择比较经济的一种,也能起到预防疾病的效果。还有,国产疫苗也是经济实用的一种选择。

❸ 考虑宝宝的体质。如果宝宝抵抗力低,容易患病,家长也可选择合适的疫苗。一般来说,有免疫缺陷病的宝宝,如有过敏史及变态反应性疾病、风湿热、哮喘等;有急性传染病接触史而尚未过检疫期的宝宝,如麻疹或百日咳接触后未满21天、白喉或流行性脑脊髓膜炎接触后未满7天的,均可选择毒性较低、反应较缓和的疫苗。如果宝宝属于过敏体质,接种疫苗时需格外谨慎,接种前需要向医生说明。

打了疫苗能否100%保险

通过预防接种所获得的抵抗力是相对的,而不是绝对的,也就是说,绝大部分人接种了某种疫苗后,可以不再患该种传染病,而少数人还可能患该种传染病。

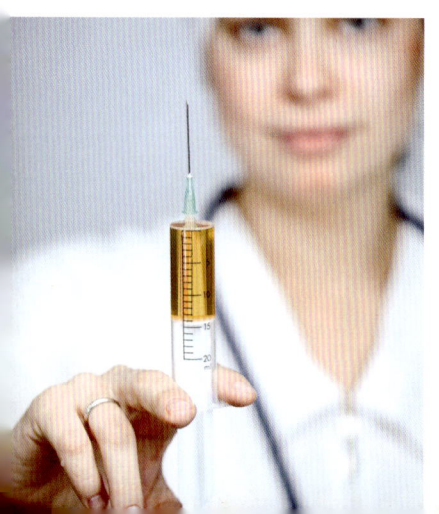
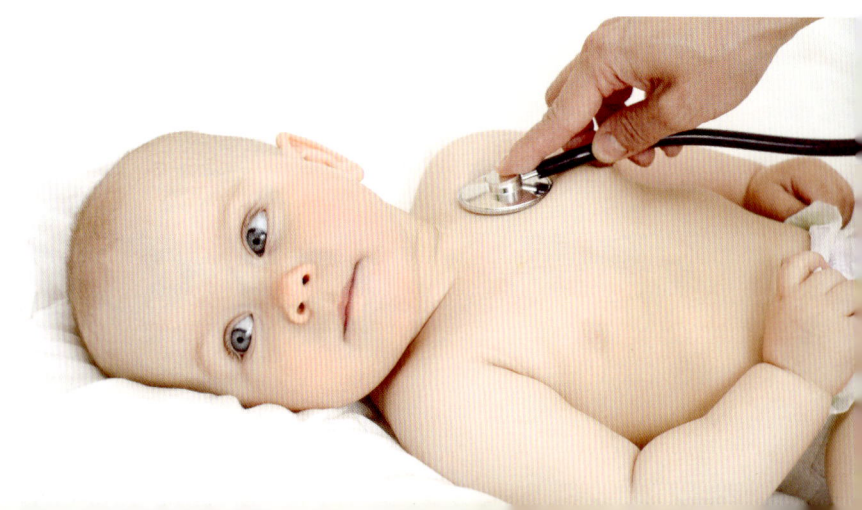

接种疫苗后出现反应怎么办

人体接种疫苗后，在局部甚至全身可能引起一系列的生理病理反应。这种反应的表现形式和强度不一，发生反应的原因和性质也各不相同，可分为正常反应、加重反应、异常反应。预防接种后可能引起疫苗相关性发热，一般1~2天就会好；接种局部会出现红肿、疼痛、发痒或有低热，一般不需特殊处理，如反应加重，应立即请医生诊治；有些疫苗接种后还会出现轻度硬结，可采用热敷的方法加快消散。

患有中枢神经系统疾病，如脑病、癫痫等或既往病史者，以及属于过敏体质的人不能接种；发热、急性疾病和慢性疾病的急性发作期应缓种。接种第一针或第二针后如出现严重反应（如休克、高热、尖叫、抽搐等），应停止以后针次的接种。

接种疫苗后要加强护理：首先，要好好休息，不要跑跳过多。其次，保护打针部位的清洁，不要用手抓。第三，不吃刺激性的食物，如大蒜、辣椒等。第四，多喝开水。第五，家长随时观察宝宝接种后的反应。

如果局部红肿较轻，可暂不处理。如果局部红肿较重：

❶ 最好先去请教儿科医生仔细地检查鉴定一下。
❷ 如果是细菌性炎症，需要使用抗生素治疗。
❸ 局部的红肿通过热敷或覆盖纱布或可减轻症状，但一定要医生检查并同意后才能实施。
❹ 不可敷用不明的中药或草药。

错过打预防针的时间怎么办

宝宝的预防注射通常都在两剂以上，时间间隔为1~2个月，错过了第一剂施打的时间，可以立刻补打，但是错过第二或第三剂，有些则必须从头补打(卡介苗超过3个月，要做皮肤测试，没有反应的才可补打)。

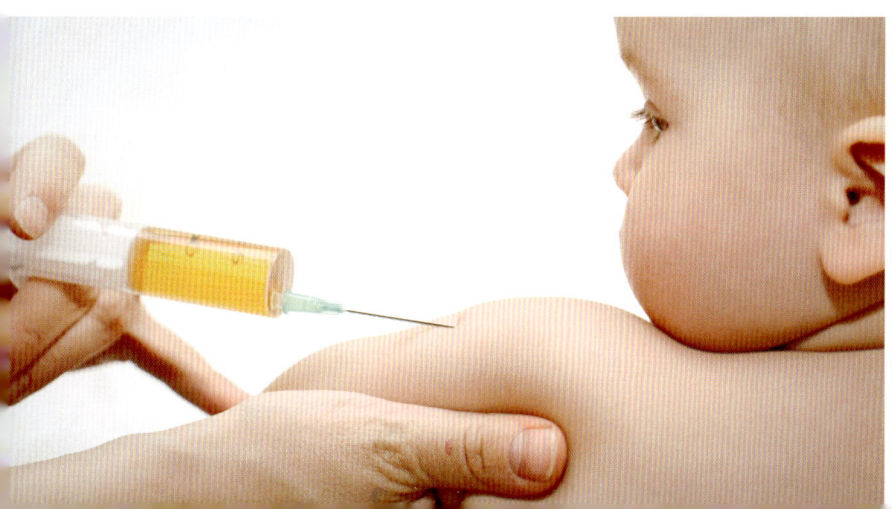

鸡蛋过敏者能否接种麻疹疫苗

麻疹疫苗是由鸡胚成纤维细胞培养制备的，而不是鸡胚培养制备的，麻疹疫苗中并不含有鸡蛋卵清蛋白成分，而鸡蛋过敏者主要是对卵清蛋白过敏，目前国内外学者均认为，鸡蛋过敏者不是麻疹疫苗的接种禁忌。

《中华人民共和国药典（2010年版）》已剔除了旧版《药典》将鸡蛋过敏者作为麻疹疫苗的接种禁忌的说明。

接种疫苗后的反应与照护方式表

一般照护	食物摄取方面	除了有口服小儿麻痹疫苗前后半小时不可给牛奶或其他饮料外，在饮食上并无须间隔，可给予补充水分、多休息，按日常饮食习惯即可。
	居家照顾方面	疫苗接种当日仍可洗澡，保持注射部位的清洁即可。
轻度反应照护原则	注射部位局部红肿、疼痛、硬块	注射后6~8小时发生肿痛，反应激烈者，会形成硬块。接种部位24小时内，可用冷敷减轻疼痛；24小时后，可用温敷消肿帮助吸收。
	轻度发热	大多在注射后数小时后发生，通常1~2天内会恢复。一般只要给退热药即可。
	烦躁不安、哭闹	大多在注射以后12小时内发作，可以持续1小时。安抚观察即可。
	长疹子	一般只要观察即可，偶尔才需使用到抗过敏药物。主要是因为有些疫苗中含有微量的新霉素（neomycin）和多链丝霉素（polymyxin），应小心用于已知对这些抗生素过敏的患者。
严重反应照护原则	高热超过40.5℃	48小时以内发作。一般只要给退热药即可。有些幼儿可能因为发热而引起热痉挛，这与个人体质有关，多数都是良性的。
	超过3小时以上的持续性哭闹	48小时以内发作，发生率为1%。要特别注意食欲、活动力是否也跟着降低。若极度昏睡、低张力、全身虚脱或尿量减少，则必须就医请医师处理。
	神经学病症	严重反应如痉挛、神经疾病及脑部疾病等极少发生。
	过敏性休克	发生率极低，通常为立即型过敏反应，可能危及生命。

第2~3个月宝宝的喂养

宝宝为什么总吐奶

新手爸妈会发现,宝宝在1~2个月大时,喝奶后,嘴角常会溢奶,或是打嗝后,喝下的奶水就会慢慢流出来,甚至因为口腔与鼻腔相通,所以当宝宝吐奶时,奶水也会由鼻孔喷出。

宝宝为什么会吐奶

宝宝吐奶的原因,大致可分为因胃肠道引起的呕吐和非胃肠道引起两大类。其中,胃肠道引起的吐奶又可分为病理性吐奶、生理性吐奶、病毒感染三种。

生理性吐奶

由于婴儿的胃呈水平位,胃的容量小,存放食物少,同时也容易返流到贲门处。即使在正常情况下,如进食过多,吃奶后立即平卧,乳汁也容易冲开贲门,经食管返至口腔,造成吐奶。

病理性吐奶

常见的疾病如肥厚性幽门狭窄,因为宝宝的胃部出口逐渐增厚,使胃部的食物不易进入到十二指肠,所以喂奶时或喂奶后,时常会发生喷射式呕吐以及严重脱水、皮肤弹性变差的症状。

病毒感染

宝宝常见的感染疾病如轮状病毒、腺病毒等。典型症状有发生吐奶、水泻、拉肚子的症状,同时也会影响宝宝的消化功能。

宝宝什么时候爱吐奶

吃太饱

宝宝吃饱后或是吃太饱,都会造成肠胃负担加大、胃内压力增加。这时候,咳嗽、哭闹、扭动、运动时,都会让腹部肌肉

必读小叮咛

宝宝若是患有乳糖不耐症或对牛奶蛋白过敏，也可能发生吐奶、腹泻、血便的症状。这类宝宝的妈咪最好尽量喂哺母乳，以增强孩子的免疫力；同时，哺喂母乳的母亲也必须避免摄取易过敏的食物，如：虾、蟹类、海鲜、花生。对于喝配方奶宝宝，针对牛奶蛋白过敏的宝宝，必须使用水解蛋白配方奶粉；而针对乳糖不耐症的宝宝，最好咨询医生立即更换特殊奶粉，等宝宝再大一些，乳糖功能逐渐正常，再慢慢换回一般奶粉。

突然收缩，使腹腔内压力增加，让胃内容物挤压而出，而造成吐奶。

感冒、生病或吃坏肚子

病毒或细菌在感冒时，除了侵犯口腔、鼻腔及喉咙引起局部发炎不适外，这些病媒体也被吞入肠胃内而造成胃肠生病及功能异常。宝宝的肠胃特别敏感，当胃受刺激或发炎时，胃分泌量增加引起胃胀、胃收缩，就容易导致呕吐。

气喘、呼吸困难不顺，或呼吸道阻塞时

宝宝感染肺炎、细支气管炎或喉头软化症时，在呼吸快速又不顺畅时，就容易伴随呕吐现象。

如果孩子偶尔吐一次奶，精神很好，就不用紧张。如每次喂奶时均吐，并且吐奶量比较大，可能胃肠道本身有问题，也可能其他系统有病变存在，应带孩子去医院检查。

宝宝吐奶该怎么办

宝宝刚喝完奶又全都吐出来，最着急的莫过于家长了，该如何正确处理呢？如果宝宝的体重正常，只是偶尔溢奶或轻微吐奶，可以采取下列方式，减缓宝宝吐奶或溢奶的状况。

少量多餐

先减少每餐的奶量，增加喂奶的次数。基本上，4个月以前的宝宝的每天总奶量约体重(千克数)乘以150即可。

加强排气打嗝

宝宝喝完奶之后，将宝宝抱直，把头放在自己肩膀上，轻拍(手势由下往上拍)宝宝背部直到打嗝。如果宝宝一直无法顺利打嗝，也可以试着在喂奶间隙稍微休息一下，先让宝宝打嗝，再继续喂奶。如果宝宝还是不打嗝，家长可将宝宝抱着成直立姿势数分钟，让气体自然向上排出即可。值得注意的是，有时宝宝并不会打大嗝，而是打连续的小嗝。

侧躺卧姿

如果宝宝没有打嗝的话，也可让宝宝先采用左侧卧姿10～15分钟，再采取右侧卧姿。要避免半斜躺的姿势（如用枕头将头部垫高，因为此姿势最容易吐）。

奶嘴的孔洞大小

奶嘴孔洞太大，奶水容易堵住咽喉，容易阻碍呼吸气管的通路；孔洞

太小则让吸吮费力，空气容易由嘴角处吸入口腔再吞入胃中。妈妈可以将奶瓶倒过来，如果奶水呈一直线流下来则表示孔洞太大；倘若过很久才滴下一滴，就表示孔洞太小。

注意宝宝吸奶的速度

不论喝母乳或配方奶，如果宝宝吸奶太快太猛，则容易有胀气或呕吐的情形，应尽量放慢喂奶的速度。

若肠胃症状轻微，可借由稀释牛奶来降低乳糖浓度，或喝口服电解液来减缓宝宝的呕吐症状。如果呕吐、腹泻症状严重、导致脱水，最好暂时禁食，让胃肠道休息，改采用静脉注射补充营养，等到症状改善后，再改喝无乳糖奶粉，让肠乳糖酵素恢复活性。

4~6个月以上较大的宝宝若已经开始吃辅食，也要以清淡为主，饮食原则为香蕉泥、稀饭泥、苹果泥、吐司块、饼干，以减轻宝宝的胃肠道负担。

如果上述情形均已注意，宝宝仍持续有喷射式的呕吐，且呕吐频繁（几乎每隔一两餐就吐），应带给小儿科医生检查，是否有婴儿肥厚性幽门狭窄的问题。

只要宝宝的生长曲线尚在合理范围内，家长无须过分担心，等宝宝6个月大以后，胃肠发育趋于成熟，吐奶的症状自然就会改善许多。

必读小叮咛

妈妈如果出现乳冲，当宝宝吸吮时，吞咽很急，一口接不上一口，很易呛奶。这就是乳冲造成的。解决方法是剪刀式喂哺。妈妈一手的食指和中指做成剪刀样，夹住乳房，让乳汁缓慢流出。妈妈少喝汤，适当减少乳汁分泌。也可以喂奶前先把乳汁挤出一些，以减轻乳胀。

注意提高母乳质量

宝宝在这一时期里生长发育是很迅速的，食量增加。当然每个宝宝因胃口、体重等差异，食入量也有很大差别。做父母的，不但要注意到奶量多少，而且还要注意奶的质量高低。母乳喂养要注意提高奶的质量，有的母亲只注意在月子中吃得好，忽略哺乳期的饮食或因减肥而节食，这是错误的。宝宝要吃妈妈的奶，妈妈就必须保证营养的摄入量，否则，奶中营养不丰富，会直接影响到宝宝的生长发育。3个月是宝宝脑细胞发育的第二个高峰期（第一个高峰期在胎儿期第10~18周），也是身体各个方面发育生长的高峰，营养关系到今后的智力和身体发育，因此一定要提高母乳的质量。

Q: 吃会儿就睡，睡会儿又吃，怎么办？

造成这种情况的原因主要是：
- 冲的奶粉太稀了。
- 奶嘴、奶孔是不是适合宝宝。
- 乳头吸得不舒服。
- 哺乳姿势不对，把鼻子堵住了。
- 母乳的话可能是乳头太小吸不住。
- 妈妈奶太少，吃奶费劲。

选什么样的配方奶粉

配方奶粉添加的各种特殊成分，哪些必不可少，哪些又可有可无呢？

① 益生菌

能补充肠道有益菌，抑制肠道有害菌，对消化功能有一定保护作用，而宝宝胃肠发育不全，食用含益生菌成分的配方奶粉还是有好处的。但益生菌怕光、怕热、易被氧化，买益生菌最好是单独包装的。

② 卵磷脂

和大脑发育有关，很多食物尤其是鱼类都含这种物质，4~6个月后，如果添加辅食合理，没必要非从配方奶粉里获取这一营养素。亚麻酸、亚油酸：是必需的脂肪酸，能在人体内转化合成DHA、ARA。如果奶粉里能够提供充足且比例适当的亚油酸、亚麻酸，就没必要额外添加DHA和ARA了。

③ DHA（一种不饱和脂肪酸）

能够促进婴幼儿视网膜和大脑的发育。DHA一般情况下储存在蛋黄、深海鱼类、海藻等食物中。4~6个月尚未添加辅食的婴幼儿所需的DHA是成年人的3~4倍。因此，在婴幼儿配方奶粉中添加DHA还是有必要的。

④ 核苷酸

能增强人体免疫能力。对于生长发育迅速的婴幼儿这一特殊群体而言，细胞分化快，核苷酸需要量剧增，在婴幼儿配方奶粉中添加核苷酸将有利于生长发育。

⑤ 胆碱

人体摄入后，会转化成乙酰胆碱，能增强婴幼儿的记忆力。但不添加，也不表示孩子的记忆力将来会很差。

⑥ ARA（花生四烯酸）

有助于孩子大脑发育。4个月内未添辅食的宝宝，食物比较单一，在配方奶粉里适当添加这一营养素有一定好处。

⑦ 天然乳钙类

就是将奶粉里钙、磷比例配制更接近母乳成分，增加维生素D含量，促进钙吸收。如果孩子不存在缺钙问题或使用了钙制剂，这一添加也没必要。

冲奶粉注意事项

一般的婴儿奶粉都有冲调说明书，但在具体操作时仍要注意以下几点。

切忌先加奶粉后加水。正确的冲调奶粉方法是将定量的40℃左右的温开水倒入奶瓶内，再加入适当比例的奶粉。最好现配现吃，以避免污染。

切忌将已冲调好的奶粉再次煮沸。正确的方法是将奶瓶放在热水中浸泡。

切忌自行增加奶粉的浓度及添加辅助品。此外，不可将药物加到奶粉中给婴儿服用。

不要用矿泉水冲牛奶。长期用矿泉水冲奶粉会引发婴儿消化不良和便秘。冲配方奶粉提倡用自来水，自来水煮沸后，放凉至40℃左右，再用来冲奶粉就可以了。

不要用开水调奶粉。有人以为开水可以杀菌，水越热冲调的奶粉越好。开水的水温过高，冲调奶粉时会使奶粉中的乳清蛋白产生凝块，影响孩子的消化吸收。另一方面，某些对热不稳定的维生素也会被破坏，特别是有的奶粉中添加的免疫活性物质会被全部破坏。因此，冲调奶粉应用温水，避免其中营养物质的损失。

2个月婴儿的乳量表	
母乳	依宝宝的需求来哺乳，哺喂时间不定。
婴儿配方	一天喂6~8次，每次90~120毫升。

3个月婴儿的乳量表	
母 乳	依宝宝的需求来哺乳，哺喂时间不定。
婴儿配方	一天喂5~6次，每次150~180毫升。

Q：有些家长会在宝宝两三个月时就给予果汁，会增加宝宝肾脏的负担吗？

宝宝的肾脏确实在6个月左右发育才会完全，但是经过适当方式处理的大米汤、小米汤、果汁、蔬菜汁等，即便是在宝宝两三个月之后就少量给予，也不会增加宝宝肾脏的负担。但是要避免导致宝宝出现肠胃不适。原则上，爸妈只要在4~6个月这段时间开始给予辅食就可以了。提前喂宝宝辅食没有什么益处。

Q：暂停哺喂母乳1~2天，奶水变少为什么？

如果妇产科医生建议妈妈暂时停喂母乳，妈妈一定要依照宝宝平常吃奶的频率，继续挤出奶水。否则，妈妈的乳头会因为已经有一段时间没有受到吸吮刺激，而使得奶量会跟着变少。

Q：为什么妈妈乳头会出现小白点或小水疱？

乳头上若出现小水疱或小白点，多半是因为宝宝吸吮的力道太大或是吸吮的时间太长造成的。如果出现这种状况，并不建议妈妈自己戳破水疱，因为器具若未经完全彻底的消毒，反而容易造成细菌感染，建议交由专业护理人员处理会较妥当。

怎样给宝宝补钙

市场上的配方奶粉种类繁多，但其含钙量却大相径庭，每100克奶粉中钙量少到300毫克，多达800毫克。如果按照100克奶粉可以冲到800毫升奶液计算，每100毫升的配方奶中含钙量，则波动于38~100毫克。中国营养学会推荐，6个月以下的婴儿每天应该补充300毫克钙，6个月到1岁补充400毫克，1~4岁每天补充600毫克。可以根据奶粉包装上所标明100克奶粉（相当于800毫升奶液）究竟含有多少钙，按照宝宝每天实际摄入的奶量，算一下能否达到上述标准。如果不足，就应该另外补充。如果够了，就不要另外补钙。

母乳喂养的孩子，如果妈妈饮食营养充足，可以不用补钙，但是孩子要多晒太阳。钙制剂的种类很多，每一种钙都有其特性，适用不同人群。有机酸钙含钙低，但容易溶解，婴儿比较适宜服用。乳酸钙制剂是液体钙，因而含钙量较低。由于乳酸钙味道好，宝宝比较爱吃。

必读小叮咛

钙是指钙化合物中的那部分钙，它的含量才是真正摄入的钙量。所以，在给宝宝购买钙制剂的时候，不要忽视了产品上的标注，一定要注意看清楚产品包装上写明的是"钙"的含量，还是"化合物钙"的含量，这样才能给宝宝清清楚楚、明明白白地补钙。给宝宝补钙的同时，一定还要补充维生素D，这样才能起到效果。

0~1岁宝宝不宜吃蜂蜜及花粉类制品

蜂蜜是最常用的滋补品之一。据分析,蜂蜜中含有丰富的果糖,葡萄糖,维生素C、维生素K、B族维生素、多种有机酸和有益人体健康的微量元素等。蜂蜜既是滋补佳品,又是治病良药,因而许多人喜食蜂蜜。

1岁以下宝宝吃蜂蜜容易引起肉毒性食物中毒

一些年轻的父母喜欢在宝宝饮用的牛奶中添加蜂蜜,以防止小儿出现"奶癣"。但是,国外的科学家发现,1周岁以下的婴儿不宜食用蜂蜜及花粉类制品,这是因为蜜蜂在采蜜时难免会采集一些有毒植物的蜂蜜和花粉,若正好是用有致病作用的花粉酿制的蜂蜜,就会使人中毒,更易出现中毒反应。

科学家认为,世界各地的土壤和灰尘中,都有一种被称为"肉毒杆菌"的细菌,而蜜蜂常常把带菌的花粉和蜜带回蜂箱,使蜂蜜受到肉毒杆菌的污染,婴儿抵抗力低,极微量的肉毒杆菌毒素就会使婴儿中毒,其症状与破伤风相似。先出现持续1~3周的便秘,而后出现弛缓性麻痹、婴儿哭泣声微弱、吮乳无力、呼吸困难等症状。

我国尚未见在因食用蜂蜜和花粉而引起肉毒毒素中毒的报道,商检部门曾对多种蜂蜜进行检查,均未发现有肉毒杆菌。但是,在科学家彻底弄清婴儿肉毒毒素并找到解决办法以前,为确保婴儿健康成长,最好不要给1周岁以下的宝宝喂食蜂蜜,以防不测。

Q: 听说让宝宝太早吃辅食不好?

一般来说,可视宝宝体质在4~6个月大时开始尝试喂辅食,采取少量多次方式,逐渐习惯食物的味道与口感,并训练其咀嚼能力。先由液体状,像是橙汁、苹果汁之类有味道的液体;再循序渐进到糊状,像是米糊、蔬菜泥等;然后是切碎的小块食物,像是碎肉等。并且尽量变换食物的种类,去试试看宝宝的喜好,了解他偏好哪一类食物。

若宝宝吃得够的话,母乳完全可以满足宝宝在6个月之内的营养需求;6个月之后,辅食逐渐成为重要营养来源。一般不主张太早添加辅食,目的是不必太早接触过敏原。

Q: 为什么1周岁以下的宝宝食用蜂蜜和花粉制品可能发生中毒,而成人却不中毒呢?

因为肉毒素是在肉毒杆菌的繁殖过程中产生的,成人抵抗力强,可抑制肉毒杆菌的繁殖,婴儿由于肠道微生物生态等平衡不够稳定,抗病能力差,致使食入的肉毒杆菌容易在肠道中繁殖,并产生毒素从而引起中毒。

第2~3个月宝宝的早教

把握宝宝发育敏感期

新生宝宝有最优秀的头脑，拥有最优秀的接受能力，也可以叫作对环境的适应能力。但这种能力如不及早激发，就会急速地消失。

教育开始得越早，宝宝的能力实现得就越多。例如，生下来具有100分潜在能力的宝宝，如果一开始就给他进行理想的教育，那么他就可能成为一个具备100分能力的人。如果从5岁时才开始教育，即使是教育得非常出色，那也只能成为具备80分能力的人。而如果从10岁时开始教育的话，即便教育再好，也只能达到60分能力了。到15岁时就会只剩40分了。正如每个动物的潜在能力，都各自有着自己的发达期一样，如果不让它在发达期内发展的话，那么就永远不能再发展了。例如小鸡"追从母亲的能力"的发达期大约是出生后4天之内，如果在这期间不让它发展，那么这种能力就永远不会得到发展了。所以如果把刚出生的小鸡在最初4天里不放在母鸡身边，那么它就永远不会跟随母亲了。

小狗"把吃剩下的食物埋在土中的能力"的发达期也是有一定期限的，如果在这段时间里把它放到一个不能埋食物的房间里，那么它的这种能力也就永远不会具备了。

所以，抓住0~3岁这个宝宝潜能发育的关键期，愈早进行教育，就愈能培养出高才能的宝宝。

训练宝宝触觉发展

当宝宝刚出生时，宝宝的嘴巴、手心、脚底都是触觉比较敏感的部位；到3个月时，宝宝便开始触摸伸手可及的物品，对任何抓得到的物品都感到相当好奇；6个月左右，宝宝已经能做出抓、握、拍、拿的动作了，也能分辨出不同形状的玩具；当宝宝9个月以后，对于周遭的一切更是感到兴致勃勃。生活在都市中的宝宝们，受到空间环境的限制，活动空间仅限于居住的公寓内，加上现今父母过于保护孩子的心态，宝宝很少有机会接触到婴儿床外的世界。

那么，在有限的生活空间内，如何创造让宝宝增加触觉刺激的机会呢？

建议家长可以多让宝宝尝试碰触不同的东西，当宝宝的手开始学习抓取物品的时候，家长便可试着让宝宝去摸摸软软的布偶，或是大小不同的圆球、各式形状的积木、柔细的棉布和略为粗糙的布面；等宝宝的手部抓取能力更强之后，便可开始让宝宝尝试抓取不同形状的物品，训练宝宝的手部肌肉。当然，也可利用市面上各式各样的游戏书（布书），来帮助宝宝认识这个崭新的世界。

Chapter 3

第3章　第4~6个月的宝宝

第4~6个月宝宝的照护

不抱不摇,自然入睡

6个月大后,尽量让宝宝学会自行入睡,家长的帮助越少越好。

🌿 哄睡三大禁忌

❶ 摇睡: 当宝宝哭闹或睡不安稳时,有些家长习惯将宝宝抱在怀中或放在摇篮内摇晃直到入睡,虽然这样的动作可以提供安抚作用,却可能对尚未发育成熟的脑部造成损伤。

❷ 搂睡: 有些家长喜欢一整晚搂着宝宝睡觉,当宝宝被紧紧拥抱时,往往反复吸入狭小空间内的污浊气体,脑部缺乏新鲜空气将影响生长发育,也可能增加窒息意外发生的概率。

❸ 奶睡: 喝奶其实是一项耗费体力的活动,宝宝经常会在吸奶时进入睡眠状态,如果奶瓶或乳头一直放在宝宝口腔内,可能造成宝宝在睡眠过程中反复发生吸奶行为,将影响肠胃消化功能。

轻松哄睡五大绝招

① 观察睡意暗示行为

当宝宝产生睡意时会发出暗示讯息，例如：揉眼睛、打哈欠。家长可连续观察1~2周后，了解宝宝的生理作息，再来制订适宜的睡眠时间，在宝宝容易感到睡意的时间培养自行入睡的习惯，将可以更快获得成效，也可免除家长的挫折感。

如果宝宝的生理时钟无法与家庭作息配合，建议家长可分别列出宝宝与家庭作息周期表，了解其中差异，慢慢将时间差调整至双方皆可接受的范围。

② 营造舒适睡眠情境

光线——可利用明亮与昏暗的光线帮助宝宝辨别醒着与入睡的环境差异，白天可拉上窗帘减少光照度；夜晚则关掉室内灯光，仅保留一盏小夜灯供夜间探视使用。

温度——室温保持22℃上下是最舒适的温度，不要给宝宝穿着过多衣物，以免因流汗造成不适影响睡眠。

杂音——睡前1小时尽量保持居家宁静的气氛，若家长未一同入睡，应尽量减少杂音扰乱宝宝睡眠。不需要在宝宝睡眠时刻意保持绝对安静的环境，以免养成宝宝对杂音更加敏感。

寝具——轻柔的寝具可提供舒适的触觉感受，对于帮助宝宝入睡具有正面效果。

③ 建立规律就寝模式

宝宝睡前1个小时可以开始进行一连串睡前仪式，例如：洗澡、喝奶、刷牙、换穿睡衣、说床边故事、听音乐、道晚安……通过规律的睡前仪式，等于是对宝宝下达"做完这些事就要睡觉"的指令，协助宝宝自然而然养成入睡认知。

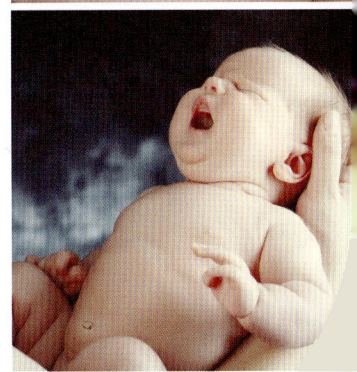

④ 给予适当安抚替代

不抱不摇，不代表完全不给予安抚，不过安抚的方式仍应朝向帮助宝宝逐渐习惯自行入睡的方向进行。

温柔抚触：在宝宝入睡前或睡眠中醒来时，家长可利用缓慢且轻柔的方式轻拍或是按摩宝宝的身体，帮助宝宝稳定情绪快速入睡。

轻柔音乐：宝宝的听觉反应特别灵敏，建议家长在睡前可播放轻柔的音乐，制造愉快的睡眠氛围。

和缓语调：大多数宝宝都很喜欢聆听妈妈的声音，睡前不妨为宝宝吟唱摇篮曲或是在耳边轻语，让宝宝在充满安全感的情境中进入睡眠。

安抚小物：家长在培养宝宝自行入睡的阶段，可以挑选数样柔软的玩偶当作宝宝的安抚替代物，若宝宝在夜间醒来，较容易自行安抚入睡，不过，安抚小物不应只有唯一选择，如过度依赖某件安抚替代物，将来可能必须再次面临戒除依赖安抚物的问题。

❺ 渐进地缩短贴身陪伴

无论新生儿或已习惯被抱哄的宝宝，都适合采用渐进式缩短陪伴来帮助宝宝学习自行入睡的能力。

有些家长喜欢利用恫吓方式强迫宝宝尽快入睡，"再不睡就叫大野狼把你抓走"……不建议家长采取这类做法，睡前故事也应挑选较温馨的内容，以免过度强烈的刺激会影响宝宝的神经系统，对宝宝产生心理压力，造成宝宝不敢入睡或是睡不安稳。

Q: 宝宝在学习自行入睡的过程中反复出现需要安抚的行为，到底该不该顺势给予安抚？

自行入睡的习惯需要慢慢培养，无法强制训练。如果宝宝在过程中出现反复需要安抚的行为，家长可视情况给予适当安抚，如此反复的过程可能会持续3~6个月。如果家长能够坚持信念，并且借由其他方式提供宝宝充足的安全感，一定可以找到孩子与家长都能接受的入睡模式。

Q: 当宝宝不愿自行入睡而哭闹时，到底该让他哭多久？

排除生病等原因之后，家长可以慢慢拉长响应哭闹的时间，不要在宝宝发出抗议声时立即抱哄，一方面让宝宝学习忍耐，一方面也可避免宝宝过度依赖哄睡。

Q: 如果在培养自行入睡的过程中，宝宝出现强烈抗拒行为，还应该坚持下去吗？

不管家长做出任何决定，都应该以"爱"为前提，如果宝宝出现严重的抗拒行为，表示你所采用的方式并不恰当，不妨暂时回复原有的安抚方式，慢慢通过赞美与沟通的方式，循序渐进地协助宝宝自行入睡。

Q: 宝宝有黑眼圈是睡不够吗？

宝宝的黑眼圈可能是"过敏性眼晕"，这种黑眼圈的成因是因为长期的鼻塞，造成眼眶周围的静脉血管回流淤积。所以要注意的反而是宝宝的爸妈本身是否有过敏的现象，宝宝的皮肤是否有敏感的情形。像是有明显的疹子或是非常容易干痒、鼻子常有异声，甚至小小年龄睡觉就会打鼾。那么要注意的是宝宝的过敏问题，而不是睡眠的问题了。

宝宝蹬被子怎么办

被子太过厚重

因为总担心宝宝受凉，所以给宝宝盖的被子大多都比较厚重。其实除新生儿或3个月以内的小婴儿需要保暖外，绝大多数宝宝正处于生长发育的旺盛期，代谢率高，比较怕热；加上神经调节功能不成熟，很容易出汗，因此宝宝的被子总体上要盖得比成人少一些。

不妨实验一下，看什么样的被子宝宝睡觉最安稳。第一天先按你的想法盖被子，四周严实；第二天稍减一些被子，四周宽松；第三天再减一些被子，脚部更轻松一些。每天等宝宝睡熟2~4小时后观察情况，你会发现，被子越厚，四周越严实，宝宝蹬得越快。所以，建议给宝宝少盖一些，宝宝就会把被子裹得好好的，蹬被子现象自然消失。

睡眠时感觉不舒服

宝宝睡觉时感觉不舒服也会蹬被子。不舒服的常见因素有：穿过多衣服睡觉、环境中有光刺激、环境太嘈杂、睡前吃得过饱等。这样，宝宝会频繁地转动身体，加上其神经调节功能不稳定，情绪不稳定或出汗，结果将被子蹬掉了。患有佝偻病或贫血或感觉统合失调的孩子夜间睡不踏实，爱出汗，易惊醒。

必读小叮咛

良好的睡眠质量可提供生长发育最佳助力，家长应该在宝宝出生后协助其建立规律的睡眠模式。宝宝两三个月大后，夜里尽量减少换尿布，宝宝如有响动可先不理睬，除非他大哭不然不要喂奶。喂奶时不要开大灯，逐渐减少喂奶量，让他体会白天和晚上的不同，一觉睡到天亮。

怎样给宝宝自制睡袋

🌱 睡袋的款式

❶ **长方形**：如信封样，用一条小被子对折，侧边拉链。结构简单，使用双头拉链底部可以打开，方便更换尿片。但是由于睡袋下部尺寸偏小，束缚了宝宝双腿的活动，宝宝也不喜欢使用。

❷ **上窄下宽形**：为圆底设计，颈部收窄，防止宝宝溜出睡袋或钻到睡袋里，底部圆大，让宝宝双腿可以自由活动，增加了宝宝睡眠的舒适度。

❸ **大衣形**：有袖，有帽。给宝宝穿上睡觉。随宝宝的身高调节睡袋的长度。

❹ **袖被形**：普通被子上多出两只袖子。介于睡袋和被子之间，既可以有盖被子样的舒适和活动自由，又防止了宝宝睡觉时乱动导致的露被着凉。用一个压在宝宝身下的带子，保证被子不会掉。

　　婴儿睡觉时双手上举，双腿膝盖向外弯曲，并需要频繁更换尿片。睡眠中手上下挥舞，双腿如青蛙划水状运动，极易把被子蹬掉。要是限制手脚活动，则会哭闹。因此，应该选用宽松型的睡袋，不要给宝宝束缚感。

　　做睡袋的被子不要厚，冷了可以在上面压盖被子。另外，如果用绳子系床栏，绳子要短，以免脱开缠住孩子，发生危险。

缝制上窄下宽形睡袋的步骤

将小被子从中间裁成两块

剪成上窄下宽、底部为弧形的两片，将侧面和底部缝合好

在入口的两边缝上带子即可

孩子睡觉为什么爱出汗

一般而言，如果宝宝只是出汗多，但精神、面色、食欲均很好，吃、喝、玩、睡都正常，就不是有病。但若宝宝出汗频繁，且与周围环境温度不成比例，尤其是夜间入睡后出汗多，同时伴有其他症状，如低热、食欲不振、睡眠不稳、易惊等，就说明宝宝有些缺钙。如还有方颅、肋外翻、O型腿、X型腿症状，则说明缺钙较严重，需合理补充钙及鱼肝油。此外也有可能是患有结核病和其他神经血管疾病以及慢性消耗性疾病造成的，这时父母应该带宝宝去医院检查，找出病因，及时治疗。

给宝宝选择合适的枕头

3个月以前的宝宝颈部较短，一般不适宜使用枕头。而4个月以后的宝宝发育正常的话，头部活动已经很灵活，颈部增长，肩部增宽，已出现第一个脊柱生理弯曲，这时可以给宝宝睡枕头了。

父母给宝宝选择一个合适的枕头非常重要，需要从高度、厚度、内部、外部、材料、软硬度等各方面综合考虑。我们列出几个指标，父母为宝宝挑选枕头时，可以参照选择：

枕头挑选参照选择

厚度	一般3厘米左右为宜，以后随着宝宝长大，可适当提高。
长度	一般30厘米左右为宜，严格来说，宝宝枕头长度与其肩宽相等为最佳。
宽度	一般15厘米左右为宜，宽度要比头稍长一点儿。
枕套	最好是棉布，因为其柔软，透气好；不要使用化纤布，这种布透气性能很差，夏天宝宝出汗时容易引起头部痱子、疖肿等皮肤病。
枕芯	应保持一定的松软度，可用荞麦皮或者木棉的。不宜太硬（如填充大米、绿豆），这样容易使宝宝颅骨变形，并且容易擦伤皮肤或引起头的枕部脱发；也不能太软，这样容易使宝宝的头压下去，不利于宝宝血液流动，有时还有可能堵住宝宝的口鼻而发生意外窒息。

分床睡or一起睡

宝宝到底应该自己独睡婴儿床，还是和大人一起睡同张床呢？相信这是许多家长的困扰。

基本安全考虑

基于安全性的考虑，建议宝宝和爸妈分床睡。相较之下，宝宝若睡在设计良好的婴儿床上，活动范围会被限制，爸妈也就不用太担心宝宝在醒来后会滚下床或误触物品了。

独立性格培养

独睡在婴儿床的宝宝可培养独立性格，宝宝和爸妈长期共床而睡，易养成依赖的个性，爱黏着爸妈。训练宝宝独睡，愈小训练其效果愈好。

欧美国家不仅是分床睡，甚至还分房睡。若是爸妈担心宝宝一个人独自在婴儿房的安全问题，可以使用婴儿监听器。当宝宝在睡觉时，将监听器放在婴儿床上，爸爸妈妈可以专心处理自己的事，当宝宝一有动静，就会通知爸妈。

舒适婴儿床安全第一

安全是挑选婴儿床的第一重点。

① 栏杆标准

依照美国相关规定，婴儿床栏杆本身的宽度需4厘米、厚度为0.8~1厘米，且能支撑36千克的冲击力，栏杆的间距不可以超过6厘米。

② 床板标准

婴儿床床板是支撑宝宝的身体重量的关键，有时候宝宝还会在上面活动或跳跃，因此床板的耐冲击强度就十分重要，美国规定须达22千克的冲击力不可断裂。

③ 油漆标准

美国与欧洲对于婴儿床的油漆亮度标准为30%，使用符合此标准的油漆才是安全的婴儿床。一般家具的油漆重金属含量是婴儿床的500倍以上。光滑表面的油漆，正是危害宝宝健康的凶手。

婴儿床摆放空间

① 勿放置于窗户旁边，也不要靠近固定或可以帮助宝宝爬出来的家具旁，四周没有垂挂物，如窗帘，以免宝宝在活动过程之中，抓到绳索，不小心缠绕脖子或掩盖口鼻。

② 婴儿床可以紧靠着墙壁，若要放置于离墙一段的距离，建议至少超过50厘米，防止宝宝跌落时，卡在床与墙壁之间发生窒息意外。

③ 婴儿床应放置在平坦的地面上，其附近不得使用火炉、电炉等危险物品。

④ 适当的阳光有杀菌作用，但避免摆设在阳光直接照射的位置。宝宝需要阳光，但强光对于宝宝的眼睛与皮肤都会造成伤害。

预防宝宝夜惊

有的宝宝夜里睡觉时突然惊醒，醒后大叫，并有惊恐的表情，有时一夜惊醒数次或连续几夜都发生，搞得父母和宝宝都休息不好。

首先应注意养成宝宝良好的睡眠习惯，睡觉时不要趴着，仰卧位时双手不要放于胸前，以免压迫心脏影响血液循环。也不要蒙着头睡觉，以免造成大脑缺氧。其次是在入睡前不要剧烈活动，父母不要讲惊险可怕的故事，也不要和宝宝嬉戏打闹，否则会使宝宝大脑处于一种兴奋状态，夜间容易做噩梦而惊醒。平时也不要打骂和恐吓宝宝，如说"不听话，大灰狼就来咬你"等话，这样会使宝宝的精神高度紧张。有些疾病如癫痫、哮喘等，也可造成宝宝夜惊，父母应注意观察，发现异常情况，及时到医院就诊。

不要制止宝宝咬玩具的行为

到了这个月龄，宝宝不仅喜欢吃手指，还喜欢经常把玩具放在嘴里去咬。妈妈常常担心玩具上有病菌，担心玩具的材质有毒，通常总是制止宝宝咬玩具。然而，这一时期正是宝宝探索事物的萌芽期，他拿到任何东西都想放在嘴里咬一咬，试图经过这种方式来探索，同时也可以促进乳牙萌出。因此，你不要限制宝宝的这种行为，要尽量给他提供这种机会，你所能做的是及时清洗玩具并在阳光下晒干。

宝宝总爱流口水是病吗

🌿 流口水宝宝症状

宝宝口中唾液不自觉从口内流溢出，常常打湿衣襟，容易感冒和并发其他疾病。常流口水的孩子因为下巴经常被浸泡，会引起局部的皮肤红肿，甚至糜烂和脱皮，有的不经治疗甚至会数年不愈。

🌿 宝宝爱流口水的原因

❶ 宝宝的口腔小而浅，吞咽反射功能还不健全，不会用吞咽动作来调节口水，所以只要口水多了，就会流出口外。

❷ 不少宝宝喜欢将指头、橡皮奶头等放入嘴里吮吸，这样也刺激了唾液腺的分泌，使口水增多。随着生长发育，在1岁左右流口水的现象就会逐渐消失。

🌿 如何照顾爱流口水的宝宝

❶ 注意观察宝宝的表现，找出流口水的原因，特别是宝宝发热、拒绝进食时，要进行口腔检查，观察有无溃疡。

❷ 由于唾液偏酸性，且里面含有一些消化酶和其他物质，在口腔内因有黏膜的保护，所以不致侵犯到深层。但当口水外流到皮肤时，则易腐蚀皮肤最外的角质层，导致皮肤发炎，引发湿疹等小儿皮肤病。所以妈妈平时可用柔软质松的敷料垫在颈部以接纳流下的口水，并经常更换。

❸ 经常用温水清洗面部及下颌部，寒冷季节可涂油脂类护肤。

❹ 如果宝宝流口水是脾胃虚弱引起，平时不要给宝宝穿得过多或过厚，饮食上注意节制，以防体内存食生火加重流涎现象，引起呼吸道感染。

❺ 如果是脾胃积热引起的流涎，可取新鲜石榴适量，去皮后将其捣烂，加适量温开水调匀，取石榴汁涂于口腔。

Q&A

Q: 什么是病理性流涎?

宝宝病理性流涎的原因大致有两个：一是大人们经常因宝宝好玩而捏压小儿脸颊部，导致腮部腺体机械性损伤而流涎。二是宝宝患有口腔疾病，如口腔炎、黏膜充血或溃烂，或舌尖部、颊部、唇部溃疡等，也会导致流口水。还有少数宝宝的流涎是由脑炎后遗症、呆小病、面部神经麻痹导致调节唾液功能失调而造成的，因此，如果宝宝超过了2岁还在流口水，家长千万不能忽视，应去医院明确诊断。

宝宝衣物清洗有讲究

🍃 宝宝的衣物可以和大人衣物一起洗吗

宝宝外衣可以和大人的家居服一起清洗，前提是大人必须没有感冒、患有皮肤病或者家中没有饲养宠物等。大人穿的牛仔裤、外裤、外套等，则不建议和宝宝的外衣一起清洗，因为这些衣物上的细菌数量较多，应该尽量和宝宝的衣物分开洗涤，以免造成其他的污染。

至于宝宝的寝具，例如床单、棉被、枕头套等，倘若家人没有皮肤病，或饲养猫狗，也可以和大人的寝具一起洗涤，重点是洗涤后最好都能经阳光暴晒杀菌。

🍃 洗宝宝衣物用什么洗涤剂

宝宝的衣物多半是纯棉材质，最好能选用中性的清洁剂来清洗。避免使用含有苯、磷化合物与荧光剂的洗衣粉。洗衣肥皂的成分比较天然，不容易造成洗剂残留，较适合用来清洗宝宝的衣物。

如果宝宝生病了，宝宝的衣物需要经过特别的杀菌处理。可将衣物放在水温较高的水中浸泡后再清洗，或挑选具有杀菌、防螨、抗菌的中性洗剂来清洁。

衣物清洁剂容易让化学物质残留在衣物上，造成衣物纤维残留洗衣精、漂白水、柔软剂等成分，对于皮肤较敏感的宝宝来说，很容易引起接触性皮炎。建议在冲洗衣物的时候，多冲洗几次，让衣服几乎不会再产生泡泡才算冲洗干净。

🍃 宝宝的衣物收纳处不可放置樟脑丸

宝宝衣物收纳的地方不可放置樟脑丸或含有酚类物质的除虫剂或干燥剂。因为这会让患有蚕豆症的宝宝产生急性溶血性贫血。而市面上销售的萘丸、樟脑丸，主要是由煤焦油或石油里提取的萘制作而成，并不是由天然樟脑中提炼；科学研究发现，这种提炼升华出来的气体对人体有致癌的可能性，对宝宝的呼吸道也会造成不当影响。

🍃 宝宝的衣物沾到奶渍、排泄物如何去掉

如果衣服不慎弄脏，可以先在脏污处涂抹上洗衣肥皂，静置10分钟后再用手轻轻搓揉冲洗，脏污会更容易洗净。

奶渍千万不可用热水清洗，因为牛乳中的蛋白质遇热凝固的特性，会让衣物上的奶渍更难脱落。

家中的旧牙刷毛质较为柔软，小小的刷头很适合拿来刷洗宝宝衣物滚边上的脏污，或是学步鞋上的污垢

宝宝毛发的保养

> Q: 宝宝的头毛天生比较偏黄，长大会变黑？
>
> 宝宝的胎毛比较细软，而且颜色偏黄。大约在10个月大之前，宝宝的胎毛会渐渐掉落，而头发会慢慢成长，这段时间是胎毛与头发转换的时期，新长出的头发会比胎毛硬，颜色也会比较深。

🌿 初生宝宝发量有多有少

胎毛的多寡和先天的遗传关系最密切，有的宝宝一生出来发量就多，有的却很少，这都是正常的。人的发量要到青春期之后才能确定。

🌿 头皮脂溢性皮炎不需处理

新生儿出生一两个月，有的会在头皮或囟门附近，出现黄黄的或咖啡色的一块一块，摸起来有点油油的并带点油臭味的东西，多数家长会更勤快地帮宝宝洗头，结果愈洗情况愈严重。这是宝宝常见的脂溢性皮炎，愈去刺激它会长愈多、情况更严重，事实上一般不需要特别处理，宝宝长到五六个月大就会自行消失，除非是宝宝感到痒而去揉捏，就可以带宝宝去看医师。

🌿 初生宝宝掉发是正常现象

胎毛出生后就会开始慢慢掉落，宝宝在枕头上摩擦的部位不同，会影响胎毛掉落的位置，而胎毛掉落后，新的头发需要两三个月的成长时间才能将掉落部位的毛发补足。在这种"青黄不接"的时期，就会发生宝宝头上一块块没有头发的状况，家长需要一点耐心等待。但若是宝宝胎毛掉后过了三四个月甚至更久没有长出新的头发，就要注意宝宝是否有营养不足或是其他身体上的问题，必须就诊询问医师的意见。

1岁后头发也会自然生长

宝宝出生之后，长发有的快有的慢，大约1岁可说是一个分界点，在1岁前只要确定宝宝的营养状况是好的，身体状况也没有问题，头发稀疏是没有关系的，有的宝宝1岁多之后才开始长头发。

均衡营养有助于宝宝长头发

均衡的营养是有助于头发生长的，宝宝6个月大就可以吃辅食了，满周岁就可以接受跟大人一样的固体食物，可吃的食物种类更为丰富，像海带、紫菜、芝麻等都对头发生长有益。

6个月以下宝宝头发清洁准则

宝宝出生6个月内因为喝奶或溢奶容易沾到头发，所以建议天天洗头，但不一定每一次都要用清洁用品，2~3天用一次清洁用品即可，用温水就可以达到足够的清洁效果。肥皂是不错的清洁用品，可用来洗头与洗澡，宝宝需要的肥皂量很少，家长先将肥皂放在自己手中加水搓到起点泡再抹在宝宝头发与身上洗就行了。

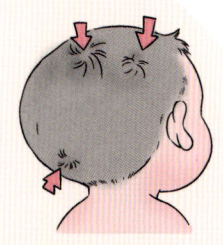

头顶部位有一个顺时针方向的旋儿，这样的人是最多的，顺时针对逆时针的比例是2:1

不同的旋儿

Q: 怎么做可以促进宝宝头发生长？

适度地按摩头皮可以促进宝宝头发生长，家长可利用每次帮孩子洗完头，将头发吹干后，用双手的指腹轻轻帮孩子按摩头皮，按3~5分钟即可，切记不可以用指甲去抓抠孩子的头皮，以免让头皮受伤。

Q: 要经常帮孩子梳头发吗？多梳头发发质会变好？

头发并不需要多梳，只要将孩子的头发梳顺即可，过多的刺激反而对头皮不好。若要刺激头发生长，前面所提过的用手指指腹帮孩子头皮按摩，家长可以多做。此外，宝宝的头皮很娇嫩，要选用圆头软质的梳子较佳，避免用又硬又尖的梳子，会伤害宝宝头皮。

Q: 宝宝洗完头不爱吹头发，可以自然风干吗？

宝宝每次洗完头一定要先将头发擦干，再用吹风机隔着适当的距离将头发吹干，若不立即吹干，宝宝头发在自然干的过程会将身体的体温散出，宝宝容易因此感冒。

Q: 宝宝头发上的"旋"越多表示脾气越暴躁吗？

头发上的"旋窝"代表的是头发生长的方向，有人一个"旋"，有人两个或更多。而且"旋"的形状也不一样。"旋"跟脾气好坏没有关系，宝宝脾气的好坏与天生的气质有关。

呵护宝宝皮肤

要掌握清洁原则

- 依季节决定清洗次数：如果是冬天，则不一定要每天洗，不过脸、手、生殖器（有尿布覆盖的地方）则务必要每天清洁；夏天则因为天气闷热，活动量大，排汗量高，因此最好天天洗澡。
- 选用温和清洁洗剂：宝宝的皮肤用清水洗就可以了，但是尿布覆盖处，或者活动量较大的宝宝最好使用温和的清洁剂清洗，避免堆积过多油脂或脏污。

清洁没做好危"肌"四伏

清洁工作若没做好，可能会造成以下的肌肤问题：

尿布疹：主要是因为皮肤长时间在闷湿的环境中。其解决方式则可分为A、B、C、D四要素：

- Air-通风，换完尿布后不要马上穿上尿布。
- Barrier-屏障，可用凡士林或氧化锌药膏涂抹，隔绝皮肤和尿布的脏污接触。
- Cleaning-清洁，温和地洗净宝宝屁屁。
- Diaper-尿布，勤加更换。

冬季湿疹：这是一种过度清洁而引起的皮炎，会有发红、脱皮、干燥等症状，解决方法为擦适量的护肤品。

汗疹：因为宝宝的肌肤组织发育不成熟，因此过热时较容易发生汗管阻塞，汗水排不出，进入表皮和真皮层，引起局部发炎反应。此时最好不要穿太多衣服，以免汗闷在里面，穿衣原则是选择透气性佳且吸汗的棉质衣物。

冬季干冷做好保湿

冬季气温变化大，空气中湿度降低，冬季保养宝宝皮肤的要点如下：

不要过度清洁：冬季干燥，会有脱皮、脱屑等症状，此时不要过度清洁，否则会伤害皮肤表面正常的皮脂保护膜。

适当使用保湿剂：剂型主要可分为乳液、乳霜、油膏等，干燥状况严重的可选择乳霜、油膏等。

选购清洁、护肤品，安全为第一考虑

在选购宝宝清洁、护肤用品时，成分的安全性绝对是第一考虑的选购原则：

成分安全：不要选购含有防腐剂、香料的用品。

成分单纯：无论是单效或双效洗剂，成分越单纯越好。

看清标示：选大品牌较有保障。

适当剂型：视皮肤状况决定购买哪种剂型的清洁护肤品。

6个月的宝宝学坐

宝宝学坐,出现时间点在6~9个月。当宝宝的头部及躯干控制日益成熟时,就有能力可以发展出"坐"的姿势(背部不需要任何东西支撑)。若宝宝俯卧时,手臂已经有力、可以撑住身体,就表示宝宝的背肌开始有力;结合在翻身阶段已练习的背腹肌,宝宝渐渐就有力量可以坐稳。因为要能放手坐稳、无须外力支撑的条件是——腹肌和背肌能够同时均衡地使力,否则身体就会向前倾或后倒。以下是爸妈可以协助宝宝练习坐姿的一些小技巧:

❶ 可以用大浴巾卷成滚筒状,置放于宝宝大腿上让宝宝支撑坐。也可以抱住宝宝,坐在自己腿上,宝宝脸朝外时可以练习背肌,脸朝内时则可以练习腹肌。

❷ 等到宝宝六七个月开始稍微坐稳时,爸妈可在宝宝面前摆放一些玩具,引诱他去抓握玩具,渐渐练习放手之后也能坐稳。

❸ 也可以将宝宝趴于滚筒,轻压宝宝髋关节,来协助宝宝练习转位技巧(由躺至坐起)。

家长需要注意的一些不正确坐姿

❶ 很多患有发育障碍,尤其下肢控制较差的宝宝,常采用跪姿坐(W-sitting),这样的坐姿底面积较大较稳;但此坐姿的髋关节是处在内收及内旋,易将关节卡住,爸妈若没有注意、放任不管的话,时间久了容易造成孩子的腿型呈现"内八",不可不慎。倘若发现宝宝有此坐姿习惯,应改为盘腿坐姿。

❷ 双边麻痹的脑瘫孩子,因为中枢神经受损后造成下肢肌肉异常张力,尤其大腿后侧紧绷,所以他们在长坐,也就是双膝伸直的坐姿时,往往是坐在尾骨处,且身体会往后倾或背部呈现"圆背"现象(正常宝宝长坐时是坐在两侧臀部)。这些都是很明显可以看出异常的地方,建议家长应尽快带孩子就医找出原因,并尽早治疗。

宝宝盘腿坐或双膝伸直坐都可以

W-sitting一定要及时纠正

有力的手臂是宝宝坐稳的基础

宝宝乳牙的萌出顺序

小儿的乳牙共有20颗,上下颌的左右侧各5颗,其名称从中线起向两旁,分别为乳中切牙、乳侧切牙、乳尖牙、第一乳磨牙、第二乳磨牙。

乳牙从生后6个月长出(最早4个月,最晚10个月),2岁至2岁半时出齐。出牙是一种生理现象,个别小儿可有暂时性流涎、睡眠不安及低热等现象。

小儿萌出的乳牙数目计算公式

乳牙数=月龄-6(或4)

例如:13月龄的幼儿,其估算方法是:

13-6(或4)=7(或9),即宝宝的乳牙应是7颗或者9颗。

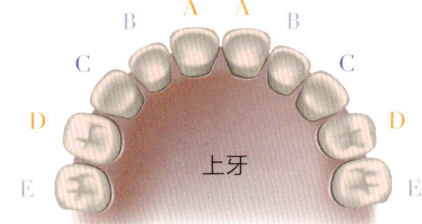
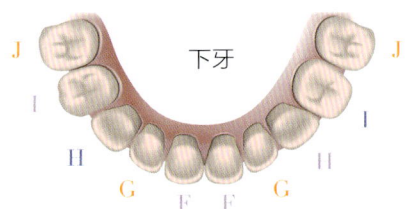

乳牙的名称

乳牙的名称(见右图):
A:乳中切牙 B:乳侧切牙 C:乳尖齿 D:第一乳磨牙 E:第二乳磨牙 F:乳中切牙 G:乳侧切牙 H:乳尖齿 I:第一乳磨牙 J:第二乳磨牙

乳牙发育顺序表

牙名	上颌	下颌
乳中切牙	6~8月龄	5~7月龄
乳侧切牙	7~10月龄	8~12月龄
乳尖牙	16~24月龄	16~24月龄
第一乳磨牙	18月龄	18月龄
第二乳磨牙	20~30月龄	20~30月龄

5~7个月 长出下排切牙 》 6~8个月 长出上排切牙 》 7~12个月 长出上下排4颗切牙 》 1岁半 长出第一乳磨齿 》 1岁4个月~2岁 长出尖齿 》 2岁半 长出第二乳磨齿

乳牙迟萌怎么办

一般婴儿半岁就要出牙了，而晚的在10个月仍未出牙，排除疾病的原因的话都属正常。如果超过12个月仍未出牙，医学上称为"乳牙迟萌"。

乳牙迟萌常见的原因

缺钙，这是最常见的原因。

内分泌代谢障碍，如甲状腺功能低下，也会妨碍牙胚形成，延迟乳牙萌出。

某些传染病，以及先天性骨髓发育不全等，都会使牙齿生长发育受到影响。

注意加强孩子体格锻炼，让他多晒太阳；4~5个月后，可以喂孩子吃一些面包干、硬饼干等，有利于婴儿乳牙及时顺利地萌出。宝宝5个月开始添加辅食，7~8个月时开始添加固体食物，有助于训练宝宝口腔运动和咀嚼功能。补钙一段时间后，孩子很快就会长出牙齿。

宝宝长第一颗牙的信号

如果宝宝在啃咬物体，并且伴有以下这些症状，那么可能宝宝要出牙：
- 过度流口水，导致嘴巴周围出现红色皮疹。
- 在吃饭时，常常拒绝汤匙喂进嘴里。
- 频繁排泄稀便，而且有特别辛辣的气味。
- 尿布疹。
- 低热，但并未生病。
- 流鼻涕。
- 拽耳朵。

预防孩子听力损伤

由于幼儿还不能清楚地表达自己的不适，因此孩子的早期耳聋多不易被发现。

① **预防病毒和细菌感染**：如果发热是病毒感染（腮腺炎、麻疹、风疹、水痘等）引起的，感染后可引起孩子耳聋。细菌感染时，如脑膜炎双球菌或葡萄糖球菌引起的脑膜炎，除了脑膜感染症状外，还可以引起脓毒性内耳炎，使听觉感受器中毒引起耳聋。

② **使用耳毒性药物要谨慎**：孩子常用的各种药物中，有些是具有耳毒性的，会使孩子的听力受到损害。应尽量少用耳毒性药物。如果在孩子发热后怀疑有听力损害，应去医院做听力测试。

③ **给宝宝一个弱噪声的环境**：如果孩子每天生活在大声响的环境中，听力肯定会受影响。因此，爸爸妈妈要少带孩子去看热闹，尤其不要去敲锣打鼓、扭秧歌的地方围观或看放爆竹；在家里，不要给孩子玩质量不好的电动玩具，尽量减少噪声刺激。

④ **预防孩子感冒**：孩子极易患上呼吸道感染。由于鼻子与中耳之间有咽鼓管相通，孩子鼻塞、流涕、咳嗽的时候，常经咽鼓管炎诱发急性中耳炎，如果不及时治疗或治疗不彻底，有时就会转变为分泌性中耳炎或化脓性中耳炎。

第4~6个月宝宝的喂养

健康宝宝开始喂辅食

一般健康的宝宝应在满4~6个月开始添加辅食。对于有过敏家族史、有过敏体质或是已经出现过敏症状的宝宝,满6个月之后再给予辅食较为妥当,以免诱发或者强化宝宝的过敏体质。另外,若是宝宝有代谢异常或其他先天性的疾病,在医生建议下,也可能要延后给予辅食的时间。

宝宝在4~6个月时会出现下列现象,这些现象也在告诉爸妈们,可以为宝宝添加辅食了。

1. 6个月前宝宝会有将送入口中的食物推出的反射,而这个反射已经消失。
2. 头颈部可以挺直,并且与躯干呈一直线。
3. 会注视家人进食,有时候会伸出手靠近食物。
4. 对可以吃的食物表现出兴趣,并且有伸手拿取的动作。
5. 唾液的分泌量比以前多,有时候会闭着嘴做咀嚼状。
6. 喝奶时较不专心,且喝奶的时间拉长。
7. 体重达到6千克,或者出生时的两倍。

刚给宝宝喂辅食时,宝宝常常把喂进嘴里的东西吐出来,这不是宝宝不爱吃,是宝宝一种本能的自我保护,称为"伸舌反射",说明喂辅食还不到时候。伸舌反射一般到4个月前后才会消失。如果在消失之前坚持喂辅食,一味地硬塞、硬喂,不利于良好饮食习惯的培养。

另外,如果宝宝将食物吐出,把头扭开或推开父母的手,说明宝宝不要吃也不想吃。父母一定不能勉强宝宝,隔几天再试试。

学习吃辅食对宝宝而言是全新的尝试。不仅可以使宝宝获得更多的营养,刺激牙齿、口腔发育,训练咀嚼及吞咽功能,更是宝宝迈上新的成长阶梯的起点。但每个宝宝的生长发育情况不一样,个体有差异,因此添加辅食的时间也不能一概而论。

> **词汇解读**
>
> **婴儿辅食:** 婴儿4~6个月之后仍然以母乳或配方奶为主食,用辅食补充不足的营养,直到1周岁。从初期的流质食物,如果汁、蔬菜汁;半流质食物,如米糊、麦糊、水果泥、肉泥,到一般成人食用的半固体、固体食物,都可以称为辅食。

宝宝辅食的添加原则

🌿 从好吸收、不易过敏、有纤维质的食物开始喂

辅食的添加种类顺序必须先从胃肠好吸收、不容易过敏，且又能增加胃肠蠕动的食物开始。在这个原则之下，建议的食物种类顺序大致是水果、蔬菜，再者是糖类食物(例如米、麦、马铃薯等)，最后才是蛋白质与油脂类的食物，因此肉类、整蛋等食物应晚点给宝宝吃。

🌿 一次添加一种新食物，并从少量开始

刚开始添加辅食时必须从少量（一茶匙或更少）试起，等到宝宝没有任何不适症状，例如皮肤起红疹、腹泻等，再渐渐加量，同时每次只单独选择一种食物吃，等到适应后（3～4天）再吃另一种。如果吃得很顺利，才能够混合之前吃过的各种食物，或以各类食物轮流喂食。

若宝宝的家族有过敏史，增加辅食种类的速度就必须再放慢，最好在1周以上。这样一来，如果宝宝发生过敏反应，才能知道是由什么食物造成的。如果宝宝吃完发生腹泻、呕吐、皮肤起红疹等症状，应立即停止食用该种食物，并带宝宝去看医生，以确定过敏原。

🌿 浓度由稀渐浓

辅食的形态应按照流质(果汁、蔬菜汁、汤汁)→半流质(糊状，糊状又可依照稀糊状、糊状、稠糊状的顺序来给予)→半固体(泥状)→固体食物这样的顺序来添加。

另外，当母乳宝宝开始吃辅食时，也可让宝宝喝水，饮用的原则亦须从少量开始，慢慢让宝宝习惯喝水。

4个月的宝宝，可以先从果汁、蔬菜汁和蛋黄开始添加，果蔬汁最初一次一两匙，蛋黄最初一天1/8个。

> **词汇解读**
>
> 厌奶期：宝宝长到4个月之后，开始进入厌奶期，也就是所谓的"辅食"期。这时候的宝宝会表现出一些动作，譬如当奶瓶靠近嘴巴的时候，会明显地把头转开，或是嘴巴闭得紧紧的，甚至用手推开。这表示，宝宝已经开始想吃不一样的东西了。建议以每周增加一种新辅食为宜。

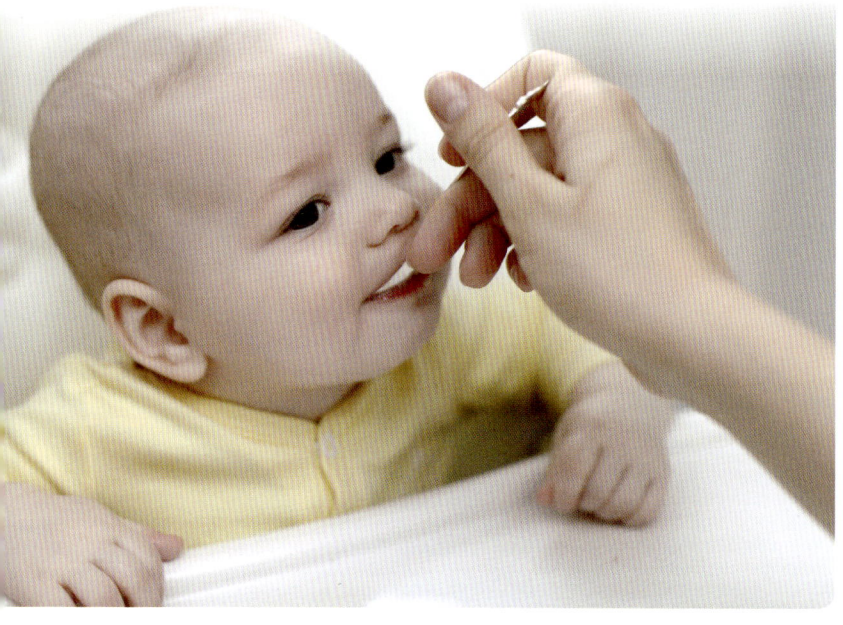

添加辅食应注意什么

① 宝宝吃惯了奶,对另一种新的食物就会不接受。妈妈费劲儿做的辅食,他不张嘴吃。遇到这种情况不要勉强,换一种食物再喂。

② 对于宝宝的饮食不要照搬书本,不要太教条。吃多吃少,吃哪种食物还要根据宝宝的食欲和爱好灵活掌握。

③ 给宝宝添加食物要讲究卫生,原料要新鲜,现做现吃,吃剩的不要再吃。

④ 不要把大人的剩饭菜煮烂后给宝宝当辅食。

⑤ 宝宝吃某种食物腹泻,要停止添加这种食物。

⑥ 宝宝吃番茄、西瓜、胡萝卜后大便可能会有红色,或吃青菜后有绿色,这是正常的。

⑦ 宝宝如果出现湿疹,可能是对某种蛋白质过敏。

妈妈自制辅食,通过研磨、烹制,自行调制而成的汤、粥、泥状可供婴儿食用,比较容易消化吸收,不断增加食物品种,适合自己宝宝的需要,能够为婴儿提供所需营养的辅助婴儿食品。

市场上的成品辅食,经过专业配方、加工的辅食,食用方便,能够满足宝宝不同时期的营养需求,更适合宝宝的口味。但在购买时要注意产品适合添加的月龄、生产日期、保质期、食用方法、保存条件、产品批号等。

Q&A

Q: 宝宝多大时可以吃婴儿米粉?

宝宝在3个月内唾液腺非常少,唾液腺中所含的淀粉酶和消化道里的淀粉酶也是相当少的,如果这个时候就给宝宝喂婴儿米粉,很不容易消化。一般来说,人工喂养的宝宝4个月时,可以开始为宝宝添加米粉,由少到多,逐量添加。米粉可以吃多长时间,并没有具体规定,等宝宝的牙齿长出来,可以吃粥和面条时,就可以不吃米粉了。

Q: 早产儿该何时开始添加辅食?

早产儿添加辅食的时间点也是4~6个月,但必须要以矫正后的月龄来算,而非从出生后算起。

Q: 选购婴儿餐具应注意什么?

面对市面上琳琅满目的幼儿餐具,家长要选择合格厂家的产品,碗盘内的设计尽量不要有图案,或色彩不要过于鲜艳。

及时预防宝宝缺铁

缺铁性贫血是6个月到2岁的婴幼儿最常见的疾病。宝宝出生后体内储存的铁只能满足4个月生长发育的需要，而4~6个月的宝宝，体重、身高迅速增长，对铁的需要量增加，因此，容易发生缺铁性贫血。轻度贫血的症状、体征不明显，待有明显症状时，多已属中度贫血，主要表现为：上唇、口腔黏膜及指甲苍白；肝、脾、淋巴结轻度肿大；食欲减退、烦躁不安、注意力不集中、智力减退；明显贫血时心率增快、心脏扩大，常合并感染等。化验检查血中红细胞变少，血红蛋白数降低，血清铁蛋白降低。

必读小叮咛

有的母亲觉得母乳充足，可以使宝宝得到足够的营养，而推迟添加辅食。实际上母乳从4个多月起，铁的含量越来越少。因此，虽然母乳可以喂到2岁，但辅食必须按宝宝需要添加。

具体预防措施

① 坚持母乳喂养，因母乳中铁的吸收利用率较高。
② 及时添加含铁丰富的辅食（如蛋黄、鱼泥、肝泥、肉末、动物血等）。蛋黄中铁的含量较高，开始时将鸡蛋煮熟，取1/8蛋黄用开水或米汤调成糊状，用小匙喂，以锻炼宝宝用匙进食的能力。宝宝食后无腹泻等不适后，再逐渐增加蛋黄的量，6个月后便可食用整个蛋黄。至于蛋白要1岁以后添加。
③ 及时添加绿色蔬菜、水果等富含维生素C的食物，促进铁的吸收。
④ 应当用铁锅、铁铲做菜做汤，粥、面不能在铝制餐具里放得太久，因为铝可以阻止人体对铁的吸收。
⑤ 定期检查血红蛋白数，出生6个月和9个月时需各检查一次。
⑥ 应注意纠正宝宝的偏食习惯。

家庭自制蛋黄泥、肝泥、鱼泥、动物血泥是首选

可选择搭配合理的果蔬、鱼、肝泥

贫血的宝宝可选择强化铁的米粉

为宝宝选择安全果蔬

宝宝开始吃辅食,爸爸妈妈最担心的问题是:"哪些蔬果可能农药多、哪些蔬果含农药少?""怎么才能尽量让宝宝少吃农药?"

绿色和平组织曾对北京、上海、广州三个城市中多家大型超市的17种蔬菜、水果进行过抽样检测,结果显示,农药残留量排在前三位的分别是:黄瓜,含有4~13种不同农药残留;草莓,含1~13种;油菜,含1~12种。其次为豇豆、砂糖橘、荷兰豆、扁豆、芥菜、小番茄和菠菜。尽管大多数蔬果是符合国家标准的,但宝宝代谢能力差,有害物质通过肝、肾代谢,摄入越多,宝宝肝肾负担就越重,因此我们还是要尽量减少宝宝对农药的摄入。

由于各种原因,有些蔬果用的农药稍多一些,有些则较少。胡萝卜、土豆、洋白菜、大白菜、生菜、香菜,用农药都比较少;而豇豆、洋葱、韭菜、黄瓜、番茄、油菜、茄子则用的农药比较多。一般来说,叶菜要比根茎类菜的农药残留多。樱桃、早桃、杏都属于打农药比较少的水果。但由于产地、品种等原因,每种蔬果的农药残留量有很大不同,不能一概而论。

豇豆、韭菜农药多;黄瓜、番茄杀菌剂多

豇豆比较爱长虫,种植时会用较大量农药。洋葱和韭菜一样,根部容易长韭蛆等害虫,常会施用较高浓度的农药,有些农药毒性较大,且容易残留。黄瓜和番茄的生长环境湿度大,易生病,一般用药量都比较大,尤其杀菌剂用得多。不过相对于杀虫剂,杀菌剂对人体的危害要小一些。

大白菜其实是放心菜

大白菜一般在秋季播种,只在苗期用一些防治蚜虫、小菜蛾的杀虫剂,距离上市时间,也就是大家吃到菜的时间比较长,农药残留较少。生菜也是如此。

大棚蔬果农药较少

大棚里可以用防毒网等物理方法防治害虫,因此打的农药比较少。露地菜看上去好像更天然,但防治病虫害的难度更大,用的农药会比大棚菜多。

冬季吃叶菜最安全

冬季和春秋季的叶菜类很安全,因为虫子少,几乎不打农药。不过夏季吃菜就要小心了,因为这时候不仅虫子多,而且温室大棚菜几乎都已经收完,菜市场里卖的,绝大多数都是露地菜,农药残留比较多。

有香味的菜可多吃

茼蒿、香菜等本身有一种很浓的香辛味,是天然的驱虫剂。虫子少,这些菜自然不用打农药了。

野菜并非天然

只有蕨菜是真正长在山里的天然野菜,苋菜、荠菜几乎都是人工种的。苋菜用农药较少;荠菜易生蚜虫,用农药较多。

有虫眼的蔬果不安全

蔬菜水果上只有虫眼,没有虫子,说明虫子被农药杀死了。而且有虫眼的蔬菜施药时间离收割更近,农药分解少,残留高。

果蔬上的农药怎样去除

实验表明,用自来水将蔬菜浸泡10~60分钟后再稍加搓洗,可除去15%的农药残留。不过,对于茄子、青椒和水果等表面有蜡质的果蔬,最好先泡后洗。也可以用淡碱水或头一两次的淘米水浸泡,可中和农药毒性,但不要浸泡太长时间。此外,蔬菜在阳光下照射5分钟,有机氯、有机汞农药的残留量可减少60%左右。高温加热也可以使农药分解,比如用开水烫。一些耐热的蔬菜,如菜花、豆角、芹菜等,洗干净后再用开水烫几分钟,可以使农药残留下降30%,再经高温烹炒,可以清除一部分农药。

蔬菜去皮可以减少农药残留。黄瓜、茄子等农药用得多的蔬菜和大部分水果,最好去皮吃。吃苹果最好少吃果核周围的部分,因为果核的缝隙会导致农药渗入。

果蔬洗涤剂中的苯环含毒性很高,在蔬果上残留导致的危害性可能比农药残留还严重。它并不能对所有农药都起到作用。果蔬解毒机使用臭氧水消除蔬果表面的农药,它更多的是起到杀菌作用,对有些农药的化学结构很难破坏。

必读小叮咛

有营养专家做实验,用清水、苏打水、盐水、日产贝壳粉、淘米水、果蔬清洗剂分别浸泡蔬菜,淘米水浸泡效果最好,其次是苏打水。

Q: 宝宝奶量变少怎么办？

6~12个月的宝宝，总奶量通常不会再大量增加，甚至会逐渐减少。家长应先看看宝宝的生长发育是否正常。"生长"指的是体重、身长、头围，可参考发育曲线中的生长百分位是否已低于第三百分位，或有无在短时间内急速下降。"发育"指的是宝宝到了该月龄，身体相应的功能是否已经成熟，如三个月翻身，五六个月坐，七八个月会爬等。

Q: 喂宝宝吃粥、水果泥，但他总是吐出来，这样还要继续喂吗？

通常开始给宝宝尝试固体食物，至少要试8~10次才会成功，所以妈妈不要灰心，一次只试一种新的辅食，每次的量不要太多，一小口一小口慢慢来，通常就会成功的。等一种辅食适应了一个星期后，再尝试另一种新的辅食。

Q: 宝宝不肯吃辅食怎么办？

假使宝宝较难接受新食物，最好在他肚子饿的时候先喂辅食，不要等到宝宝喝完奶之后再来尝试。另外，喂食的环境相当重要，尽量要让宝宝专心地吃东西，不要边吃边玩，分散注意力。大原则就是有耐心地慢慢引导他接受新食物，千万不要强迫宝宝进食。

6个月宝宝吃多少

为了宝宝的健康，希望妈妈坚持母乳喂养到6个月。

如条件不允许人工喂养，奶量不再增加，每天喂3~4次，每次喂150~200毫升。可以在早上6时、中午11时、下午5时、晚上10时各喂一次奶。上午9~10时及下午15~16时添加2次辅食。

6个月的宝宝每天可吃2次粥，每次1/2~1小碗，可以吃少量烂面片，应保证每天一个鸡蛋黄，每天要喂些菜泥、鱼泥、肝泥等，但要从少到多，逐渐增加辅食。

宝宝学习吃辅食是一个循序渐进的过程，妈妈千万不要因为宝宝吃的很少，做起来麻烦，宝宝吃得一塌糊涂而懒于给宝宝喂辅食。

增强宝宝的咀嚼能力

5~6个月的宝宝渐渐萌出牙齿，要有意识地帮助宝宝学习咀嚼，开始时可用烂粥、烂面条让宝宝感觉半流质食物并适应它。然后给宝宝磨牙棒，让宝宝啃咬。7~8个月，可给宝宝吃馒头和烤面包，会促进宝宝牙齿的发育。随着宝宝长大，要改变食物，从流质到半流质，软质到固体，增强宝宝咀嚼能力。

合理控制宝宝体重增长

这个时期能吃的婴儿无论给多少奶也总是显出不够的样子,但不能为了满足婴儿的食欲而无限制地增加奶量,因为这很容易使婴儿成为肥胖儿。因此,人工喂养的婴儿必须每10日测一次体重。

正常婴儿在这个时期每10日增重150~200克。如果增重200克以上,就必须加以控制。超过300克就有肥胖的倾向。这时父母可在喂奶之前或喝完奶后适当给些果汁或浓度小的酸奶。

不管宝宝多么能吃,每日的总量应该控制在1000毫升以内。大多数婴儿是每日吃4次奶,每次150~200毫升。也有的婴儿200毫升不够吃。如果宝宝晚上睡觉前喝250毫升奶后,一夜不醒,可以在睡前给予250毫升。但要适当减少白天的奶量,不够的部分可以用果汁或菜汤补充。

Q: 宝宝6个月,看到他很喜欢吃婴儿麦粉但不喜欢吃婴儿米粉,想知道婴儿麦粉和婴儿米粉一样吗?哪一种更适合宝宝呢?

宝宝吃婴儿麦粉就像我们大人吃面条,而宝宝吃婴儿米粉就像大人吃大米,营养成分不一样,可以搭配着给宝宝吃,营养更均衡。如果宝宝不爱吃米粉,可以买点奶米粉,或是在米粉中加点奶粉,以奶粉的味道为主,让他接受。同时,尽量锻炼他早点吃烂粥、烂面条等。注意粥和烂面条要烧得特别烂才好。

Q: 我想一次制作分量多一点的辅食并冷冻起来,要吃的时候再拿出来解冻,请问这样会不会影响到食物营养?

将食物冷冻之后再解冻,并不会影响到食物的营养,用电饭锅或是微波炉加热均可。目前对于以微波炉加热食物是否会影响到食物营养尚无定论,但微波炉毕竟是非常方便的工具。而在加热过程中容易流失的维生素都可以从新鲜的水果中获得。建议将单项的辅食分开制作,并用制冰盒做成好几个一小格的冰块后,再拿出来放到密闭的保鲜盒中冷冻到冰箱中,这样即使冷冻好几天也不会让食物沾染到冰箱中的其他味道。

母乳储存不麻烦

职业妈妈产假过后就要上班了,母乳需要先挤出储存备用。每次储存以一餐的分量冷藏即可,因为母乳并不建议重复加热给宝宝吃,所以若储存的量较多,加热时只要加热当餐的量即可,吃不完就要倒掉。

母奶放在冰箱冷藏,大约可储存3~5天;若是冷冻,则可放2~3个月。冷藏或冷冻时,建议有独立的空间,不要和其他的食物(尤其生鲜肉类)靠得太近,也不要放在冰箱门边,以免污染。另外,冷冻时建议用专门的储乳袋储存,不要用一般的塑料袋,以免冷冻时容易刮伤,使母奶受到污染。

手挤乳的方式

手指弯成C字形放在乳房上(距离乳头2~3厘米),大拇指在上,其余四指在下,上下对称往胸壁内压,以固定的节奏(压—放),两只手可交替,环形360度都可均匀地挤压,让奶水顺利流出。当观察到母乳挤出的流速变慢,即可换另一侧乳房挤,两边乳房轮流挤,如此反复数次,直到两边乳房都停止滴乳即可。不要用手在乳房上滑动,过度用力和滑动都是错误的动作,只会造成乳房瘀青或破皮,要挤出乳汁是以按压的方式才有效。

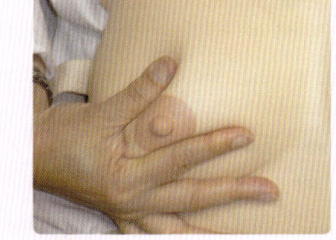

挤乳器

对于母乳量多的妈妈来说,挤乳器可大幅缩短哺喂时间,让哺乳更轻松。妈妈可依照自己实际的需求,选择手动、全自动或半自动的机器。要注意的是,使用挤乳器时,最好调整成如同宝宝吸吮时的相同节奏,如此才不会让妈妈的乳头受伤。

挤乳时间

不要等到乳房胀奶严重才挤,应该尽量将乳汁挤出,避免造成石头奶或乳腺炎等问题。通常妈妈每2~4小时就要将乳汁挤出(包含夜间)。由于泌乳激素在夜间会大量分泌,所以夜间挤乳很重要,假如乳汁没有适时从乳房中排空,母乳量就会逐渐减少,无法继续哺喂母乳。

宝宝辅食制作

🌿 蔬果水的制作

胡萝卜汤

原料 胡萝卜50克,清水50毫升。

做法 ①将胡萝卜洗净,切碎,放入锅内,加入适量水,上火煮沸约2分钟。②用纱布过滤去渣,调匀。

注意 胡萝卜直接生长在土壤中,易受到污染,建议皮削厚一点,只留下心作为原料。

橘子汁

原料 橘子1个,糖少许。

做法 ①将橘子去皮洗净,切成两半。②将每半个置于挤汁器盘上旋转几次,果汁即可流入槽内,过滤后即可给宝宝喂食。

青菜水

原料 青菜50克。

做法 ①将青菜洗净后浸泡1小时,然后捞出切碎。②锅内加一小碗清水,煮沸后将菜放入,盖紧锅盖再煮5分钟,待温度适宜时去菜渣即可。

米糊的制作

米汤

原料 大米3勺。

做法 ①将大米淘洗干净,用清水浸泡3个小时。②将大米放入锅中,加入三四杯水煮,小火煮至水减半时关火。③将煮好的米粥过滤,只留米汤,微温时即可给宝宝喂食。

蛋黄泥

原料 鸡蛋1个,牛奶1/2杯。

做法 ①将鸡蛋煮熟,取出蛋黄。②将蛋黄研碎,加入水或奶小半杯,用勺调成泥状即可。

注意 宝宝不过敏可以在4个月时加蛋黄,从1/8个开始,逐渐增多,半岁以后增加到1个。

香蕉牛奶糊

原料 香蕉1/2根,牛奶2勺,玉米粉1勺。

调料 糖少许。

做法 ①将香蕉去皮,研碎。②锅置火上,倒入牛奶,加入玉米粉和糖,用小火煮5分钟左右,边煮边搅匀。③煮好后倒入研碎的香蕉中调匀即可。

第4~6个月宝宝的早教

宝宝音乐智能的发展关键期

2~3周的宝宝，已有明显的听觉，能对声音做出各种不同的反应；2~3个月时，能够安静地倾听周围的音乐声和成人的说话声；在3~4个月时，听到声音头就会转向发声音的一侧，视觉和听觉开始建立联系。2个月的宝宝已能分辨出不同物品性质的不同声音，如风琴的声音、摇铃的声音；到5个月就能辨别妈妈的声音；1岁以后宝宝对声音很着迷，很爱听音乐；3岁左右能分辨出他熟悉的歌，是否唱跑了调，以及不同乐器演奏的声音。5岁左右是宝宝音乐智能发展的关键期，爸爸妈妈应该让宝宝多参加以音乐为主的活动。

怎样给宝宝听音乐

音乐节奏要慢一些。最初给宝宝听的音乐作品速度以中等或稍慢为宜，乐曲的情绪变化起伏不要太大。可选择优美、轻柔、明快的中外古典音乐，现代轻音乐和描写宝宝生活的音乐，最好选择胎教音乐。

❶ 曲子要短一些。给宝宝听音乐的时间一次不超过15分钟。

❷ 音量要弱一些。播放的音量要适中或稍弱，长时间地听较强的音量，会使宝宝产生听觉疲劳，甚至损伤听觉能力。

❸ 反复听。在一两个月内，反复听两三首曲子，使宝宝有个识记过程，以便加深印象。

❹ 不要打搅。宝宝在听音乐的过程中，妈妈不要说话打扰宝宝。

对宝宝进行综合感官训练

5个月的宝宝对周围环境更感兴趣了，因此很有必要改变一下环境的布置，使他有新鲜感，以便提高他观察、探索的兴趣和能力。不仅床单、衣服，小床周围的玩具、物品，还有墙壁四周和天花板上的色块，小动物头像、图案也要适当变换。研究表明，在明快的色彩环境下生活的宝宝，其创造力远比在普通环境下生活的宝宝要高。白色会妨碍宝宝的智力发育；而红色、黄色、橙色、淡黄色和淡绿色等却能发展宝宝的智力。

要让宝宝多看、多听、多摸、多嗅、多尝、多玩。要让宝宝有机会接触更多的物品，同时要注意安全。玩具物品应当轻软、有声有色、无毒、无棱角、卫生、不怕啃、不易吞吃、易于抓握玩耍。最好用橡皮筋悬挂玩具，使他能将抓到的玩具拉到自己眼前仔细观察摆弄。注意不要让宝宝把绳子绕在脖子上，要防止玩具上的小珠子、橡皮玩具里的金属哨子等脱落，而被宝宝误吸入气管里。玩玻璃镜子一定要有大人相伴。还可以让他闻闻醋，尝尝酸，嗅嗅香皂、牙膏，听听钟表走、闹钟响的声音，带他上街进公园，观察一下动植物和热闹的人群，增长见识。更重要的是要让他把看、听、触、嗅、尝、运动等感觉联系起来进行综合感官训练。每玩一样东西都应给他看，讲给他听。能摸的都要摸一摸，能摇动的都要摇一摇，锻炼宝宝完整的感知事物的能力。

和宝宝一起去游泳

根据医学研究显示，游泳除了可以增进宝宝和爸妈之间的互动、增进宝宝心肺功能、让宝宝睡眠安稳、吃得更好以外，还有许多意想不到的好处。

世界各国鼓励宝宝开始学习游泳的年龄各不相同。欧美国家鼓励宝宝在出生4~6周后就可下水游泳，日本当地政府则建议宝宝约6个月大后再开始接触游泳；在我国，因为顾及6个月以下的宝宝的抵抗力较弱，加上颈部发育尚未周全，为了避免宝宝在游泳池不慎被别人推挤，伤害到宝宝脆弱的颈部，建议等宝宝6个月大之后再让宝宝开始感受游泳的乐趣。

❶ 适合0~6个月大婴儿的水温，为32~33℃；6个月以上的宝宝，水温则维持在30~31℃即可。适合宝宝游泳的水温，不能和室温差距太大，以避免宝宝因为温差过大而感冒，因此，宝宝上岸后，家长一定要记得帮宝宝迅速用大毛巾擦干，再稍微冲个温水澡即可。

❷ 质量优良的泳池会固定一个小时就检测一次水质，泳池的含氯量应在0.5~1.0PPM之间。不过，家长如果看到宝宝的表情有类似在用力的样子，最好先抱宝宝上岸。

❸ 适合宝宝的最佳游泳时段是睡前2小时，让宝宝去玩玩水当作睡前运动，游泳后宝宝还能睡得更香甜呢！游泳时段要避开宝宝疲累或肚子饿的时间。

Q：如何挑选质量好的游泳池？

- 游泳池的采光要干净明亮。
- 淋浴间整齐干净，没有斑驳老旧的地面或墙面。
- 游泳池有固定的清场时间，才能彻底保持水质干净。
- 泳池空间的视线良好，地面防滑垫没有斑驳磨损的迹象。
- 随时有救生员或合格教练在泳池旁巡视。
- 泳池内的瓷砖没有斑驳脱落的迹象。

Chapter 4

第4章 第7~9个月的宝宝

第7~9个月宝宝的照护

半岁以后宝宝爱生病

7个月以前的宝宝,体内有来自母体的抗体等抗感染物质以及铁等营养物质。抗体等抗感染物质可防止麻疹等多种感染性疾病的发生,而铁等营养物质则可防止贫血等营养性疾病的发生。提高抵抗疾病的能力,主要应做好以下几点:

1. 按期进行预防接种,这是预防小儿传染病的有效措施。
2. 保证小儿营养,各种营养素如蛋白质、铁、维生素D等都是小儿生长发育所必需的。
3. 保证充足的睡眠也是增强体质的重要方面。
4. 进行体格锻炼是增强体质的重要方法,可进行主、被动操以及其他形式的全身运动。
5. 多到户外活动,多晒太阳和多呼吸新鲜空气。

关于送孩子去急诊

去医院的准备

关于看急诊所需带的物品,应视当时小孩的状况而定,如果情况危急,当下急诊室都会先处理患儿,协助脱离险境,所需的钱或医保卡都可事后补上。但如果小孩状况还算稳定,那么必带的物品有:

1. 医保卡、钱、手机、银行卡、婴幼儿健康手册。
2. 保暖用品,如毯子、外套、换洗衣物(如有呕吐、腹泻情况可更换)。
3. 清洁用品、毛巾、湿纸巾、面纸。
4. 奶瓶、尿布、零食、安抚玩具,若小孩身体不适,可转移注意力。

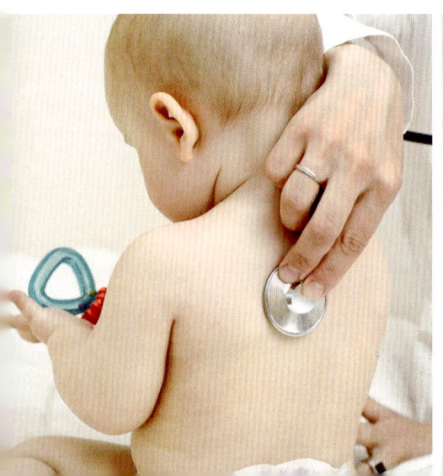

跟医生说什么

到医院时,妈妈务必保持冷静,清楚地说明情况有助于医师确诊。陪同到小儿急诊的家属最好是主要照顾者,能将小孩的饮食、目前服用的药物、误食了什么等相关重要信息说清楚。家长必须先把主要不舒服的症状做说明,比如是否有发热、咳嗽、流鼻水、起疹子,并简短扼要地说明发生顺序,以发热为例,比如烧几天、吃过几次退热药、最高体温、服药后体温、服用过的药单(最好有清楚的药名)。此外,若2岁以下的小孩有打疫苗的情况也要告知医师。

发热有必要看急诊吗

发热是婴幼儿常见的症状,如果活动力、精神都还不错,那么发热不一定要送急诊。体温37.5~38.4℃的话可先用温水擦澡,若38.5℃以上,可先吃口服退热药,并于2小时后重量一次体温。若进行了以上处理无法退热,可先去家里附近的诊所,但若出现合并症状,就须立即去急诊。

急诊的处理

急诊的处理方法可分为三种,其严重程度依序为住院、留院、返家。

❶ 住院:像是有严重的肺炎、痉挛现象,需要24小时以上的评估治疗。

❷ 留院:像是肠胃炎(打点滴,接着看进食状况)、发热(观察是否有反复发热,以及进食状况)、阑尾炎(是否有越来越痛,右下腹压痛,是否需开刀)、脱水等。与住院最大的不同,在于需评估确认疾病24小时内能否稳定,避免轻症住院。

❸ 返家:轻微的呼吸道或胃肠道症状,生命征象稳定,不需密集监测或治疗,可口服药物,居家照护之后再回门诊处理追踪的病症。

必读小叮咛

发热出现以下合并症状,须立即去急诊:

- 3个月以下的婴儿
- 高热40.5℃以上
- 昏睡、意识不清
- 无法安抚地哭闹不安
- 抽筋
- 肚子僵硬
- 疹子(紫斑)
- 呼吸困难、急促
- 精神、活动力差
- 颈部僵硬

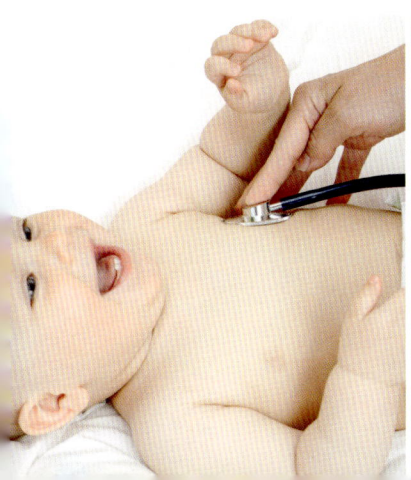
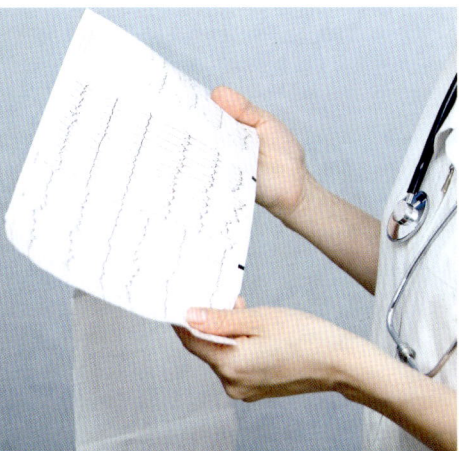
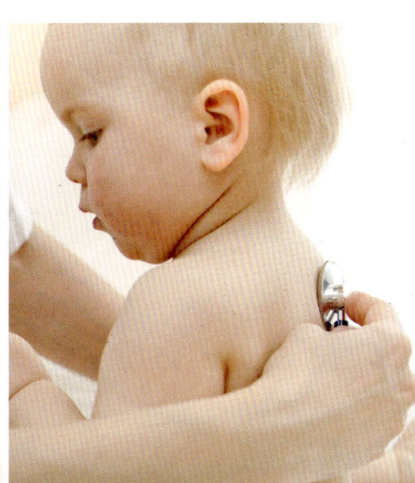

别让药品危害宝宝

孩子的身体尚未成长完全，对于药品的吸收、代谢、排除与大人不同，家长要多花点心思来了解药品的相关知识，提供给宝宝更完整的用药安全与保障。

根据医生指示服药

若药袋没有特别说明或药师无特别指示需要咬碎药品，那么就应该整粒吞服；喉片则是含在口中，不宜整粒吞服；舌下片应是含在舌下，其作用是由口腔黏膜直接吸收，若咬碎或直接吞下会影响药效；还有悬浮液剂则必须摇匀后用口就瓶的方式服用，或使用有刻度的量杯，避免药品浓度分配不均而影响药效或过量服用。

服药搭配温开水最好

服药时最好能喝温开水且饮用量要足够，以免药物吞咽不完全而刺激食管。若孩子的药物中含有抗生素或止痛消炎等具侵蚀性成分，服用后最好先将躯干挺直约2分钟，切勿马上平躺，以免药物停留在食管的时间延长，造成食管损伤。另外，千万不要以咖啡、茶、牛奶、葡萄柚汁等饮品来搭配给孩子服药，不仅影响药效还有可能产生无法想象的不良反应。

口服剂型怎么用

儿童药剂包括液剂、糖浆、悬浮液、咀嚼片等类型。而大部分的这类制剂会做成糖浆等小孩较能接受的口感较好的药剂。

在液剂的部分，有些是需要妈妈于服药前先加适量的冷开水来搅拌成可服下的药水，再行服用，使用前一定要将其摇匀。使用后也应注意是否须放置冰箱内冷藏，并且于有效期限内用完。喂口服剂型的药时，尽量以滴管、喂药器或药杯分次给孩子；喂药时也要适时地安抚、鼓励孩子，不要强制灌药，以免药物呛入呼吸道或日后抗拒吃药。

4岁以下的孩子还是应避免吞服整粒片剂或胶囊，以免噎到，妈妈可以压碎片剂再行喂食；4岁后的儿童一般可以吞服片剂或胶囊。

肛门栓剂怎么用

肛门栓剂跟口服的使用方式不同。首先要让孩子先侧身弯曲躺好，将肛门栓剂轻轻推入肛门约一指节深度，并捏住肛门2~3分钟，以免栓剂被肛门挤出。

外用制剂怎么用

所谓的外用制剂，多以擦拭为主（如皮肤科用药）。

在使用滴眼剂时，切记不要将滴管直接接触孩子的眼睛，以免造成感染。就算只有一眼感染必须治疗，最好两眼都滴药水；应从未感染的眼睛先滴，再滴感染的另一眼。帮助孩子在滴眼药水后，闭眼5分钟来增加眼药水与眼睛接触的时间，以提高药效。滴剂药物不能共享，要避免污染，一旦污染要立即丢弃。

耳用滴剂使用前，要先将药水瓶握于手中数分钟使其温热后，振摇药瓶后才使用。使用时让孩子侧躺，头微向侧倾、耳朵滴入处朝上；将药物滴入耳朵，滴完后维持侧躺1～2分钟，吸收入耳并避免药物流出。

避免孩子误食药物

孩子误食药物是一件很危险的事情。家长在这个时候更要冷静下来搞清孩子服下的药物是什么，服了多长时间，这对于治疗处理很有帮助。

倘若孩子服药时间不长（在6小时之内），可以先在家里立即采用催吐方法。催吐主要让孩子把存留在胃内尚未消化吸收的药物吐出来，使用的方法是：用一根筷子或手指，轻轻触碰孩子的嗓子后部（咽

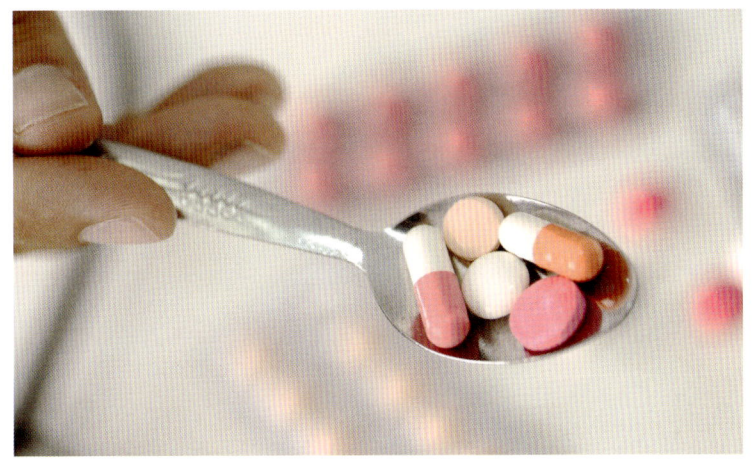

后壁处），刺激后会有恶心感并引起呕吐；孩子可以喝些开水后，反复催吐几次，让误食的药物清空。

若是孩子服入的药量过大或时间过长时，甚至已经出现中毒症状时，家长必须立即送到医院急诊治疗。并准备好装有误食药品的瓶子及呕吐物，立即携至医院以供鉴定；或者立即拨打120急救电话求救。

不同药物不同时段吃

药物必须顺利进入胃肠、被消化吸收后才能发挥作用；在消化的过程中，药物很容易受到和它一起进入胃肠的食物或饮料所影响。不同的药物所需的吸收消化环境不同，因此才有饭前、饭后、空腹服药的差别。

- 饭前服用：是指在吃饭前30～60分钟内服药，主要目的避免药效受到食物影响。
- 饭后服用：是指在吃饭后30～60分钟内服药。通常这类药比较伤胃，所以需要其他食物来减少药品对肠胃的刺激。
- 饭后立即服用：也就是吃饭后马上吃药，这是因为食物有助药品的吸收与药效的发挥。
- 空腹服用：是指服药前后1小时内没有吃任何食物，这也是为了避免药效受到食物影响。

服药间隔的时间

当药袋上的服用指示是"几小时吃1次"，妈妈就应先计算时间再喂食；举例来说，药物要在每隔6～8小时喂食，那么就是指把一天24小时均分，每天吃3～4次。

即使孩子病况很严重，家长也不宜任意改变医师所指示的服药间隔时间，并非吃药频率愈密集，效果就愈好。药就像刀的两刃，运用得当可以治病，运用不当却会伤身。

这种问题较常发生在孩子服退热药时，妈妈看发热的情形依旧没退，就会过于急切地想要再多给药物帮孩子退热，所以，在吃了一包退热药1小时后，又让孩子服用第二包退热药。但这样的服药方式是很危险的，若孩子体温一下子降得很低，身体的状况反而比发热时还要危险。

选用合适喂药器

市售的专门喂药器，不仅操作容易，也可大大提升喂药效率。建议选用安全、柔软、弹性佳的硅胶材质，而管子的部分则以PP材质为主。如果宝宝的年龄较小，习惯使用奶嘴，那么可以选用奶嘴头设计的喂药器来"引诱"其乖乖吃药。而大一点的孩子比较不容易"上当"，为避免他排斥吃药，则可选用针筒式设计的产品，且将药水推进孩子的嘴巴后，再慢慢地抽出针筒，以免喂药器前端一离开嘴巴，孩子马上将药吐出来。

每次使用完喂药器后，记得像奶瓶、奶嘴一样要清洁消毒。可先将它拆开来以清水冲洗，除量杯外，其他部分皆可再以滚水烫过或放进蒸汽消毒锅来消毒，不过时间可比消毒奶瓶略短一些。

Q: 给宝宝喂药时有什么注意事项？

❶ 给孩子喂药以前，妈妈不宜先进行喂乳及饮水；让孩子处于半饥饿状态下服药，不仅可以防止恶心呕吐，又因饥饿可便于药物的下咽。

❷ 按照医嘱服药，药量不要过多也不要过少。喂药前先将药片或药水放置汤勺内，用温开水调匀；爸爸妈妈可将孩子抱于怀中，托起头部成半卧位，用左手拇指、食指轻轻按压小儿双侧颊部，让孩子呈现"O"形的张嘴状，再将药物慢慢倒入其嘴里。

❸ 不要用捏鼻子的方法硬灌药物，如此药液容易呛入气管；还有也不应将药物直接倒入咽部，以免将药物吸入气管发生呛咳，甚而导致孩子产生吸入性肺炎。

❹ 倘若喂药液时，孩子出现呛咳的反应，就应立即停服并抱起轻拍其背部；若继续强行灌服，药液呛入气管则会造成肺部感染，或因阻塞气管而窒息死亡。

❺ 喂药后应给宝宝喂水20~30毫升，帮助药物经由口腔及食管后全部送入胃内；而且，喂药后不宜马上喂奶，以免发生反胃引起呕吐。

孩子睡觉为什么爱出汗

1岁以下的宝宝睡觉总是出汗,夏季更是大汗淋漓,有时冬季寒冷的时候甚至也会看到入睡后宝宝的额头上布满一层小汗珠,这是什么原因造成的呢?

一般而言,如果宝宝只是出汗多,但精神、面色、食欲均很好,吃、喝、玩、睡都正常,就不是有病。那是因为宝宝新陈代谢旺盛,产热多,体温调节中枢又不太健全,调节能力差,只有通过出汗来进行体内散热,这是正常的生理现象。父母要做的,就是经常给宝宝擦汗。

但若宝宝出汗频繁,且与周围环境温度不成比例,尤其是夜间入睡后出汗多,同时伴有其他症状,如低热、食欲不振、睡眠不稳、易惊等,就说明宝宝有些缺钙。如还有方颅、肋外翻、O型腿、X型腿症状,则说明缺钙较严重,需合理补充钙及鱼肝油。此外也有可能是患有结核病和其他神经血管疾病以及慢性消耗性疾病造成的,这时父母应该带宝宝去医院检查,找出病因,及时治疗。

小儿倒睫

倒睫,就是睫毛不是朝外长,而是向内长。倒睫的人常因睫毛刺激眼球而出现流泪,甚至患其他眼病。

宝宝倒睫是常见的,有的宝宝下眼睑上有几根睫毛倒长,这是由于宝宝的面部特征与成年人的面部特征不同。宝宝的脸颊及鼻根发育尚未饱满,皮肤显得较松弛,尤其是下眼皮的内侧更是如此,使眼皮向内翻,将睫毛拉向内,而形成上层睫毛倒长。宝宝倒睫可随着宝宝年龄的增长,面部特征的改变而消失。而沙眼引起的倒睫一般需用手术矫正。

有些宝宝的下眼睑睫毛贴在眼球表面,并引起流泪,父母怕睫毛会刺坏眼睛,急于求医生做手术治疗,其实不必要。宝宝的睫毛又细又软,是不会刺伤眼球的。

治疗宝宝的倒睫可以采用如下的方法:父母可以经常用干净的手指将宝宝的下眼皮向外下方牵拉,每日数次。

还可以取一小段胶布或塑料透明胶带,一端贴在下眼皮的边缘部,另一端贴在脸颊上,这样可借牵拉眼皮的力量使眼睫毛朝外翻,减少眼睫毛对眼球的威胁。待宝宝稍大后,皮肤不再松弛,睫毛倒长的现象自然会消失。

若宝宝长到2岁以后,在未哭的情况下,下眼睫毛仍贴在眼球表面,这才算是倒睫,这个时候再酌情考虑施行手术治疗。

如何清除宝宝耳垢

耳垢的作用

耳垢可以阻止异物侵入耳朵,保护耳道和鼓膜。当空气中的尘埃侵入耳道时,耳垢就能把它们黏住,保持外耳道的清洁。

同时,耳垢还能起到"消声器"的作用。人之所以能够听到各种声音,是靠外界各种不同的声波传进了耳朵,引起鼓膜振动所致。但如果声波过强,如打雷、爆炸等,鼓膜会因之而受到剧烈震动,容易招致损伤,时间一长,听力就会下降。而耳垢则可以像消声器那样减低声波的冲击,以保护鼓膜,进而保护听力。由于宝宝的听力还处于发育阶段,所以耳垢的这种保护作用显得尤为重要。

此外,耳垢具有一定的油腻性。假如在洗澡时,不小心水流进了耳中,耳垢就可以防止脏水的侵袭,进而防止可能引起的感染性疾病,如外耳道炎、中耳炎的发生。

必读小叮咛
如果文中说到的办法没有用,那么家长就应该到医院寻求医生的帮助。

经常给宝宝掏耳垢有害处

孩子的外耳道还远没有发育成熟,而且外耳道由于大多呈扁平缝隙状,不容易操作,加上耳内皮肤很娇嫩,经常掏耳垢很容易造成一些不良后果:轻者掏伤耳内皮肤而引起炎症,生疖长疮,严重的可能会把鼓膜捅破,导致宝宝听力损伤。

经常掏耳垢,会使外耳道的皮肤因为经常受到刺激而形成外耳道乳头状瘤。虽然它是良性的,可以用手术的方法切除,但切除后容易复发。

一般来说,耳垢会随着宝宝的咀嚼、张口或打哈欠的活动,借助于下颌等关节的运动而自行脱落,并排出耳道,所以并不需要担心。

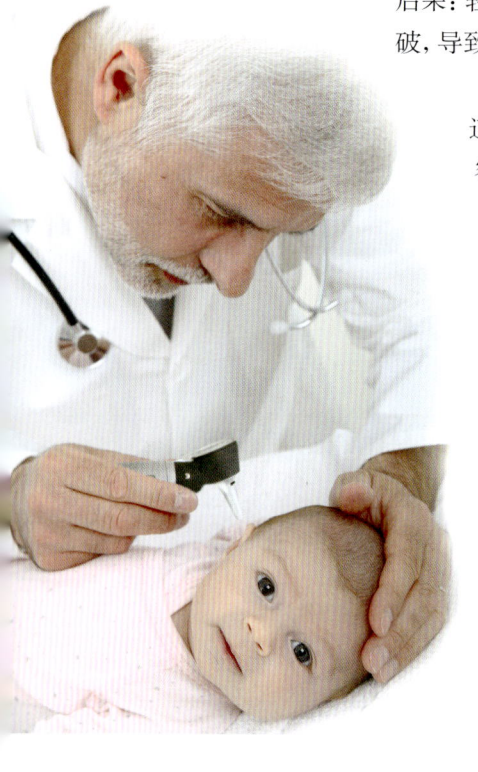

如何给宝宝掏耳垢

如果宝宝耳内的耳垢积存过多,耳垢变干,甚至塞满耳道,而又不能自行排出的话,可能会妨碍听力,或者诱发感染。

在宝宝临睡前,给他滴1~2滴耳药水。在滴药水时,您要让宝宝躺在床上或者把他抱在您的膝盖上,他的头要侧过来。在药水滴入后,要让孩子保持这个姿势2分钟,使耳垢得到充分的稀释。

在宝宝耳朵内塞一个用消毒棉球做成的耳塞。第二天取出耳塞,耳垢可能黏在上面从而被清除出耳道。

给宝宝防蚊

夏季是蚊虫活动的季节，孩子在晚上熟睡时易被蚊子咬伤；户外活动时易被小黑蚊、蜘蛛、小蜜蜂等叮咬。孩子被蚊虫叮咬后，叮咬处周围会呈现红色丘疹突起，这是因为蚊虫在叮咬人体时，注入酸性物质溶解皮肤角质层，导致皮肤发炎，造成发痒、水肿。

Q: 如何处理孩子被蚊虫咬伤？

孩子细嫩的肌肤被蚊虫咬伤之后，出现很大的红色肿块，这是很常见的问题。因为宝宝的皮肤尚未接触过任何过敏源，又因为免疫力未健全，因此对于蚊虫叮咬容易过度反应。对于蚊虫叮咬的反应出现过度红肿症状，慢慢随着年龄渐长就会有改善。

家长可以帮宝宝在患部冰敷舒缓，有助于镇定与止痒。在没有伤口的情况之下，也可以使用芦荟、薄荷来镇定消肿。若是真的肿得很大，可至医院就诊。

孩子被蚊虫咬伤，愈合之后，出现一点一点的红豆色痕迹，是皮肤受蚊虫叮咬发炎后的色素沉淀，需要耐心和时间，等待皮肤周期性的代谢，慢慢淡化，至于淡化的时间长短会随体质而异。通常来说，肤色较浅者，色素退得比较快；肤色较深者，色素退得比较慢，但不建议孩子涂抹褪色素的药膏。

Q: 可以使用蚊香帮宝宝驱蚊？

不建议使用传统式蚊香及液体式电蚊香来帮宝宝驱蚊，此类蚊香对于孩子的中枢神经有影响。可以在晚上睡觉时，在房间挂上蚊帐，以防蚊虫叮咬。

外出时，最简单的方式就是帮宝宝穿上长袖衣物，既可防止蚊虫咬伤，又可避免紫外线的伤害。也可以选择天然成分的防蚊液，如香茅、尤加利成分，虽然效果较弱，但是较安全。对于防蚊贴片，孩子可能会产生局部的过敏性皮肤炎，因此不建议宝宝使用。市面上常见的蚊不叮等防蚊产品用在孩子身上并不安全，也不可喷洒于皮肤及衣物上。

使用樟脑油来防蚊，也不是好的选择，因为大量使用樟脑油会产生抽搐、过敏等问题，接触2克剂量会有严重的中毒状况产生，4克剂量即有可能致死；家长常常会不自觉地过度使用，因此不建议孩子也使用。

预防宝宝泌尿系统感染

泌尿系统感染的症状

小儿泌尿系统感染的情况并不少见,加上清洁习惯不好、水喝得很少或憋尿等问题,反复得此疾病的孩子也不少。不过,大部分的小儿泌尿系统感染,尤其在学龄前并不是那么容易判断。有的不一定会发热,有的在词汇表达及症状表现上也不像大人那么具体,如尿急、尿尿会痛等,小婴儿泌尿系统感染时可能只会发热,不带任何其他症状。所以一般来说,1岁以下的宝宝发热又没有其他症状时,就需要想到是否得了泌尿系统疾病。1岁以上的孩子,若有不明原因的恶心、呕吐、腹痛的症状或解尿困难的抱怨,即使没有发热,也很有可能是因为泌尿系统受到感染。一般来说,发热是比较严重的情况,通常来自肾脏发炎;下泌尿道、膀胱发炎时,则不太会发热。

泌尿系统感染的治疗

泌尿系统感染的诊断一旦明确,在急性期应卧床休息,让孩子多饮水以增加尿量,使细菌和脓液及早排出,并在医师指导下用有效的抗生素,治疗要彻底。急性泌尿系统感染经治疗后多能迅速恢复,但如疗程不足,可使病情反复发作,变成慢性感染。特别是由于肾和肾盂的慢性炎症在迁延多年后可发展至肾功能不全,应引起重视。因此,带病儿定期随诊很重要,急性期疗程结束后,每月随诊1次,共3个月,如无复发可认为治愈。

常换尿布、注重清洁

宝宝泌尿系统感染的细菌主要是肠道或粪便中的细菌移生,经由会阴部到尿道跑到膀胱或肾脏,因此常替宝宝换尿布可避免细菌滋生繁殖。医师特别提醒家长,在清洁宝宝屁屁时,擦拭方向要从生殖器往肛门方向擦拭,而且纸巾一旦沾到粪便就要丢弃,勿再重复擦生殖器,这样很容易会发生细菌的移生。

1岁以下的男婴,泌尿道感染的概率是女婴的2~5倍,这是因为男婴的泌尿道先天性构造异常较多,另外男婴的包皮也容易藏垢,所以家长帮男宝宝洗澡时也要特别注意尿道口的清洁。

1岁以上的宝宝,女童的泌尿道感染概率反而大于男童,为10倍左右,这是因为女孩的尿道较短,细菌容易进入膀胱的关系。

医师提醒,家长除了要注意宝宝私密处的清洁之外,当宝宝年龄较大之后,也要教导孩子不要憋尿,因为膀胱积尿容易让细菌繁殖,所以也要保证足够的饮水量,并适时地解尿。

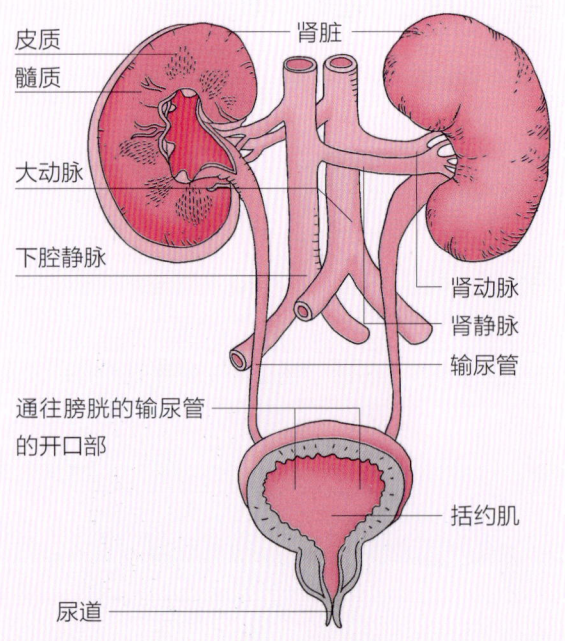

肾脏和尿道构造示意图

要注意保护宝宝的肾脏

肾脏具有排泄废物、调节血液成分及分泌某些激素的作用。泌尿专家认为，保护肾脏要从小儿做起。因为幼儿期是肾脏疾病的多发期，尽管目前已普遍推行计划免疫，幼儿的各种传染病大幅度下降，但幼儿的肾脏疾病仍有增无减，因此，应大力加强预防措施。

感染和冷湿是幼儿患肾脏疾病的重要原因，冬末春初气候多变，更要重视防治上呼吸道感染及急性咽炎、急性扁桃体炎。这些疾病可因链球菌感染引起肾炎，而冷湿则可诱发肾脏疾病。

据测定，每分钟经过肾脏的血液达600毫升，血中的一切毒物均可直接损害肾脏，另外，各种药物大部分从肾脏排泄。因此，药物对幼儿肾脏的损害屡见不鲜。对肾脏可能有损害的药物有各种止痛药，如非那西丁、对乙酰氨基酚、阿司匹林等。这些药物易在肾脏乳头部聚集，会导致肾乳头坏死。某些抗生素如先锋霉素、庆大霉素及链霉素等，可能损害肾小管，可引起蛋白尿、管型尿。脂溶性维生素，如维生素A过多，可引起尿频、尿急、多尿、遗尿，还可导致肾小管坏死。另外，各种可吸收的磺胺药，对肾脏也有损害。因此，幼儿应慎用对肾脏有毒性作用的药物。

Q: 宝宝小便发白是怎么回事？

在寒冷的季节，有的宝宝小便发白，很浑浊，父母对此很担心，害怕宝宝身体有什么问题。其实这是一种正常现象。宝宝排尿时尿色是正常的，排出的尿放置几分钟后很快变白、变浑浊。这是因为尿中含有各种各样的盐类，在排出体外之后，由于天气寒冷，使尿液成分发生了变化，原先充分溶解的盐类发生了沉淀，析出的尿酸盐积聚于底层，或悬浮于尿中而使尿液变白、变浑浊。

尿的性质与饮食也有很大关系。若宝宝以荤食为主，多为磷酸盐和碳酸钙尿；而以素食为主者，多为草酸钙和尿酸盐尿。前者在碱性尿中、后者在酸性尿中易析出结晶呈现牛奶样。我们可以用简单的实验方法将它们大致区别开来。方法是把浑浊的尿加热至沸，若立即变清的是尿酸盐；如果加热后不变清，可滴加醋酸摇匀，若见到有小气泡并转而变清，这种是碳酸盐；若无气泡产生但尿液变清的是磷酸盐。

无机盐尿对机体无害，无须治疗。只需改变食物成分就可改变尿的酸碱度，其无机盐类就不会析出结晶，尿色也就正常了，所以请父母放心。

Q: 孩子的尿深黄色是怎么回事？

深黄色尿液的形成因素相当多，包括饮食、脱水等因素，都有可能让小宝宝尿出深深的黄色尿液。如果上火，尿液偏黄但不是深黄。

❶ 如果食用胡萝卜、木瓜等食物，维生素等药物，可能会排出较深浓的黄色尿液。

❷ 如果宝宝短时间内大量流汗、高热等，因身体短时间内从体表所散失的水分量超过吸收量，排出的尿液也会因被浓缩而变深黄色。

8个月宝宝开始会爬

宝宝想要爬行了吗

宝宝大约在7个月大时会出现想要爬行的欲望，首先以匍匐滑行的方式出现，也就是腹部贴着地面，四肢采取不规则动作的方式呈现出爬的行为。此时期由于手臂的发展比腿部早，所以宝宝会将手臂伸直来帮助自己进行爬行，这就造成刚开始爬的孩子总是出现倒爬的情况，这是正常的，家长不需要纠正孩子，等孩子的腿部发育逐渐成熟，倒爬的情况就会消失。

宝宝到八九个月大时，腹部就不再贴着地而可以离开地面，此时手脚的成熟度与力道更强，可将身体撑起并且可以四肢一起使用来爬行，当宝宝可以灵活使用四肢来爬行后，爬行的速度会愈来愈快，到最后爬一爬有可能自己扶着东西就站起来，这时就进展到站与走的阶段了。

影响宝宝爬行的因素

影响宝宝爬行的因素相当多，常见有以下五个原因

❶ 有的宝宝个性比较胆小或是不爱运动，就会不愿意发展"爬"这个行为。
❷ 家长让孩子坐学步车，会让孩子丧失练习爬行的机会。
❸ 家长抱得过多。
❹ 如果宝宝刚开始爬行时就受到惊恐或挫折，都会让宝宝不想再爬。
❺ 弹簧床或是沙发都过于柔软，不利于宝宝练习爬行。

有病的宝宝会怎样爬

还有一些病理性的因素会影响宝宝爬行，比如孩子的发展较慢，但这种状况大概比一般状况延迟半年左右，假若超过半年以上，或是家长观察孩子一直都坐不稳，需要很多的辅助才能坐得稳，或是坐着轻轻一推就倒，这就有可能是大肌肉发展上的问题，需要带给医师评估。此外，宝宝的心智发展如果有问题也会影响爬行的能力，家长可以仔细观察孩子，如果发现孩子的眼睛飘来飘去不能聚焦，就可能有这方面的问题，需要让医师诊治。

正常宝宝的爬行，是利用四肢稳定地移动，但有些动作发展异常的宝宝，爬行时可能会出现以下三种现象：

用双肘往前挺的移动贴地式的匍匐前进，躯干接触地面，且双下肢伸直拖着在后的爬行方式。

爬行时双下肢几乎一起跳动，类似兔子跳跃方式爬行。

爬行到一半常左脚或右脚就抬高，有点像狗狗尿尿姿势一样。

第一第二两种常见于脑瘫儿童爬行方式，这是因为脑瘫儿童的双下肢肌肉张力较高，腿的踢蹬动作明显少于正常婴儿，且欠缺下肢分离动作，故很少出现手脚交替动作或下肢屈曲；到了爬行阶段，即使会爬姿势也很怪异。若宝宝在爬行时出现上述情况，要及时带孩子到小儿神经科进一步检查，以了解原因，看是否需进行训练及治疗。

宝宝不爬怎么办

绝对不能强迫宝宝爬行,强迫宝宝学爬行,反而会让宝宝更不喜欢爬。若孩子真的不想爬也不要勉强,只要他坐得稳,发展状况正常,其实跳过爬行阶段也没关系。

1 玩具诱导。 玩具诱导的方式是帮助宝宝爬行的好方法,家长可以准备几个宝宝喜爱的玩具(最好能够发出声响),先放在离宝宝一小段的距离处(切记不可一次就放太远,距离太远容易让宝宝有挫折感反而无法达到效果)吸引宝宝,宝宝想要拿玩具就会移动身体,当宝宝小爬一段就成功拿到玩具会增加其成就感,可让宝宝更有爬行的动力。

2 毛巾辅助法。 如果宝宝没办法顺利移动,家长可在宝宝7个多月大时将宝宝放在软的地垫上,在宝宝腹部下方放一条毛巾,家长轻轻将毛巾提起一点点,让宝宝腹部离地,并拉着宝宝的手往前进一步,让宝宝明了这样的动作就是爬,带领宝宝一步一步往前行进。试过几次后,宝宝若有爬的意愿就会自己爬了。但若发现宝宝还是没有爬的意愿,那就等一阵子后再试试。

3 多给爱的鼓励。 家长适时的鼓励也很重要,宝宝爬行成功了,家长要给宝宝拍拍手鼓励他。

4 设立安全障碍物。 当宝宝开始会爬后,为了增加宝宝的爬行乐趣,家长可在宝宝的爬行空间中增设安全的障碍物,宝宝刚开始可能会绕过障碍物,之后可能就会伸手将障碍物挪开,这时就达成了平衡感的训练。也可摆个会发出声响的玩具在远方,让宝宝玩爬行寻宝游戏。

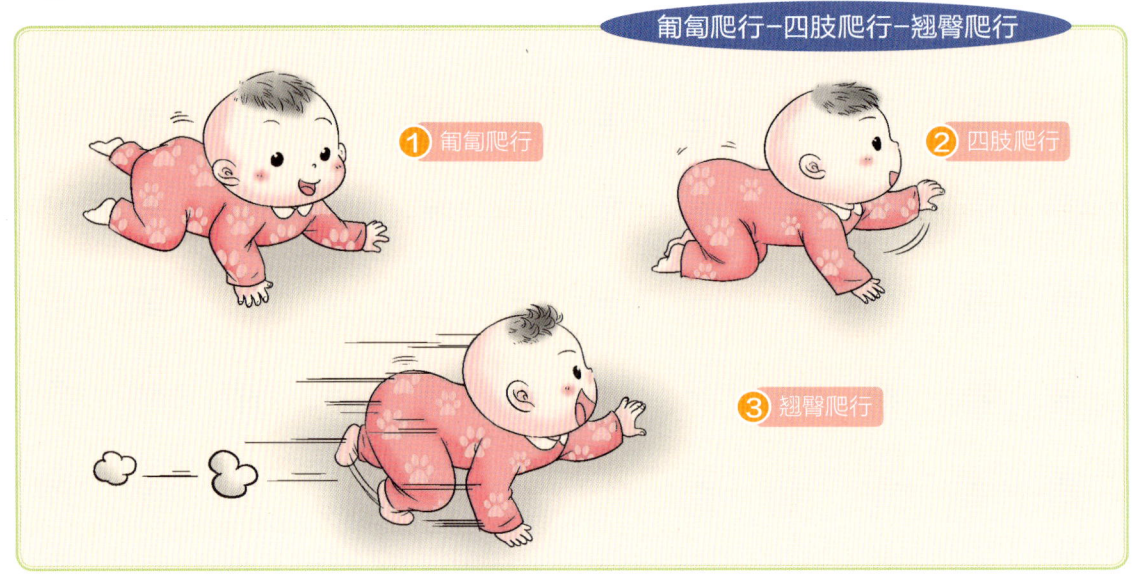

🌿 爬行垫的材质

太柔软会让宝宝动弹不得，甚至有窒息的危险；太粗糙的表面，可能会伤害到宝宝细嫩的皮肤。也有很多家长喜欢去买塑料拼装软垫，给宝宝练习爬行，但是要注意材质，因为有些塑料软垫会释放出有毒的气体，家长务必要小心选择。另外有的拼装软垫上面会有镶嵌小图案或字母可以拆装，有些宝宝会把这些小东西拆下来吃，同时也容易藏污纳垢，家长一定要注意。

婴儿学爬	
阶段	爬行动作
新生儿	俯卧位时就会有反射性的匍匐姿势
2个月大时	能在俯卧时交替踢腿，好像匍匐前进
3~6个月大时	可用手肘撑起上半身数分钟
8~9个月大时	能用手支撑胸腹，使身体离开地面，能开始爬行了

🌿 永远不要低估你的宝宝

训练宝宝学爬首重安全，同时注意宝宝衣着，不要穿过多、过紧或过长。

不可在楼梯附近练习，以防止坠落，就算有栏杆，也要小心宝宝会钻出去；在床上练习爬行也要十分注意，曾有妈妈只是起身打电话，一转身宝宝就从床上滚落。散落在四周的小物品也要小心收好，曾有奶奶在旁边缝衣服，小宝宝爬过来，就把大针吞下去的案例。

他们可以在你不注意的时候，把金属插销插进墙上的插座中；他们也会拉扯甚至啃食电线；本来还在学爬的宝宝，会突然扶着桌脚，把餐桌的桌巾拉下来，把热汤淋在身上；他们也会从床上爬到梳妆台上，偷吃妈妈的避孕药。因此要注意：

- 纽扣、曲别针、电池、烟蒂等小件的物品不得放置在孩子伸手可及之处。
- 因为宝宝会拉桌布玩，因此不要使用桌布，防止物品掉落发生意外。
- 熨斗不得放置于伸手可及之处。不将锅把手放在外侧。
- 安装安全插座。

9个月宝宝学站立

站立出现时间点是9~12个月。宝宝会爬之后,正常状况在8个月大左右就可经由扶持而慢慢学习站立,9个月时能攀扶着家具站起来,到了10个月左右时就可独立站立。

临床上父母常会问:我的宝宝站姿时会出现O型腿、X型腿、内八、外八、扁平足,正常吗?一般而言,正常宝宝在3岁之前出现这些姿势,都属于正常生理性的现象;宝宝在早期成长过程中因肢体钟摆现象,下肢从O型腿到X型腿,这是因为早期胎儿在妈妈肚子里适应子宫形态,全身都是缩着的,因此髋关节和膝盖是完全弯曲,使得小腿和脚底会往内旋转。

当孩子开始学会走路之后,腿型会呈现像是有点O型腿的情况,这是正常现象,不需要太过担心。一直到3岁左右,腿型反而会呈现X型,以正常的发展状态来说,到六七岁时腿型就会自然变直;在此过程中宝宝同时也有可能出现内八字脚或外八字脚。至于在扁平足方面,只要宝宝在垫脚时出现弓状,父母就无须担心;但如果过了3岁之后仍有此问题,家长就该考虑是否属于异常。

反之,对于一些高危险宝宝(早产儿、出生体重<1500克、脑部出血、脑伤),站姿时如出现扁平足、剪刀脚、踮脚尖、膝盖背屈等现象,最好能尽快就医矫正,以免进一步影响宝宝将来走路的姿势,而且宝宝年龄愈大也会愈不容易改正。

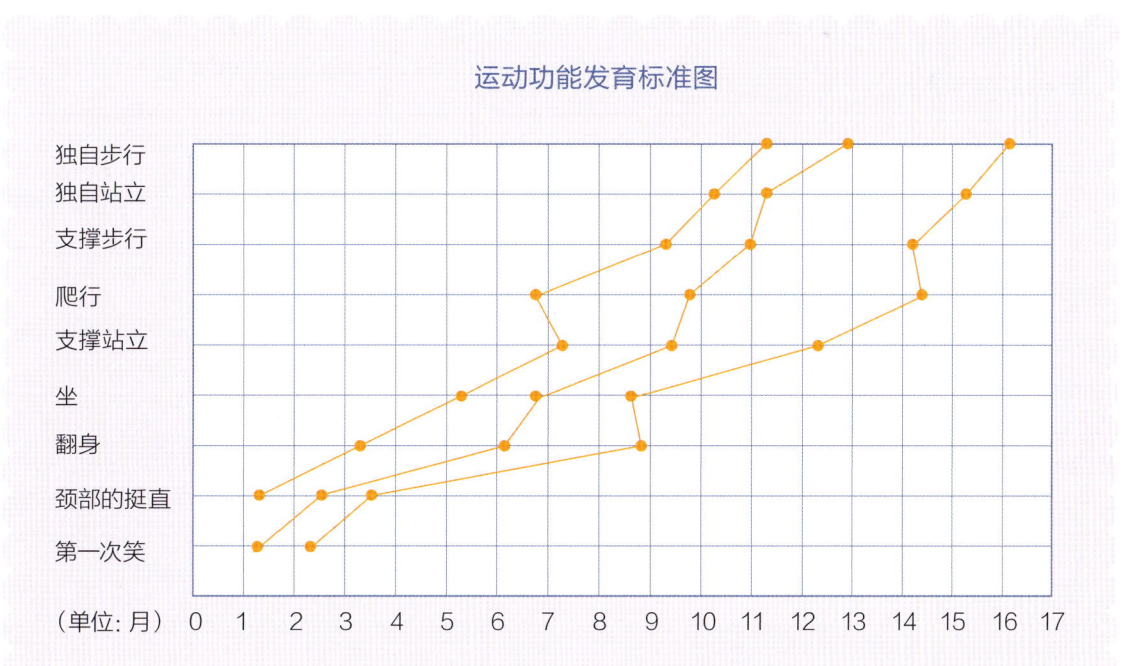

运动功能发育标准图

第7~9个月宝宝的喂养

7~9个月宝宝这样吃

此时宝宝已经开始长牙齿了,能吃的东西愈来愈多,所以宝宝慢慢地也要和大人一样注意均衡的饮食,才会有均衡的营养,此时可以考虑每天喂两餐辅食。

7~9个月婴儿的食品添加表

食品来源与数量	喂食须知	备注
母乳,婴儿配方:一天喂3~4次,每次210~240毫升 菜汤1~2汤匙/天 果汁或果泥 1~2汤匙/天 稀饭或面条1.25~2碗/天（分成两次喂食）	断奶中期:食物形式以能用舌头打碎的硬度为主。例如水果泥或可用手拿的固体食物,如磨牙饼干、香蕉等。	果泥甜甜的,接受度高。应鼓励宝宝自己进食。

辅食种类

	蔬菜水果类	糖类食物	蛋白质
建议形态	果汁、菜汁、果泥、菜泥	米糊、麦糊、白米粥、泥状物(土豆泥、地瓜泥、南瓜泥等)、稀饭、面条、吐司、馒头等	肉泥、蛋黄泥、豆腐、豆浆
建议用量	5~10毫升	30~50克	

以下食物种类不适合作为宝宝的辅食:

❶ 纤维素过高的食物:竹笋、牛蒡、空心菜梗这类食物,因为它们的纤维质过高,即使切成小块宝宝也不容易吞入,并且竹笋也是较容易引起过敏的食物,建议应延后喂食宝宝。

❷ 太硬的食物:煮不烂的食物,因为很难处理到很细软,而且宝宝也不容易吞咽,所以不适合喂食宝宝。

过敏宝宝怎么吃

❶ 辅食：过敏宝宝建议6个月之后再添加辅食。如果过敏症状严重时,甚至建议把辅食的添加时间延至9个月以后。

❷ 添加辅食的方法：每周添加一种新食物,在确定不会引起或加重过敏症状时,再换下一种新食物。若出现过敏症状,则立即停止该种食物。不要一会儿给宝宝这种食物,一会儿吃另一种食物。这样,若发生过敏症状时,比较难找出是哪种食物引起过敏的。

❸ 添加辅食的顺序：由"低致敏性"的食物开始慢慢尝试,例如米粉、果汁（泥）、菜汁（泥）、稀饭等。10个月之后才开始添加蛋黄、鱼、肉、肝等动物性食物。至于容易引起过敏的食物,如蛋白、有壳海鲜（虾、蟹）、花生等坚果类,最好等1~1岁半以后才食用,不过还是少吃为宜。

给过敏宝宝吃坚果要慎重

❹ 食物过敏会引起腹泻、呕吐、腹痛等肠胃症状；皮肤上会出现疹子、瘙痒、荨麻疹等表现。此外,咳嗽、流鼻水、打喷嚏,或原有的过敏症状加重时,也要考虑是否是食物所引起的过敏症状。

❺ 不要害怕添加辅食：有一些父母怕辅食会诱发宝宝的过敏,因此一直不敢添加辅食。其实辅食可训练宝宝的咀嚼及吞咽能力,对促进脑部发育、颜面神经与肌肉的发展有很大的帮助,牙床的发育也会较健康。因此,仍建议在宝宝1岁之前添加辅食。只要慎选辅食,就可避免诱发过敏。

❻ 多样化的食物种类：不要因为怕宝宝吃到易导致敏的食物,就限制食物的种类。多样化的食物种类,才能补充孩子成长所需的营养。只吃少数种类的食物容易导致营养不良,因此父母应该供给宝宝不同种类的食物,并避免易导致过敏的食物。

有壳海鲜要在1~1.5岁以后再试吃

❼ 脱敏奶粉要吃多久：孩子牛奶过敏,可以吃脱敏奶粉,最短吃6个月。如果家庭经济条件允许,一定要吃到两年。两年下来,再吃正常的奶粉就可以了。

❽ 不吃过敏食物就不过敏了吗：孩子只要对食物过敏,一定会对空气中的一些东西过敏。把食物过敏原禁掉以后,这个病虽然会好很多,但还是会出现过敏。过敏有一个预知,比如食物过敏50%,空气中螨虫过敏20%,就会发病了。如果把食物中50%去掉了,只剩下空气中的20%,发病的概率会低很多。但并不是把食物全禁了以后就好了,也许空气里的过敏原还在。如果早晚咳嗽、鼻子堵,在床上跟螨虫有关系,在外边跟空气有关系。所以并不是说停了过敏食物就好了,只能说停了以后治疗起来就更简单了。

小儿食品安全须知

热狗、香肠、火腿、可乐、松饼、海蜇皮、罐头食物,您家的孩子经常吃以上提到的食物吗?家长请注意,上述这些东西几乎已经不能算是食物,而是被添加了许多化学物质的"假"食物!

🌿 保色剂中的磷酸与硝酸盐类

热狗、火腿、烤香肠、培根这类肉类加工品里,多半添加磷酸盐和(或)硝酸盐。

磷酸盐(磷酸盐包括了磷酸钙、磷酸钾、磷酸钠等)在食品添加物里很常见,摄取过多磷酸盐会影响钙质的吸收,像可乐本身就含有碳酸和磷酸,不是健康的饮品选项。

硝酸盐的毒性比较低,但硝酸盐容易受细菌分解而变成亚硝酸盐,而亚硝酸盐的毒性就高多了。含有亚硝酸盐的食品,容易产生名为"亚硝胺"的致癌物质。胺从哪里来?就是来自含有亚硝酸盐的肉制品(如香肠、火腿、腊肉、培根等)。亚硝胺的产生来自以下几种情况:

❶ 高温加热。

❷ 虾干、鱼干、鱿鱼干等富含胺类物质,与含有亚硝酸盐类的食品合吃,也容易产生亚硝胺。孩子1周若食用1次或1次以上含有这类物质的产品,其患白血病的风险会因此增加76%。喜欢吃蔬菜和大豆制品的孩子,相同情况下患白血病的风险则会减少50%。所以火腿、腊肉、培根、香肠、热狗这类的制品,对孩子而言,还是建议少吃为妙。

亚硝胺还会出现在哪里呢?一些含有蛋白质且为腌渍的食品,像是大豆(黄豆)豆瓣酱、豆腐乳、咸鱼等,因为在腌渍过程中常常会出现粗盐,粗盐中就含有硝酸盐,硝酸盐经由细菌分解就成为亚硝酸盐,加上本身含蛋白质,经细菌分解后产生胺,因此两者相加就会产生亚硝胺。多吃蔬菜可降低亚硝胺产生的概率达50%,但多吃水果时,同样的风险并无降低。

幼儿阶段尽量不要去接触致癌物质,烧烤物或油炸物和大肠癌有关,也会增加乳癌风险。烹饪时将温度控制在一般温度(即100℃,蒸或煮的方式),因为这种方式不会让蛋白质变性成可能致癌的物质。

🌿 膨松剂中的铝

铝在食品上的运用很广,像膨松剂或某些奶精。海蜇皮在加工时会添加明矾,而明矾是铝的复合物。铝的坏处最主要在于,对肾脏不好的人易造成负担;对1岁以下、肾脏尚未发育成熟的孩子而言,也要尽量避免暴露在含铝饮食之中。

食品中的肉毒杆菌

一直以来，大家购买真空包装豆制品、腌渍食品、腌猪肉及香肠等，以为是清洁的，但肉毒杆菌属于厌氧菌，因此真空包装食品不等于灭菌食品，建议加热后再食用。腌渍物的制作或保存过程不当容易引起食物中毒。如咸菜、梅干菜、豆瓣酱、豆腐乳等食品常有黄曲霉素污染之虞，而黄曲霉素本身可能会引起肝硬化、肝炎、肝癌，降低免疫力。儿童因为身体的解毒能力不好，所以更应少吃这类的食品，最好能免则免。

防腐剂及色素

防腐剂和色素用于食品的广泛度相当惊人！人工色素可使食物保色或改色，有的甚至可能引起孩子过动症；有的防腐剂则会引起过敏。

蛋糕类产品等都含有过量防腐剂。虽然加了防腐剂的东西不会有肉毒杆菌，但即使是法定用量，对儿童来说也可能产生不良影响。常见的防腐剂都容易引起儿童的过敏反应，导致食欲不振、生长迟缓等，家长们更需留意。

有些食品名称是"草莓"饼干，但实际上其草莓味是来自香料；某些草莓夹心实际上是食用色素红色6号。家长在购买之前应该仔细看包装，是注明属"芒果口味或葡萄口味"等还是真正含有新鲜水果。

此糖非彼糖

人工糖分的添加常出现在强调零热量的食品当中；有的人工甜味剂甚至有毒性。甜精是一种人造甜味剂，甜度比一般蔗糖高30～40倍，所以常被添加在梅子或是李子类的蜜饯食品、瓜子及碳酸饮料中；过量的糖精会引起口干、胃肠道不适、恶心及呕吐，长期食用更可能致癌。

远离加工物

尽量吃生鲜食品，不吃加工食品；多吃新鲜蔬果，果汁则要现打（最好自己打，打完后尽快饮用），超市内买到的果汁常常不是百分之百的纯果汁，若是百分之百的，也有可能被添加防腐剂。很多时候，我们会被加工食品上的标签误导。如《最敢揭发加工食品的真相报告》一书所说："现代人吃进肚子里的东西大部分都不是食物，而是被分解、合成、再制，以及添加许多化学物质的假食物。"这种食物是否跟饲料没什么两样？尽量让孩子远离加工食品，也许这才是上上策。

必读小叮咛

要防止中毒事件，有以下几点须留意：

- 勿购买或食用来路不明的罐头，或真空包装常温储存的非干燥食品。
- 选购罐头食品要注意有效期与罐头外观的完整性。
- 家庭在腌制或保存食品时，应将食物煮沸至少3分钟且要搅拌。
- 食用真空包装的烟熏或腌制食品，在食用前最好能充分加热。
- 买回猪肝后要用自来水彻底冲洗，然后置于盆内浸泡1~2小时消除残血。

辅食不要用奶精、鸡精

婴儿的肝肾功能不强，容易受到伤害，因此做辅食应该使用天然食材，给孩子吃食物的原味。孩子刚刚品尝食物，跟大人的口味不同，不要为了增加辅食的味道，添加不必要的调料。

鸡精应该是用味精、食盐、增鲜剂、鸡肉和鸡骨的粉末及浓缩抽取物等制成的，有鸡的鲜香味。但国家至今也没有关于鸡精的强制性标准，仅有一个企业参照执行的行业标准。究竟什么成分能代表鸡的成分，鸡的成分所占比例多少才算"精"，至今也没有明确。所以给宝宝做饭，不要添加类似的调味料。

"奶精"实际上是植脂末，植脂末是以精炼氢化植物油和多种食品辅料为原料，其中没有用到一滴牛奶或奶油，它的主要成分是反式脂肪酸。其他如"牛肉精"等食物调味品，也不要给孩子食用。

蛋黄羹

菠菜泥

蔬菜蛋奶糊

糊烂豆粥

婴幼儿辅食不可多盐

由于婴幼儿机体功能尚未健全，肾脏功能发育不够完善，没有能力充分排出血液中过多的钠，时间长了，就会损害肾脏；同时过多的钠能使体内水分潴留，促使血量增加，血管处于高压状态，于是发生血压升高现象，心脏负担加重。

所以父母在给婴幼儿做辅食时一定要注意，1岁以内的孩子可以不放盐，1岁多的孩子，每日1克盐就够了，千万不要以自己的味觉为准。

婴儿辅食清洁第一

给孩子做辅食要注意清洁卫生,有些家长,特别是老年人在这方面存在认识上的误区。

误区一:有坏味的食物,只要煮一煮,就可以吃了

有的细菌耐高温,比如能破坏人体中枢神经的"肉毒杆菌",其菌芽孢在100℃的沸水中,仍能生存5个多小时。有的细菌虽然被杀死了,但它在食物中繁殖时所产生的毒素,或死菌本身的毒素,并不能完全被沸水破坏。所以,变质了的食物,就是加热再吃,也会使宝宝中毒。

误区二:细菌怕盐,所以咸肉、腌鱼等就不用消毒

实际上,有一种"沙门菌",能够在含盐量高达10%~15%的肉类中生存好几个月,用沸水煮30分钟才能将其全部杀死。这种细菌能使人肠胃发炎,食用腌制食品时,也需要严格消毒。

误区三:冰冻的食物没有细菌

有的细菌专门在低温下生活、繁殖,如嗜盐菌,使人发生严重腹泻、失水。这种细菌能在-20℃的蛋白质内生存11周之久。所以,食用冰冻食物时,万万不能大意。

误区四:食物只要经过煮沸,就可以达到消毒杀菌防病目的

这种说法不全对。食物中毒可分为生物型和化学型两大类。生物型中毒主要是指细菌、病毒、微生物等污染食物,例如腐败食物中的真菌。这一类食物可用高温蒸煮进行消毒,即使留有少量毒素也不会造成严重危害。但化学型中毒,不是高温处理所能避免的,有时煮沸反而会使毒素浓度增大。比如,烂白菜中产生有毒的亚硝酸盐,人吃了就会发生严重的中毒现象。此外,发芽和未成熟土豆中的龙葵碱、油料中的黄曲霉素等,均不能通过高温达到消毒目的。

孩子不爱吃辅食怎么办

儿童有一个味觉的发展过程,过晚添加辅食可能对很多味觉都不能适应。纯母乳喂养的宝宝,推荐在16周以后、27周以前开始添加婴儿辅食,在这之间开始婴儿食品的逐渐引入,这是母乳喂养必经的过程。

从这段时期开始儿童需要各种营养素,单纯完全靠母乳已不能满足,过晚添加会导致儿童在某一阶段可能出现营养素缺乏。从纯母乳喂养一下子转换过来会比较困难,添加辅食是让儿童接受一些新的食品、新的口味,要循序渐进,不能急。可以用勺来适应,这样能锻炼他的口腔运动功能。

不安全食品"拒买不吃"

不想让宝宝吃到黑心食品,最有效的方法就是"拒买不吃",但是如何去辨别食物的好坏,以达到"拒买不吃"呢?

购买蔬果时,不购买非当季的蔬果,也就是当季盛产什么,哪种蔬果最多最便宜就吃什么,绝不去花大钱购买那些抢先上市的蔬果;买蔬果时尽量挑选个头正常、外形看起来不那么光鲜亮丽,该黑的黑、该黄的黄的品种,可以避免买到喷洒过多农药、施加过多化肥,以及被漂白的蔬果。一些看起来太白、太"完美干净"的蔬果,有可能是经过漂白或喷洒过多农药的,最好避免购买食用。水果在去皮时,一定要先洗,因为在剥水果皮时,手会沾染水果皮上的农药。蔬菜买回来后,不要立刻放进冰箱,可以放在外面多"养"上一段时间,多少可让农药挥发掉一点。

减少甚至不去购买经过多次加工,以及太过"精致"的食物,如糕饼、面包、比萨、汉堡、鱼丸、肉丸、肉肠、水饺、馄饨等冷冻食品,尽量食用没有经过太多人工或机器工序的"自然食品",并尽量自己动手去做食物。

不要迷信药补。尽量以自然食物来养生,除非是从自然食物摄取上有困难,或是疾病需要之故,不要花大钱去购买"保健品"或含有"药效"的食品。

不喝"有色"的饮料。从孩子小时就养成喝白开水的习惯。

购买食品不要贪便宜。对吃进肚里的东西绝对不可存贪便宜的心理:大卖场里所贩卖的促销食品,多半是快过期或有某些问题;卖场里的肉类熟食,也尽量不要购买,因为多半是采用在限期内卖不出的鲜货来制作。

小婴儿挑食不要勉强

婴儿过了8个月,对待食物的好恶也逐渐地明显起来了。喜欢吃的食物宝宝想多吃一点,不喜欢吃的食物一点也不想吃。

对于小宝宝的饮食偏嗜,父母不必急着在婴儿期去强行改变,宝宝有许多在婴儿期不喜欢吃的东西,到了幼儿期就很高兴地去吃了。在一定程度上的引导是可以的,但不能太勉强婴儿。

对于那些喂菠菜、卷心菜或胡萝卜等就用舌头向外顶的婴儿,父母可在做这些菜时,想办法做成让婴儿不能选择的食物形式来喂。如切碎放入汤中或做成菜肉蛋卷等让婴儿吃。

孩子即使不喜欢吃菠菜、卷心菜和胡萝卜等,父母也可以给孩子喂其他蔬菜。对无论如何也不吃蔬菜的婴儿,也可以用水果来补充。

宝宝进食量少怎么办

是否让宝宝喝太多母奶或配方奶：要注意最好不要让宝宝将母奶或配方奶当水喝。因喝母乳或配方奶比吃东西容易，这样会导致宝宝缺乏嘴巴整体（包含唇、舌、下巴）咀嚼的训练，而渐渐对辅食接受度降低，只依靠母奶或配方奶作为营养的来源，长期下来会造成发育不良的现象（尤其是一岁以后）。

每餐间隔时间是否充裕：以7个月大宝宝来说，一天进食5～6次，要让宝宝养成用餐规律的习惯。若进食状况依旧不佳，可将餐与餐的间隔时间拉长，让宝宝饿了再进食。

食物质地是否适合宝宝：宝宝的咀嚼能力尚未发育完全，因此食物的质地相当重要，要配合宝宝的发育给予适当的食物、均衡的营养。

若宝宝对某些食物表现出不喜欢的反应，不要因此停止供应此食材，可以隔一阵子后，改用不同烹调方式或不同食材搭配再次尝试。南瓜、马铃薯、地瓜等都是很健康的食材，富含维生素、矿物质等营养，可取代白饭当作淀粉类热量的来源，倘若宝宝不爱吃粥、饭或青菜，可将这些食材一起烹调，依不同比例搭配。

如果孩子消化不良停食，可以选用以下食疗方法：

健脾粉

原料 山药、薏米、芡实各30克，淮米80克。

做法 山药、薏米、淮米、芡实均洗净晾干，炒至微黄，共研成粉末，用沸水冲泡成糊状，加糖调味。

山楂粥

原料 山楂去核30克，糯米50克。

做法 同煮做℃粥，调蜜服食。

特点 此品对于厌食儿童有健脾开胃作用，可增进食欲，促进发育。

小米山药粥

原料 山药45克（或鲜山药100克），小米50克，白糖适量。

做法 将山药洗净捣碎，与小米同煮为粥。

特点 消食积，化液滞。

第7~9个月宝宝的早教

孩子什么都拿来舔怎么办

不管是男孩也好女孩也好,总是有些孩子喜欢随便往嘴里塞东西。例如:在沙地里像舔糖果那样舔石子、用牙齿咬玩具车、舔帽子带、咬书、啃积木。有时还会将小珠子、玻璃弹珠等放进嘴巴里。嘴巴就像是宝宝的触觉器官一样。

常舔东西,证明宝宝的好奇心很强,宝宝第一次看见东西时,最先都会用嘴巴来确定物品的触觉。他把东西塞进口中,来判断物品的硬度、形状、粗糙感或滑溜感等。好奇心愈强的小孩,愈有把东西塞进嘴巴里的倾向。虽然没有所谓的性别差异,但实际上,会在沙地里把沙子或碎石子塞满嘴的,通常以男孩子居多。遇到这种情况,不要斥责宝宝。往嘴里塞东西的时间,最久的会持续到2岁左右。

但并不是说可以让孩子随便啃咬东西,在他们将石子或碎石等脏东西放进嘴巴之前,妈妈就应该予以遏止。母亲要注意小孩的卫生问题。

如果发现孩子把弹珠或圆形干电池放进嘴里,大人如果大声呼喊"啊!不行",孩子则有可能因受到惊吓而将它吞下去,遇到这种情况应尽量冷静。

非危险的物品就让他舔吧。例如积木、毛巾等既不危险又不肮脏的东西,让宝宝充分地体验其触感,以满足他的好奇心。尽量不给孩子塑胶制的物品,给他木制的玩具、纸张类的东西,可以放心地让孩子舔、啃东西,这是个非常重要的成长过程。所以只要没有危险性,就不要制止,只需在一旁看顾着他就行了。

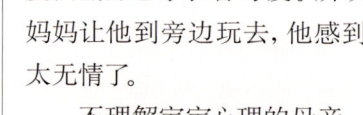

Q: 孩子特别缠人怎么办?

有的宝宝总想靠近妈妈,待在妈妈跟前,跟妈妈依偎在一起撒娇。

这一类宝宝的心理状态也许是他渴望着母爱,热烈地寻求着母爱。所以妈妈让他到旁边玩去,他感到太无情了。

不理解宝宝心理的母亲,始终在考虑如何赶走宝宝,说一些冷淡疏远的话或做出推开宝宝的举动。这样一来,宝宝觉得他对母亲的感情遭到了拒绝,越发增强了执拗的性格。

母亲越想推开宝宝,宝宝就越想接近母亲,恰好产生了相反的效果。这时候,母亲就应该想一想:"这个宝宝真可怜。我上班没有很多时间照顾他,所以应该加倍地爱抚他,让他相信母亲对他的爱。"

当宝宝陷入这种状态的时候,母亲的温情就显得特别重要。抚爱是必要的。对于形影不离、紧紧缠着妈妈不放的宝宝,除了给他极大的满足之外,别无他法。

Chapter 5

第5章 第10~12个月的宝宝

第10~12个月宝宝的养育

你家真的安全吗

根据儿童居家事故统计数据显示,有65%以上的伤害事故,都是发生在"居家环境"中!如果家中婴幼儿的先天气质特别好动,或是有发展迟缓的状况,家长更要特别注意让他们远离危险伤害。

跌倒、坠落占事故比率约47%

容易跌倒坠落的地方:
- 第一名 桌椅 ………… 30%
- 第二名 阶梯、斜坡 ……… 27%
- 第三名 床铺 ………… 20%
- 第四名 浴室 ………… 8%

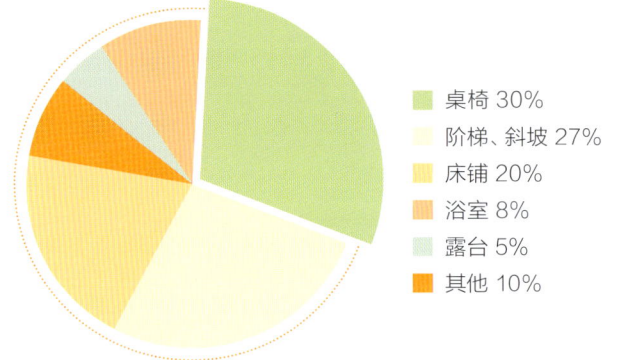

- 桌椅 30%
- 阶梯、斜坡 27%
- 床铺 20%
- 浴室 8%
- 露台 5%
- 其他 10%

0~4岁婴幼儿的跌落意外,有80%以上在家里发生。幼儿的体型容易头重脚轻,加上认知不足,幼儿跌倒坠落几乎成为婴幼儿事故伤害中的最主要原因。婴儿到学习爬行的阶段以后,家长应特别注意家具的摆设安全,譬如窗户或是洗衣机、浴缸旁边,应避免摆放小凳子或是小柜子,预防幼儿好奇爬上而跌落。如果婴幼儿在沙发、床铺上玩耍,旁边一定要有大人陪伴,保证安全。此外,阳台、窗口旁边应设置栏杆,避免婴幼儿由阳台或窗口坠落。

注意事项:在婴儿床的四周栏杆上最好绑上海绵的床围(缓冲垫)。到宝宝自己会站立的时候,要把床栏上的床围给拿走。否则宝宝很容易借助这些缓冲垫,爬出婴儿床,这可是很危险的。另外,宝宝自己会站了之后,床上那些风铃之类的玩具也要及时拿掉。

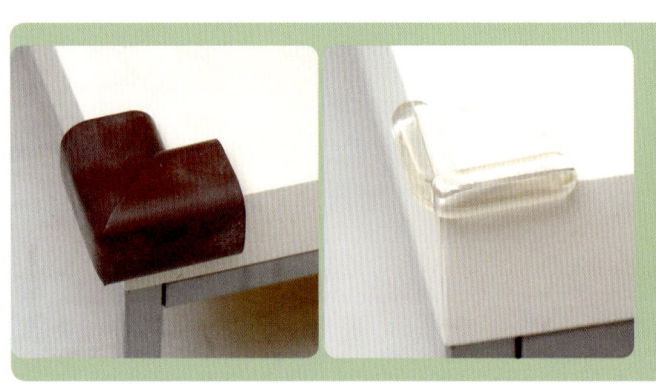

如何避免跌落意外:
- 窗户加装一定高度的栏杆。
- 窗户、浴缸、洗衣机旁不摆放小凳子。
- 台阶、转角处要有充足的灯光照明。
- 地面保持干燥。
- 浴室加装扶手、止滑垫。

🌿 刺伤、割伤、夹伤、砸伤占事故比率约31%

最容易被刺割夹伤之排行
- 第一名 折叠桌椅 ……………… 32%
- 第二名 门窗抽屉 ……………… 16%
- 第三名 玩具 …………………… 13%
- 第四名 文具图钉 ……………… 6%

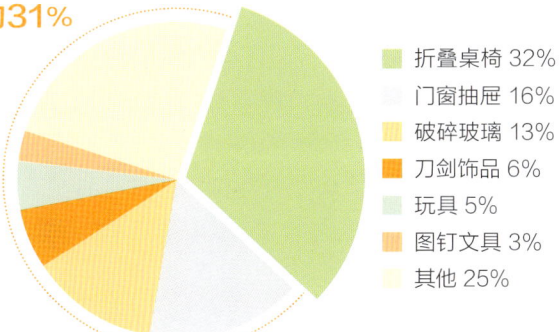

- 折叠桌椅 32%
- 门窗抽屉 16%
- 破碎玻璃 13%
- 刀剑饰品 6%
- 玩具 5%
- 图钉文具 3%
- 其他 25%

婴幼儿因好奇拉扯直式立灯而遭压伤的案例层出不穷，被桌椅、抽屉夹伤者更不在少数。有时候，家长稍不注意幼儿在身旁，门一开，或是抽屉一关，婴幼儿的手指就被夹伤，或是幼儿好奇将手指伸进转动的电风扇中。另外，纸片的边缘、被啃食严重的玩具也会割伤婴幼儿娇嫩的肌肤。

注意事项： 每隔一段时间父母要检查一下玩具，零部件有否松动，有没有连线断落，或者出现破洞，确保玩具都符合最新的安全使用标准。

如何避免刺割夹砸伤：
- 柜子油漆剥落要赶紧送修或远离幼儿。
- 开关门时，先注意婴幼儿有无在身旁。
- 避免购买有尖锐接缝的玩具。
- 将家具的边、角，用海绵或布包起来，尤其是茶几、饭桌、矮柜。

🌿 烧烫伤占事故比率约11%

大部分的烧烫伤事故发生在厨房，其次发生在客厅，第三则是浴室。

容易造成烧烫伤的原因
- 第一名 热开水 ………………… 65%
- 第二名 热汤、热饮料 ………… 26%
- 第三名 烹饪油 ………………… 4%
- 第四名 浴缸中的热水 ………… 3%

正在学爬、学步、1岁上下的婴幼儿，最容易因为好奇心驱使，加上对危险的认知不足（年龄太小），在大人稍不注意的状况下，触摸到热水壶、热汤而烫伤的概率非常高。此外，因家庭成员不小心而造成烫伤事故则是造成婴幼儿烫伤的主要原因。很多家长会觉得自己已经告诉过宝宝，宝宝怎么还会发生烧烫伤。要知道，婴幼儿的记忆力、专注力不如成人，家长不应以自身的标准来衡量宝宝。

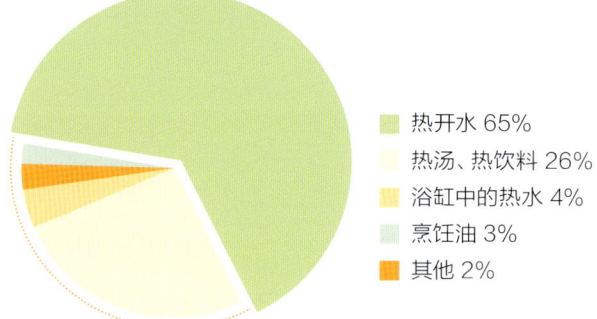

- 热开水 65%
- 热汤、热饮料 26%
- 浴缸中的热水 4%
- 烹饪油 3%
- 其他 2%

注意事项：在给宝宝喂饭前，爸妈要先检查一下加热后的饭菜温度是否合适。用微波炉加热固然很方便，但是一定要很仔细地检查温度。

如何避免烧烫伤：

- 避免让幼儿进入厨房。
- 尽量不要拿刚煮沸又太重的热汤、热锅，避免不慎打翻，烫伤自己及幼儿。
- 热水壶、热汤放在幼儿够不着的地方。
- 尽量避免让幼儿接近有高温蒸气的物品。
- 保温瓶使用完毕后，确实锁住压水的开关。
- 洗澡时，先放冷水，再放热水，水温尽量保持40℃以下（以手感觉，热度微温即可）。

窒息、梗塞占事故比率约7%

窒息梗塞排行
- 第一名 正餐食物 …… 33%
- 第二名 硬币图钉 …… 29%
- 第三名 玩具 …… 23%
- 第四名 糖果零食 …… 6%

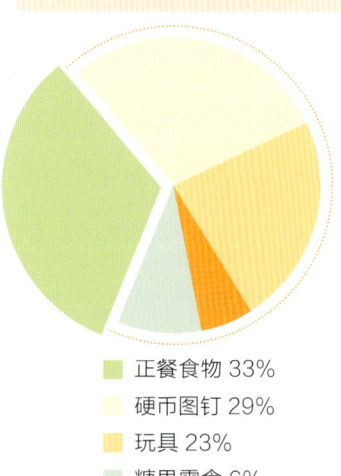

- 正餐食物 33%
- 硬币图钉 29%
- 玩具 23%
- 糖果零食 6%
- 其他 9%

在喂食幼儿过程中，最常发生食物梗塞。尤其以习惯边吃边玩的幼儿，或是家长边看电视边喂食幼儿者，最常发生此类意外。除了硬币，纽扣，小纸屑、小螺丝、玩具零件都是好奇宝宝随手一抓就往嘴里塞的物品！建议家长应避免给予幼儿小于直径3厘米的玩具，避免因误食梗塞。

此外，意外窒息也是造成婴幼儿伤害的原因之一。如衣橱、柜子、冰箱、大纸箱，或是窗帘吊绳、玩具上的绳子、塑料绳等，对婴幼儿来说，都是新奇、有趣的东西，却也是造成意外发生的潜在杀手。

过长的拉绳易造成婴幼儿因好奇拉扯，使拉绳缠住婴幼儿的颈部，发生呼吸困难、休克，甚至成为植物人的意外。

如何避免窒息、梗塞：

- 硬币、纽扣等小物品，需收纳在盒子、抽屉等幼儿不易取得的地方。
- 喂食婴幼儿时，不要和婴幼儿玩耍。
- 柜子、衣橱的门要关紧。
- 窗帘的绳索不宜过长，或将绳索绑起，缩短长度。
- 不要将毛巾、大浴巾披在小床上。

误食中毒占事故比率约4%

幼儿误食中毒最容易发生在居家住所。在实际案例中，浴室、厨房使用的清洁用品，最容易被幼儿误食，第二名则是误食药物。

幼儿常误食的东西：浴室及厨房清洁剂、杀虫剂、樟脑丸、皮革（鞋）油、修正液、发胶、香水、精油、电池。

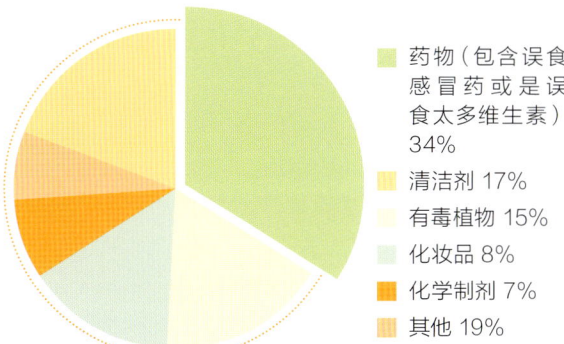

- 药物（包含误食感冒药或是误食太多维生素）34%
- 清洁剂 17%
- 有毒植物 15%
- 化妆品 8%
- 化学制剂 7%
- 其他 19%

容易误食排行

第一名 药物（包含误食感冒药 或是误食太多维生素）……………………… 34%
第二名 清洁剂 ……………… 17%
第三名 有毒植物 …………… 15%
第四名 化妆品 ……………… 8%

注意事项： ❶ 很平常的室内植物对你的宝宝来说可能有危险，因为宝宝又不知道这个东西不能吃，可能会自说自话地吞噬植物上的有毒叶子。❷ 防止床板产生裂纹或者表皮脱落，以防宝宝碰到婴儿床内层引发中毒。

家长经常会记得将感冒药或其他药物收好，但是对于复合维生素、钙片等，却时常忽略，一不小心就被好奇宝宝塞进嘴巴！许多家长不了解幼儿误食过多维生素，也会造成药物中毒。除此之外，有毒植物尽量放置在幼儿够不着的地方或是摆放于阳台上。

如何避免误食中毒：

- 将就近医院的急诊电话贴在电话机旁边或存在手机里。
- 清洁剂、有机溶剂，放置柜中并锁好。
- 正服用药物时，假使途中需暂离（接电话、开门），要先把药物归位收好，避免幼儿拿取误食。
- 尽量避免种植有毒植物，如已经种植，应将有毒植物种植于阳台上，将阳台门关好。
- 平常要教导幼儿避开毒物的观念。

保护宝宝指导原则

孩子,是父母心中的无价之宝。父母要多一分用心保护宝宝免受危险。

保留好孩子的记录

1. 保留好孩子的出生证明书及指纹、脚印记录。
2. 每年给孩子照一组彩色照片,并保存起来。
3. 记录孩子的胎记、疤痕、痣,以及明显的生理特征(掌纹、发旋等)。
4. 记下孩子看牙医的病例及外科手术的时间、诊所及医师姓名。
5. 剪下孩子的一束头发,妥善保存。
6. 每一季都给孩子测量身高并且记录。
7. 录下一段孩子的声音。

公共场所注意孩子安全

1. 不论汽车是否上锁,儿童都不应该被单独留在车内。
2. 在超市挑选物品时不要将宝宝单独留在推车上。
3. 在餐厅,父母若起身打电话或到洗手间,不可将宝宝留在座位上。
4. 到公园、游乐场或其他公共场所,不能将孩子转交给旁人照看。
5. 不要向不认识的人炫耀自己的孩子。

儿童安全十大原则

1. 平安成长比成功更重要。告诉儿童,安全重于一切。
2. 背心、短裤覆盖的地方不许别人摸。儿童应当知道身体属于自己,身体的某些部分应被衣服所覆盖,不许别人看,不许触摸。
3. 生命第一,财产第二。应告诉孩子,他们的身体安全比财物更重要得多。
4. 小秘密要告诉妈妈;家长向孩子保证,无论发生什么事情,只要孩子向父母讲明真情,父母都不会怪罪的,而且会尽力帮助孩子。
5. 不喝陌生人的饮料,不吃陌生人的糖果。
6. 不与陌生人说话。孩子有权不和陌生人说话。当陌生人与孩子说话时,孩子可以假装没听见,马上跑开。生人敲门可以不回答,不开门。告诉孩子,小孩没有能力帮助陌生人。

⑦ 遇到危险可以打破玻璃，破坏家具。告诉孩子，在紧急之中，他们有权大叫、大闹、踢人、咬人，甚至打破玻璃，破坏家具。
⑧ 遇到危险可以自己先跑。遇到坏人、地震、大火，孩子应当果断逃生，拔腿就跑。自警、自救、自助。可以不要等大人的指挥。
⑨ 不保守坏人的秘密。遇到坏人欺负一定要告诉家长。
⑩ 坏人可以骗。遇到坏人，可以不讲真话。机智应对才是好孩子。

怎样预防宝宝铅中毒

为什么宝宝容易铅中毒：通常铅尘被人们吸入后附在呼吸道黏膜上，成人可以通过吐痰排出去大部分，而宝宝由于发育不成熟，形不成这种反应，就全吸收了。宝宝有较多的手口动作，导致铅从口入；宝宝对食物和氧的需求量大，铅摄入多；宝宝机体组织稚嫩，铅毒极易透过肺和胃肠吸收入血；80%以上的铅流动在离地面1米以下，这正好是宝宝的生活高度。宝宝吸入了铅，但经肾脏仅能排除2/3的铅。

- 注意宝宝的卫生：勤洗手，勤剪指甲。
- 经常清洗宝宝的玩具和可能被宝宝放到口中的物品。
- 燃煤的家庭应尽量多开窗通风。临街多尘的居室，要经常用湿布抹去灰尘。食品和奶瓶的奶嘴上面要加罩。
- 不要带小孩到汽车流量大的马路和铅作业工厂附近逗留。
- 从事铅作业的人必须在洗澡、更换清洁衣物后再接触宝宝。
- 应定时进食，空腹时铅在肠道吸收增加。少食含铅较高的食物，如普通皮蛋、爆米花等。补充足够的钙、铁和锌。
- 每日早上用自来水时，将可能被铅污染的前段水丢弃，不可用于烹食和为小孩调制奶粉。

宝宝排铅吃什么

补充一些铁、钙、锌等元素，膳食中增加蛋白质成分，多吃富含维生素C和酸类食品。如大蒜、胡萝卜、海带、绿豆、酸奶、奶茶、茶叶、乌梅、菠菜、卷心菜、生菜、柠檬、柿子、葡萄、香蕉、苹果、豆制品、土茯苓等食物或中药，有的能与铅结合使铅毒性降低或变为无毒，有的能促进铅排出体外。铅在体内积累只要达到一定程度，就会严重影响宝宝的身体健康成长。影响其神经系统、造血系统、骨骼系统、心血管系统，导致宝宝智力和体格发育迟缓、学习成绩差、身体免疫力差。

不要常带宝宝到马路边玩

我们提倡宝宝多到户外玩，多晒太阳，但不赞成常抱宝宝在路边玩。

马路两边是污染最严重的地方，对宝宝和大人都极有害。汽车排放的废气中含有大量一氧化碳、碳氢化合物等有害气体，污染是最严重的；马路上各种汽车鸣笛声、刹车声、发动机声等噪声影响宝宝的听力；马路上的扬尘含有各种有害物质和病菌、微生物，会损害宝宝的健康。

带宝宝玩耍，要到公园、郊外等空气清新的地方。

宝宝生活要有规律

吃、玩、睡是宝宝生活的三大环节。要把吃饭、睡觉的次数和时间掌握好，使其生活有条理。

10个月的宝宝，每天吃饭、吃奶共5次（喝水、吃水果除外）。让宝宝与大人坐在餐桌上同时进餐，进一步培养自用餐具的能力。进餐环境要安静，不要边吃边玩，边吃边说，这样做容易分散宝宝的注意力，影响食欲。

白天可分上、下午睡觉，每次约2小时，晚上睡10小时，一昼夜约睡14小时即可。

保护孩子的眼睛

宝宝的视力发展

新生儿刚出生时视力是很模糊的,大概只能看见贴近眼前的东西。随着年龄增长,宝宝在1岁时的视力,大概是0.2(此数值是用一般测量视力的方式来推估,也就是站在5米左右的距离,使用缺口图案所做的视力检查);3岁时视力是0.6~0.8。宝宝在6个月时,眼球的大小约为成人的2/3,到了五六岁时就大致定型,视力才能达到1.0左右。

七大守则呵护明亮双眸

相信每个近视的成人都能深深体会戴眼镜的麻烦,因此,为了孩子的将来,爸妈一定要帮助宝宝从小养成良好的用眼习惯,长大后才不会后悔。

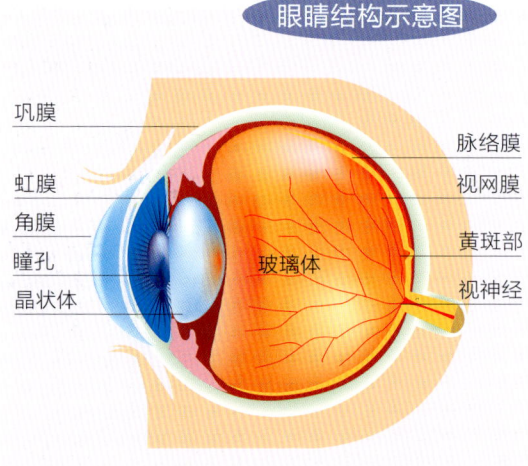

眼睛结构示意图

❶ 勿近距离用眼过久:2岁以内的宝宝最好不要看电视,因为电视屏幕跳动的画面容易使宝宝的眼睛感到疲劳;2岁以上的宝宝看电视的时间一天不要超过30分钟。至于看书的时间,上幼儿园前的孩子,最多上、下午各阅读30分钟。

❷ 按时做视力检查:医师建议,宝宝3岁时,家长最好能带宝宝至眼科做第一次的视力检查,因为许多眼部疾病都需要早期发现、早期治疗,3~6岁尤其是治疗视觉立体感的黄金时期,若是等到上小学才发现视力有问题,那时的治疗效果可能有限。

❸ 注意阅读姿势:阅读时不要驼背,也不要趴着、躺着阅读;此外,也要注意阅读的光线是否充足。

❹ 勿在晃动的车厢中阅读。

❺ 尽量多到户外走走。以前的孩子因为常在户外活动,很少长时间近距离用眼,所以近视的概率很小;但现在的孩子几乎都在室内活动,因此小学就近视的比例很高。

❻ 记得戴太阳眼镜:由于紫外线里的蓝光会伤害眼球的黄斑部,因此若白天长时间在户外、海边时,最好戴上太阳镜,以保护眼睛;也尽量避免正午时外出。

❼ 饮食要均衡,婴幼儿主要从母乳或牛奶获得营养,开始吃辅食时,必须让宝宝有均衡的营养摄取,多吃不同颜色的蔬菜、水果,以得到足够的护眼营养素,并且有充分的休息、适当的运动,达到保健的目的,不需特别额外补充叶黄素或鱼油。

对于弱视的小朋友须配合医嘱配戴眼镜或遮眼治疗、弱视训练。父母要特别注意,当3岁孩童的最佳矫正视力(非裸视)小于0.5、4岁孩童的最佳矫正视力(非裸视)小于0.6、5岁孩童的最佳矫正视力(非裸视)小于0.7或6岁孩童的最佳矫正视力(非裸视)小于0.8时,应注意可能有弱视的问题。

视力检查前,可先在家做练习

为了让宝宝至眼科做检查时能顺利进入状况,医师建议家长可在家先带宝宝做些练习,例如:准备一些"C"或"E"的字母,教导孩子比出字母缺口的方向,以便让孩子届时能明白视力检查的指令。

宝宝玩"小鸡鸡"怎么办

有的宝宝虽然什么都不懂,却会玩弄自己的"小鸡鸡",从中得到乐趣,并可以出现勃起,这使父母感到困惑。

实际上,宝宝的这种行为,与成人或少年有意识的行为不同。宝宝是在摸玩自己时,发现了抚摸生殖器很舒服。其实男孩儿在子宫里阴茎就能勃起了,这是一种生理反应。宝宝玩弄生殖器与玩自己的手指一样。

对宝宝的这种动作,父母不必大惊小怪,也不要呵斥宝宝,使他受到抑制。可以丰富宝宝的生活,在他出现这种动作时,分散他的注意力,吸引他去做别的事。不要让他感到孤独,要给他足够的爱抚,使他不至于皮肤饥饿。多跟他做一些运动性游戏,让他的精力尽量发泄。

宝宝大一些,懂得了道理,父母不要直接批评他的这种行为,可以让他感觉到父母不希望他这样,而且让他知道这是隐私行为,不能公开做。

词汇解读

皮肤饥饿:心理学家认为,人类和其他所有热血动物都有一种天生的特殊需求,即互相接触和蹭磨。学者们称这种现象为皮肤饥饿,即是一种情感上的需求。

宝宝不宜穿开裆裤

传统习惯总是给宝宝穿开裆裤,穿开裆裤很不卫生。宝宝穿开裆裤坐在地上,地面上的灰尘和垃圾都可能黏在屁股上,摔、跌倒后容易受外伤。穿开裆裤的另一大弊处是交叉感染蛲虫。蛲虫是生活在结肠内的一种寄生虫,在遇到温度变化时便会爬到肛门附近产卵,引起肛门瘙痒,宝宝因穿开裆裤便会情不自禁地用手直接抓挠。这样,手指甲里便会有虫卵,宝宝吸吮手指时通过手又吃进体内,重新感染。而且还会通过玩玩具、坐滑梯使其他小朋友受蛲虫感染。

宝宝学走

宝宝会走出现时间点是在12~15个月，宝宝学会走路的三个关键是：
- 能自主性并随其意志使用上、下肢体。
- 腿部肌肉的力量足以支撑本身的重量。
- 能灵活地转移身体各部位的重心，并懂得运用四肢关节，且上、下肢各动作的发展也已经能协调得好。

宝宝开始学走路时，会先扶着家具像"螃蟹"横着走；接着爸妈可以单手牵着宝宝的单手慢慢移动，等到宝宝稳定性与平衡能力足够时就可以自己放手走。当爸妈发现宝宝在放手后能稳定站立时，可将宝宝喜欢的玩具放在地板上，让宝宝自己捡起玩具，练习从"站→蹲→站"的连贯动作，来加强宝宝腿部的肌力，并训练身体的协调度。

当爸妈在记录宝宝动作成长过程中的可爱模样时，尚需花费更多心思去注意周遭环境的安全，才能让宝宝安全成长。

❶ 切记不可将宝宝独自坐在床上，床边最好有围栏，以免宝宝在翻身或试图坐起的时候，因动作过大而发生摔下床的意外。

❷ 宝宝可能会爬或走至插座附近，触摸插座，一不小心将有触电的危险，建议使用电插座的防护盖，或是使用安全插座。现在有保护插座购买。

❸ 延长线、电线要以挂钩固定于墙角处。

❹ 地板随时保持干燥，并尽量清空地面。

❺ 危险性的物品应置放高处或移走，并留意所有具有尖角的家具或凸出物，以防宝宝意外碰撞。

❻ 注意阳台高度，是否有栏杆设施；栏杆与栏杆间的间距是否适当，以防宝宝误爬上而发生危险。

❼ 最好能在门把、家具或抽屉边缘加装软垫以避免宝宝被夹伤。

❽ 建议爸妈帮宝宝穿上防滑的鞋袜。

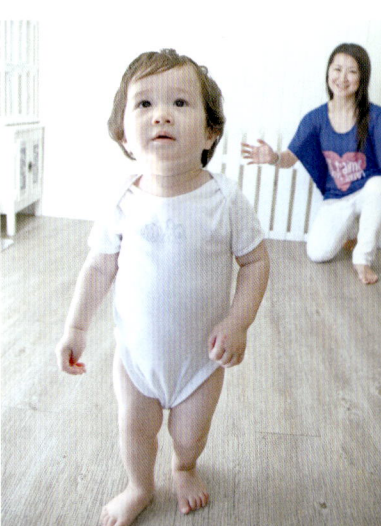

宝宝爬、站、扶着走三个步骤的进展环环相扣,时间上通常会重叠在8~12个月内完成。这些发展阶段,每个孩子的状况有快有慢,除非超过每个时期的底线时(例如:超过12个月还不会爬,15个月还不会走),才需要带孩子就医诊断;若是发展速度尚在期限范围内,即使慢一点仍属正常,家长无须太过紧张。

除了以发展时间来作为参考依据之外,若是发现宝宝不太爱动、手脚不太挥舞,常常一直躺着不太喜欢活动时,有可能表示宝宝的肌肉张力软弱,最好尽快带孩子就医了解。此外,脑瘫的孩子则是通常会出现肌肉僵直的现象,四肢无法像一般人一样可柔软弯曲。0~3岁是治疗的黄金期,家长千万不要忽视错过。

尽量不要坐学步车

对于学步车,目前欧美的专家多不赞同。在加拿大甚至已经全面下架,禁止贩卖。主要的原因是没有好处,只有隐藏的危险。使用学步车,或许小朋友可以比较早开步走,但是中间跳过了爬行期,缺乏手、脚、眼的协调训练,造成平衡感较差,甚至也有专家认为会影响走路的协调性。而宝宝坐上学步车之后,滑得更快,冲得更猛,手也可以拉到更多的东西,也增加更多的危险。而学步车若设计不合理,会增加更多的隐患,也曾有夹伤宝宝的案例。

学步发展&选鞋

学步是指1岁左右,要走得稳要等到1岁半至3岁的时候。到了3岁后脚的功能才能算比较稳定。而通常5岁时可养成脚跟先着地的步态,跌倒概率也会少很多。

穿鞋的大原则

在室内时，鞋子要轻薄、柔软度佳，不会过度限制足部活动，还要注重防滑。

一般而言，鞋底厚度以0.5~1厘米为佳，可有吸震功用；鞋跟高度应在0.6~1.5厘米。至于鞋子尺寸的适当大小，爸妈可以要孩子把脚往鞋子前面推到头，然后，脚后跟与鞋的中间若有一指幅间距，则为合适大小；另一种算法则为脚长+0.5厘米。

发展期学步无早晚

给家长树立一个正确的观念：现在的孩子经常会出现一些脚的问题（如扁平足），其实提早穿鞋或穿某些型态的鞋子并不能完全改善这种状况。孩子刚生下来是不会走路的，学步包括了神经和肌肉，平衡，肌肉的控制，骨骼结构的发展，还有大脑里中枢神经系统的平衡，这几点条件都有的话，走路自然会越来越好；这需要靠时间循序渐进，并非一蹴可成。

一般可以走路的年龄从11个月到15个月都不算太晚，也没有越早走就越好这回事。太晚才学会走路的话才有可能是有神经肌肉或骨骼排列方面的疾病，就要特别小心。刚开始学步时，跛行、拖步或走得摇摇摆摆都是正常的，父母不必过于担心，也不用太和别的小孩比较。3~5岁孩子的鞋底若出现不正常方向的磨损时（如只磨内侧或外侧）也要多注意，有可能是来自脚部发展的问题。

孩子刚出生时为扁平足、O型腿

所有小孩一出生的时候，脚都是扁平的。直到开始学走路后，由于运动会刺激足弓的发展，绝大多数的扁平足便会改善及消失；而3岁前的腿型会由O型腿转到X型腿，之后才会变直。调查发现，幼儿园孩童中有20%都是扁平足，到了初中，就只剩下4%~8%。若两三岁孩子的脚丫仍扁平时，父母也无须惊慌，可让孩子多在不平的地方行动，以刺激足弓适当地发展；如在床上爬行走动，宝宝的脚掌肌肉便可借此练习抓地力，室外干净的草地和沙滩也是很好的选择；相反，若宝宝都只在平坦坚硬的地面行走，则比较不容易去刺激到足弓部位。所以，不建议这年龄的孩子轻易穿上足弓矫正垫，除非经由专业医师的评估来决定。

依脚部发展选鞋

越小的孩子，越应该在裸足的情况下行走，去刺激脚底连接脚指头的肌腱。如此才是正常的发展。由于现代人常穿鞋，而且地面又多平硬，两者都造成脚部无法正常活动与发展；再加上营养摄取量多，身高、体重较前人高、重，脚部承受的压力变大，所以扁平足产生的概率也就变高；同理，过胖的孩子也容易产生扁平足。若鞋底也硬，脚趾会无法自由活动，肌腱无法得到足够刺激，也就没有抓地力了；因为脚的抓地力不足，所以现代人多半依赖登山鞋运动于荒野。

宝宝的脚生长速度为每年1.5~2厘米，假使发现鞋底已经磨损，就该为宝宝换双鞋。有时候亲朋好友赠送的鞋子尺寸太大，可以先收起来，等宝宝大一些再穿，避免让宝宝穿着不合脚的鞋。

宝宝的防晒装备

🌿 防晒从婴儿时期做起

6岁以前的婴幼儿因为皮肤的抵御力、保水度、角质强度较差,更容易受到紫外线侵袭,使肌肤变得敏感,一次次不断累积的伤害会在肌肤留下印记,过了20岁之后,斑点、细纹等老化现象可能会提早出现。

看懂紫外线指数分级表

指数	0~2	3~4	5~6	7~9	10以上
等级	微量级	低量级	中量级	过量级	危险级
强度	微弱	弱	中等	强	极强

当紫外线指数低于7,可避开阳光最强烈的时段,选择在早晨10时之前或下午3时之后外出,或是帮宝宝戴上帽子、穿着薄外套,以及涂抹防晒用品;若紫外线指数高于7则尽量避免外出,如需外出一定要做好完备的防晒措施。

夏日以上午10时至下午3时的紫外线较为强烈,此时应尽量避免带宝宝外出或是在户外暴晒超过半小时,出门时务必根据当日的紫外线指数,确实做好不同程度的防晒措施。

紫外线指数强度与相应防晒措施

紫外线指数	暴晒时限	防护措施
5~6	30分钟内	①帽子/阳伞/太阳眼镜;②防晒液;③尽量待在阴凉处
7~9	20分钟内	①帽子/阳伞/太阳眼镜;②套上长袖衣物;③防晒液;④10时-14时最好不外出;⑤尽量待在阴凉处

🌿 防晒多管齐下

家长应该善用适当的防晒用品,例如穿着针织法较密的长袖衣物,戴宽边帽、撑伞或以婴儿推车遮棚阻挡阳光直接照射皮肤。6个月以上的孩子可以配戴太阳镜保护眼周肌肤,购买前应让宝宝亲自配戴,材质最好是以聚碳酸酯制成,可防止眼镜在不慎碰撞时容易碎裂的问题。

使用防晒品要诀

6个月以上的婴幼儿即可使用温和防晒品来避免肌肤受到紫外线过度侵袭。

POINT 1: 优先选择物理性防晒品

一般防晒品可分为化学性防晒及物理性防晒。化学性防晒使用在宝宝身上可能有健康上的疑虑,可能引发过敏反应,建议避免使用。

POINT 2: 认识防晒功能标示

SPF (sun protection factor):SPF是美系防晒标示,其数值所代表的含意是指涂抹防晒用品后能抵御紫外线照射的时间倍数,系数越高表示防护时间较长,与防晒效果好坏无绝对关系。

PA (Protection Grade of UVA):PA是日系防晒标示,依照阻绝UVA的时间,分为PA+、PA++、PA+++。PA+表示可以延缓皮肤晒黑的时间倍数为2~4倍;PA++指的是可延缓4~8倍;PA+++表示可延缓8倍以上。UVA是紫外线的波段分类。

IPD/PPD:欧系化妆品以IPD及PPD代表防晒系数,IPD指的是照射UVA之后立即性的晒黑程度,PPD则是指照射UVA2小时后仍持续的晒黑程度,两者的数值代表使用后肌肤延长晒黑的倍数。

POINT 3: 根据场合使用适当的防晒品

根据场合不同,选择的防晒品也应有所区分。如果打算去逛街或是到附近公园走走,可以使用防晒系数较低、较轻薄的防晒品,如SPF25、PA++以上的防晒品;若是有戏水活动,紫外线会因水面反射产生更强烈的照射,这时候防晒系数较高以及具有防水作用的防晒品就派上用场了。

POINT 4: 正确涂抹防晒品

使用的防晒品剂量可依手掌面积来推估,一个手掌大小的面积大约涂抹一颗绿豆大小的剂量,有些容易被忽略的部位,如耳朵、下巴、脖子后方、足部,都要仔细涂抹,避免因疏忽而使肌肤受到烈日暴晒的伤害。

涂抹防晒品应该在出门前半小时完成,之后再根据场所及流汗情况进行补擦,即使使用防水性防晒品也绝非一劳永逸,戏水、出汗或用毛巾擦拭过后,都会减弱防晒品的效果,最好每隔2~3小时就补擦一次。

POINT 5: 彻底清洁,肌肤不残留

一般物理性防晒品使用清水或清洁用品即可洗净,防水性的物理防晒品清洗两次以上也可卸除干净,只需清洗至皮肤上的黏腻感消失即可,就算未完全卸除也不易造成皮肤的负担。

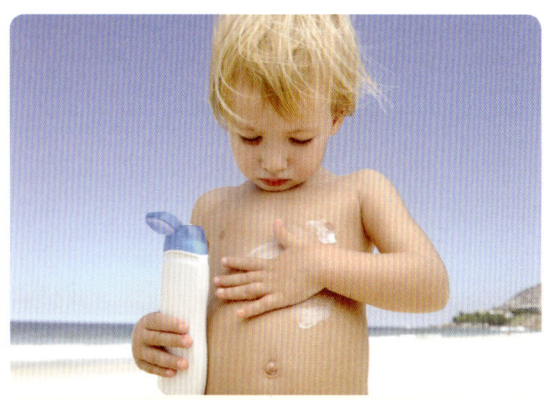

宝宝适用防晒品三大指标
- 选择质地清爽不黏腻的乳液状防晒品
- 购买成分表标示清楚的产品
- 无添加香料、酒精及复杂萃取成分

养成爱干净的好习惯

孩子爱干净的习惯，越早养成越好。但是家长不要操之过急，短时间要孩子学会刷牙、洗脸等某项技巧并不容易，在指导孩子做这些动作时过于急躁，孩子经常达不到要求反而让他不想做这件事。再者，有的家长会用负面言语指责孩子，也会造成孩子不想养成某项爱干净习惯的原因。

身教比言教更有效

建议家长从孩子小时候开始就示范良好的各种生活习惯，在耳濡目染之下，爱干净的习惯可自然养成。要从简单易学的动作开始教起，每个孩子的生理发展速度不同，家长要有耐心地慢慢指导。另外家长可能会随情绪好坏而改变规则，会让孩子无所适从。

聪明父母的原则

① 良好卫生习惯应该越小培养越好。
② 良好卫生习惯应该遍及所有家庭成员，其原则与要求应是一致的，避免标准的不一。
③ 良好卫生习惯建立的过程要有规则。有时家长抵不过孩子折腾时，也无须僵持下去，让孩子为自己的决定负责。

宝宝玩具要消毒

玩具容易沾上许多细菌、病毒和寄生虫卵。已消毒的玩具给宝宝玩10天后，玩具上的细菌可达几千个，有不少是大肠埃希菌和痢疾杆菌。因而，应注意：
① 玩具应每周清洁、消毒一次，杀灭玩具上的细菌。可用肥皂水或清洁剂浸泡半小时后洗净，在阳光下暴晒4~6小时。
② 防止宝宝用口直接咬嚼未经消毒的玩具。
③ 摆弄玩具时，不要让宝宝揉眼睛，更不能用手抓东西吃，边吃边玩。
④ 宝宝玩过玩具后，要及时洗手。

第10~12个月宝宝的喂养

要个头壮,非钙不可

婴儿期是一生当中发育最快速的时期,大部分宝宝在出生后6个月内能长高10厘米左右,而帮助宝宝快速成长的重要营养素之一便是钙质。

人体的骨骼与牙齿99%由钙所组成,因此钙质摄取对于宝宝来说格外重要。

不同月龄的宝宝对于钙质的需求量不同,越大的宝宝对于钙质的需求量越高,家长应随着宝宝的成长逐渐补充其钙质摄取。

缺钙的不同症状

初期缺钙

① 不论室温高低,入睡以后头部会出现明显的大汗珠,有些宝宝因为大量出汗不舒服而不断磨蹭枕头,久而久之后脑勺(枕骨)与枕头接触的位置毛发量稀少,称为"枕秃"。

② 可能出现生长迟缓的问题,例如:牙齿生长速度较慢、身高与骨骼发育不尽理想。

③ 精神显得烦躁,对周围的事物较不感兴趣,好奇心低落;睡眠质量不佳,经常在睡眠中无故惊醒。

严重缺钙

① 因骨质软化,站立时下肢无力支撑身体重量,因而产生X型腿或O型腿,甚至容易发生骨折。

② 1岁以后前囟门仍未闭合,或有额头向左右突出、头顶平坦成方形的"方颅"症状。

③ 全身肌肉、肌腱呈现松弛状态,若腹壁肌肉、肠壁肌肉松弛,容易在肠腔内留滞气体,使腹部胀大如同青蛙肚;如果脊柱的肌腱松弛,会出现驼背现象。

④ 严重缺乏维生素D会导致钙质异常流失,按压肋骨时,会出现小坑,或触摸肋软骨交接处有串珠般软组织增生的现象,佝偻病也是因维生素D缺乏导致骨骼内钙、磷不足所致。

⑤ 有各方面生长迟缓的现象,甚至智力发育也会受到影响。

天天补钙为何还缺钙

钙质摄取量多不代表身体对钙质利用率高,适当提高钙质吸收利用率,才能帮助身体有效利用所摄取的钙营养素。

补钙关键

① 排骨高汤、鱼骨高汤直接熬煮钙质溶出量并不高,可在烹调过程中添加少许醋,以小火焖煮,有助于增加高汤中的钙含量。但是,喝汤补钙的量很小。

② 部分含有草酸的蔬菜,如菠菜、苋菜、毛豆、莴苣、洋葱烹调前可经过汆烫,以除去其中的草酸。

③ 大量摄取高磷食物会影响体内钙磷比,造成钙质的流失,平时应减少碳酸饮料、市售含糖饮料及加工食品的摄取。

④ 高盐、高油脂、高蛋白食物会增加钙的排出,快餐、薯片、饼干等食物不建议过量摄取。

⑤ 膳食纤维虽然可提供诸多帮助,但摄取过多时也会降低钙的吸收,因此不鼓励宝宝大量进食粗粮。

草酸影响钙吸收

少给孩子喝碳酸饮料

不同年龄宝宝的补钙方针

宝宝每日钙质摄取建议	
月/年龄	钙质摄取量/日
0~2个月	200毫克
3~5个月	300毫克
6~11个月	400毫克
1~3岁	500毫克
4~6岁	600毫克

不要过量摄取高盐高脂零食

奶制品是目前公认食物中增加钙质摄取最佳来源,即使已开始喂食辅食,仍然要持续提供宝宝奶类摄取;此外,豆制品、牡蛎、虾米、带骨鱼类、黑芝麻当中都能摄取到丰富钙质,家长应该帮宝宝培养均衡饮食的好习惯。

不鼓励宝宝大量进食粗粮

打造宝宝高钙饮食计划

从均衡的日常饮食即可提供宝宝足够的钙质所需,盲目补钙反而可能造成身体负担,甚至引发其他病症,如:便秘、高钙血症、软组织钙化。

聪明选钙

市面上补钙营养品琳琅满目,如何选?

① 碳酸钙: 含钙量高,不良反应小,价格便宜,是最广泛的钙剂,但因溶解度及吸收率较低,不适合宝宝服用。

② 乳酸钙: 溶解率高但含钙量低,制成片剂后含量更低,需大量服用方可达到钙质需求,不适合宝宝服用。

③ 磷酸氨钙: 日本常用的补钙品种,含钙量与价格属中等,但因溶解率和吸收率较低,加上含磷量高,因此不建议给宝宝服用。

④ 枸橼酸钙: 属于水溶性钙剂,身体利用率较高,且无须经由胃酸分解吸收,很适合老年人与儿童服用。

⑤ 活性钙: 生物钙(贝类)经高温煅烧而成的钙混合物,钙含量高,但因属于强碱性水溶液,对胃肠道刺激较大,建议与食物一同服用。

正确补钙

钙营养品虽说可以补充体内缺乏的钙质,但补错时间则会影响钙的吸收,最好在建议时间内服用,以达到最佳的补钙效果。

① 两餐之间服用,少量多次补充。

当人体摄入钙低于50毫克时,钙的吸收率可大大提升,建议家长可在两餐之间(餐后1~2小时)给宝宝服用钙剂,最好是采取少量多次的补充方式,并拉长每次补钙的时间,即可获得最好的补钙效果。

② 不与食物混喂,保持钙吸收率。

有些家长习惯将钙剂混合在食物中喂食,这么做可能会导致食物中的某些成分与钙结合,因而妨碍钙的吸收,特别是奶类、油脂类以及蔬菜类都不适合与钙剂混食。

含钙量丰富食物一览表

乳类与乳制品	母奶、牛奶、羊奶、奶酪、酸奶。
豆类与豆制品	黄豆、毛豆、扁豆、蚕豆、豆浆、豆腐、豆皮、豆干。
肉类与蛋品	羊肉、鸡肉、猪肉、牛肉、鸡蛋、鸭蛋、鹌鹑蛋。
蔬菜	芹菜、油菜、胡萝卜、萝卜缨、芝麻、香菜、黑木耳、蘑菇、青豆。
干果	杏仁、核桃、南瓜子、花生、葡萄干。
鱼虾类	虾皮、虾米、淡水鱼、海水鱼、贝类。

宝宝缺锌有哪些症状

儿童缺锌主要表现为下肢骨骼发育不良，出现类似关节炎样改变，甚至引起生长发育迟滞、骨龄落后、身材矮小，还可引起脊柱异常弯曲；在青春期缺锌可致性发育迟缓、贫血、伤口不愈、厌食、尝味能力下降等。食欲下降是儿童体内缺锌的最常见症状。锌与儿童的智力发育关系也较密切。检测分析表明，智力较高，成绩优良的儿童，其血锌和发锌含量相对较高。锌还是肝脏和视网膜内维生素A还原酶的组成成分，参与视黄醛的合成和变构。缺锌时酶的活力受影响，影响视黄醛的作用和维生素A代谢，导致暗适应功能失常；缺锌可致T细胞功能明显降低，削弱机体防御能力。

🌿 宝宝为什么会缺锌

儿童缺锌既有先天因素，又有后天影响。母乳喂养是最科学的育婴途径，因为母乳中含有能与锌结合的小分子量配体，有利于锌的吸收，而乳制品中则缺乏这种配体。此外，膳食单一、挑食偏食、精细食物过多都会阻碍锌的吸收和利用。

另外，我国大多数家庭都喜欢在菜肴中添加味精，对于婴幼儿，过量的谷氨酸能与血液中的锌发生特异性结合，生成不能被机体利用的"谷氨酸锌"，随尿液排出体外，从而使婴幼儿体内的锌被逐渐带走，导致机体缺锌。

此外，谷类食物含有较多的磷酸盐，能与锌形成不溶性的复合物而阻碍锌吸收。

🌿 预防最重要

❶ 坚持合理的膳食。合理的膳食,保证膳食中动物食品占一定比例是预防缺锌的重要措施。

❷ 纠正不良的饮食习惯。避免吃过多的精制食品,注意多吃富含微量元素的食物,保证每日摄入足够的热量、蛋白质和水分,做到荤素搭配、米面混合,坚持改变只吃荤菜或只吃蔬菜的偏食或挑食的坏习惯。

❸ 提倡母乳喂养。

❹ 用药物补锌最好在医生指导和监测下进行,并有一定的疗程。这是因为体内锌过多也是有害无益的。所以,最理想的补锌方法是吃含锌量较高的食物。因为食物含锌量少,食补很少出现不良反应。含锌较多的食物有:麸皮、地衣、蘑菇、炒葵花子、炒南瓜子、山核桃、松子、酸奶、豆类、墨鱼干、螺、花生油等;另外,鱼、蛋、肉、禽等动物性食物中的含锌量高,利用率也较高。

10~12个月宝宝的食品添加表

月龄	食品来源与数量	喂食须知	备注
10~11	母乳:一天喂3~4次 婴儿配方奶:每次210~240毫升 果汁或果泥:1~2汤匙/天 剁碎蔬菜:2~4汤匙/天 粥或面条2~3碗/天;或干饭1~1.5碗/天;或吐司、馒头、麦糊等3次/天 蛋黄1~1.5个;豆腐1.5~2个小方块;豆浆1.5~2杯(240~360毫升);鱼、猪肉、猪肝泥50~100克;鱼松、肉松30~40克	断奶后期:食物硬度以牙床能打碎的程度为主。例如一口大小的熟食。	硬质(坚果、玉米、硬糖、爆米花、土豆片等)、粗纤维(芹菜、竹笋等)、黏性食物(口香糖)、大颗粒状(葡萄、果冻、小热狗)等食物不适合食用,以免发生窒息意外。
11~12	同上	可以开始进食一般成人食物,食物形态仍以易咀嚼的为主。	依宝宝的能力制备食物。

母乳宝宝如何断奶

断奶是每个母乳宝宝必经的阶段,当宝宝可以自己觅食,就自然断奶了。世界卫生组织建议宝宝前6个月纯喂母乳,6个月大之后开始添加辅食,并持续哺喂母乳到2岁或2岁以上,再由妈妈和宝宝共同决定何时及何种方式断奶。

避免突然断奶

断奶的过程可长可短,但避免突然断奶。对妈妈而言,突然停止喂奶很容易造成乳房疼痛,激素的变化也会影响到妈妈的情绪。宝宝也会焦躁不安,睡不好,不易安抚。

如果非断奶不可,建议妈妈在胀奶的时候,仍必须稍将乳汁挤出,但不需要将乳房排空,只要维持乳腺管不阻塞即可。

如果宝宝不喜欢奶瓶,可以由除妈妈以外的其他人耐心地喂食;尝试使用杯子、滴管等;把宝宝抱在怀里,就像喝奶的姿势一样。

减少喂奶的次数

刚开始一天中选定一餐不喂奶,改喂辅食,等宝宝适应后,再逐渐增加辅食的量,之后每隔几天或一两周,再多喂食一餐。不鼓励宝宝吸奶,宝宝想吸奶时也不拒绝,但喂哺的次数会逐渐减少,时间也逐渐变短。

词汇解读

断奶:产后10个月,母乳的分泌量及营养成分都减少了很多,而宝宝此时却需要更加丰富的营养,如不断奶,就会患上佝偻病、贫血等营养不良性疾病。因此,适时给宝宝断奶对宝宝和妈妈的健康都很重要。断奶是指断掉母乳,而不是断掉牛奶或奶粉。此时宝宝的主食仍然是奶类,直到1岁以后,过渡到以奶为辅,以饭菜为主。

白:母乳,橙:辅食

断奶的进行形式表

月龄时间	断奶初期 (5~6个月)		断奶中期 (7~8个月)			断奶后期 (9~10个月)		断奶完成期 (11个月)
6时	○	○	○	○	○	早饭	●	●
10时	◐	◐	◐	◐	◐	10时	◓	◓
14时	○	○	○	○	◐	午饭	●	●
18时	◐	○	◐	◐	◐	15时	◓	◓
						晚饭	●	●
22时	○	○	○	○		22时	○	○

延迟吃奶的时间

等到所谓的辅食可以逐渐取代母乳成为宝宝的主食了,妈妈可以在宝宝想吸奶的时候,稍稍转移宝宝的注意力,以健康的食物或饮料替代等,来延迟吃奶的时间。

告别夜奶

通常睡觉前的一餐是最后被停止的。妈妈可以尝试用其他的方法来让孩子入睡,如睡前补充一些点心、陪宝宝听音乐或说故事。也可以改由爸爸或其他的家人来陪伴宝宝入睡。

如果宝宝在断奶的过程中出现持续哭闹不安、特别黏人、没有安全感、晚上睡不好或梦魇、常吮手指或咬东西等行为表现,表示宝宝可能还没有准备好,或断奶的过程太快,让宝宝不能适应。这时妈妈必须评估一下是否太早或太快断奶了。

自然断奶的好处

当宝宝够大了,可以接受多种食物,喜欢其他的安抚方式或做别的事情,对吃奶显得没有兴趣,就是宝宝即将断奶的迹象了。使妈妈和宝宝有更亲密的联结,妈妈不用去面对一个不快乐的宝宝,以后也没有戒除奶嘴或奶瓶的问题。

宝宝的反抗及后退情形

有些宝宝看似已经适应断奶,却可能在某些情况下有倒退的情况,再度向妈妈索乳,建议妈妈若遇上这种情况,应该再给宝宝一点时间。大略来说,如果宝宝出现以往不曾有的焦虑行为(如咬手指、抠手、咬人、突然讲话结巴、分离焦虑等)或是难以转移的哭闹不安时,妈妈最好放慢断奶的念头,给宝宝更多时间,多观察宝宝。

什么是孩子良好的饮食习惯

① **定时进餐**：如果宝宝正玩得高兴，不宜立刻打断他，而应提前几分钟告诉他"快要吃饭了"；如果到时他仍迷恋手中的玩具，可让宝宝协助成人摆放碗筷，转移注意力，做到按时就餐。

② **愉快进餐**：饭前半小时要让宝宝保持安静而愉快的情绪，不能过度兴奋或疲劳，不要责骂宝宝。培养宝宝对食物的兴趣爱好，引起宝宝的食欲。

③ **专心进餐**：吃饭时不说笑，不玩玩具，不看电视，保持环境安静。

④ **定量进餐**：根据宝宝一日营养的需求安排饮食量。如果宝宝偶尔进食量较少，不要强迫进食，以免造成厌食。还要合理安排零食，饭前1小时内不要吃零食，以免影响正餐。不要过多进食冷饮和凉食。

⑤ **进餐习惯**：尽可能根据当地情况和季节选用多种食物，经常变换饭菜花样，这能引起宝宝的食欲。培养宝宝不偏食、不挑食的习惯。
- 进餐时间不要太长，也不要过快。不要催促宝宝，培养宝宝细嚼慢咽的习惯。
- 饭桌上特别可口的食物应根据进餐人数适当分配，培养宝宝关心他人，不独自享用的好习惯。
- 培养宝宝正确使用餐具和独立吃饭的能力。可在宝宝碗中装小半碗饭菜，要求宝宝一手扶碗，一手拿勺吃饭。
- 边吃边玩是一种很坏的饮食习惯。这样不但损害了宝宝的身体健康，也养成了做事不认真的坏习惯，等宝宝长大后精力不易集中。

⑥ **进餐卫生**：注意桌面清洁，餐具卫生，为宝宝准备一条干净的餐巾，让他随时擦嘴，保持进餐卫生。

Q: 如果宝宝接受了一段时间的辅食，突然间却又不肯再吃辅食，怎么办？

这种现象的原因不明，但是通常不会维持太久，有可能是宝宝吃腻原有的食物，可以试着更换食物再试试看，务必耐心地协助宝宝进食。

Q: 可以把做好的辅食冷冻起来，要吃的时候再拿出来解冻吗？

将食物冷冻之后再解冻，并不会影响到食物的营养，用电饭锅或是微波炉加热均可。目前对于以微波炉加热食物是否会影响到食物营养尚未有定论。

Q: 宝宝何时可以开始喝酸奶？

酸奶是乳制品，一般市售的酸奶是针对成人设计的，通常是脱脂奶粉，由于宝宝的肠胃功能与成人不同，不适合在1岁以下饮用脱脂奶粉，建议在宝宝满1岁以后再给予饮用。

Q: 熬煮给宝宝吃的软稀饭，可以用大骨汤或鸡骨、香菇熬煮的汤头吗？

原则上可以利用鱼汤、肉汤、鸡汤来熬煮稀饭，不过需注意的是，在炖煮高汤的时候，不用添加盐。

要不要给孩子补充维生素

宝宝的阶段性营养需求

基本上，1岁是宝宝营养需求的一个重要分水岭，此时从哺乳期逐渐进入杂食阶段。到了周岁以后的幼儿，奶类已成为点心，早晚各一次即可，也不一定要喝成长奶粉，全脂鲜奶、优酪乳或乳酪都是很好的钙质和B族维生素的营养来源。这时的宝宝可以和大人一起在餐桌上进食，从蛋、奶、鱼、肉、蔬果、五谷米面等各类食物均衡摄取营养，并学习自己进食和餐桌礼仪。父母如果在这个阶段养成宝宝良好的饮食习惯，将决定终身的饮食倾向。很多偏食、体重过轻或过重及便秘的小朋友，都是这个阶段没有注意而造成的，不可不慎重。

正常饮食维生素够不够

据报告，一项针对美国研究结论指出：正常的婴幼儿只要从食物中即可摄取到建议的维生素量，营养专家鼓励父母应该尽量多地让宝宝从食物中摄取维生素；额外的维生素和矿物质添加剂对某些有特殊营养需求的婴幼儿有所帮助，但是必须避免过度摄取，特别是维生素A、锌和叶酸。

不论婴儿时期喂哺母乳或婴儿配方，补充维生素剂的孩子发生食物过敏的机会也明显增加。由此可见，补充过多的维生素，可能会有不良的后果产生。

总而言之，现代婴幼儿营养的状况多属过剩，小儿大多无须再额外补充维生素。许多爸妈们可能忽视了最根本的营养，就是在适当的阶段吃适当而均衡的食物，过与不及都可能危害身体健康。

不过如果评估婴幼儿真有偏食情形或已有病状，也要请教医师慎选维生素，且别忘了加强正常饮食。

其他常见营养品

钙粉：母乳和配方奶粉中都含有丰富的钙质，如果宝宝出现骨骼发育异常，可遵医嘱补充。过度补充会造成便秘、囟门闭合过早及肾脏问题。

乳铁蛋白：可提高铁的利用性。6个月以上宝宝抵抗力不足，常感冒，可考虑添加，改善免疫力及贫血状况。

益生菌：1岁以上宝宝大便不顺，可使用益生菌来改善状况。

为贫血宝宝调整饮食

营养性缺铁性贫血首先应从预防入手,每年检查血红蛋白。

轻度贫血的食疗

对于轻度贫血,甚至可以不用服药,仅通过调整饮食,就能达到治愈贫血的目的。

在婴儿期要合理添加辅食,补充含铁丰富的食物,结合婴儿的消化吸收能力,可做一些鸡蛋羹、猪肝泥和鱼泥等。还可给婴儿补充一些含维生素C多的果汁。

幼儿期一定要纠正挑食、偏食或吃零食的不良习惯。每天给幼儿准备一些动物性食物如卤猪肝、熘肝尖和鱼丸等。瘦肉可以切成肉丝和蔬菜一起炒,如肉丝青椒、肉丝扁豆和肉末芹菜等。这类食品既好吃,又能促进蔬菜中铁的吸收。动物血也是铁的良好来源,可切成方块和豆腐一起炒。

还可以给幼儿补充一些强化食品,现在市面上已有含铁饼干和用强化铁面粉做的各种面食。父母要注意的是要持续地给宝宝添加这类食物。

调整饮食的效果是以血红蛋白上升到正常,并且隔1~2个月复查时仍然保持正常指标。通过调整饮食,幼儿不必吃药,贫血也得到了纠正。

药物治疗幼儿营养性贫血

如果发现孩子患了营养性缺铁性贫血,父母不必惊慌,因为治疗缺铁性贫血的药物很多,而且效果显著。最常用的是硫酸亚铁制剂,如血宝、宝宝福等。含有血红素铁的制剂有维血冲剂。

在血红蛋白恢复到100克/升后,可给幼儿补充叶酸和维生素B制剂。叶酸的给法是:口服,每次5毫克,每日3次。B族维生素的给法是:肌内注射,每次15~100毫克,每日或每隔2~3日一次,血红蛋白恢复正常后,继续维持用药1个月左右。

铁含量丰富的食物(以100克可食部计算)

食物	含量(mg)	食物	含量(mg)	食物	含量(mg)	食物	含量(mg)
干蘑菜	283.7	干珍珠白蘑	189.8	木耳	97.4	蛏干	88.8
干松蘑	86.0	干姜	85.0	干紫菜	54.9	芝麻酱	50.3
鸭肝	50.1	桑椹	42.5	青稞	40.7	干芥菜	39.5
鸭血	35.7	蛏子	33.6	羊肚菌	30.7	南瓜粉	27.8
河蚌	26.6	鸡血	25.0	墨鱼干	23.9	猪肝	23.6

资料来源:杨月欣.营养配餐和膳食评价实用指导.北京:人民卫生出版社,2008.

第10~12个月宝宝的教养

表扬永远不嫌多

10个月的宝宝是喜欢听好话、喜欢受表扬的时候。这时一方面他已能听懂你常说的赞扬话,另一方面他的言语动作和情绪也发展了。他会为家人表演游戏,如果听到喝彩、称赞,就会重复原来的语言和动作。这是他能够初次体验成功欢乐的表现。而成功的欢乐是一种巨大的情绪力量,它形成了宝宝从事智慧活动的最佳心理背景,维持着最优脑的活动状态。它是智力发展的催化剂,不断激活宝宝探索兴趣和动机,极大地助长他形成自信的个性心理特征,而这些对于宝宝成长来说,都是极宝贵的。

对宝宝的每一个小小的成就,你都要随时给予鼓励。不要吝啬你的赞扬话,而要用你丰富的表情、由衷的喝彩、兴奋的拍手、竖起大拇指的动作以及全家人一起称赞的方法,营造一个"强化"的亲子气氛。这种"正强化"的心理学方法,会促使你的宝宝健康茁壮地成长。

宝宝为什么爱乱扔东西

1岁左右的宝宝喜欢故意扔东西玩。他们一本正经地把一件一件玩具、一块一块食品或其他东西扔着玩。扔完了就要大人帮着捡起来,然后他又把它们统统扔掉。许多父母对此很反感,认为给自己带来了很多麻烦。其实,对宝宝来说,这是一件很有意义的事情。首先,这标志着宝宝能够初步有意识地控制自己的手了,这是大脑、骨骼、肌肉以及手眼协调活动的结果。其次,通过扔东西,可使宝宝看到自己的动作能够影响其他物体,使之发生位置或形态上的变化。由此可见,扔物是宝宝身心发展自然而正常的需要,父母要允许宝宝扔物。当然,给宝宝扔的物品应是可以扔的东西,不能扔的东西应该放到宝宝拿不到的地方。还要注意不能让宝宝扔吃的东西,发现宝宝扔吃的,应该马上把食物拿走,并告诉宝宝"这是吃的东西,不能扔"等,但不要骂宝宝。

如何当称职好奶爸

每天早出晚归，少有时间陪陪家中的宝宝，偶尔提早下班想和宝宝亲近，却发现孩子似乎把他当陌生人，只会黏着妈妈，让每天为整个家辛勤打拼的爸爸觉得好灰心。忙碌的爸爸千万别放弃与孩子互动的黄金期，就算再忙，也可以和孩子维持亲密关系。

固定时间安排活动，让孩子有期待

忙碌的现代爸爸，要拉近和孩子的距离，最重要的是将亲子关系的质量提高，并且积极参与，而不是在一旁观看宝宝玩耍。陪伴宝宝的时间无论有多少，或多久才一次，最重要的是一定要固定一个时间，做事先规划，让宝宝有期待，有一个记忆点，或许1周只有一次，或许只在附近公园玩，宝宝都会很兴奋。

从互动中掌握技巧

爸爸在每一次的活动中，都要参与和宝宝的互动。然而有些情况是，宝宝觉得爸爸很凶、很严厉，爸爸的立意是好的，但可能方法不对而产生反效果，建议夫妻的观念一致，这样宝宝也不会对爸爸产生反感或畏惧。

爸爸在家的时间已经够少，忙了一整天回到家，若碰到宝宝不乖或闹情绪，爸爸可能会想要尽一份心力，但在管教过程中过于严厉，只会让自己和宝宝之间的关系变得更差。忙碌的爸爸如果回家又扮演黑脸角色，将会更吃亏，而事实上夫妻一个扮黑脸、一个当白脸，对宝宝的管教并没有加分作用。

妈妈别在宝宝面前抱怨爸爸

想要当个成功的爸爸，妈妈的协助是一大关键。妈妈不可跟宝宝发牢骚，抱怨爸爸早出晚归、在家时间太少，或老是出差、没时间陪我们，久而久之，宝宝会受影响。

此外，孩子不乖时，有些爸爸会指责妈妈没教好，这样只会拉大与孩子之间的距离，所以应避免类似话语。此外，也不要看到宝宝和妈妈互动亲密就吃醋，进而影响自己的情绪。

尝试和宝宝一起读绘本

爸爸可以试着和宝宝一起看绘本，有很多针对爸爸和宝宝所设计的绘本，都很适合爸爸和宝宝一起读。

🌿 别错过孩子的成长

孩子长大的过程不能重来!如果疏忽或逃避而错过这一段黄金时期,有可能对亲子关系造成一些明显影响。假如已错过与孩子互动的重要阶段,还是可以挽救,爸爸千万别气馁,因为孩子往往比大人更容易原谅别人,只要改变态度,多与孩子互动,并提升亲子之间的质量,都会有机会弥补。

🌿 当称职奶爸的四项建议

❶ 忙碌一整天回到家的爸爸,很容易对宝宝发脾气,建议爸爸先照顾好自己,提高情绪管理的EQ,好好学习情绪管理。

❷ 不知如何亲近宝宝,可看些亲子类的专业书籍,或听亲子讲座,都能得到很好的学习,促进亲子关系。

❸ 如果时间允许,最好每天早上由爸爸送孩子到保姆家或幼儿园,途中可谈一些和保姆及学校有关的话题。

❹ 从太太怀孕开始,丈夫就应该了解不能再以自我为中心,必须思考将来如何为宝宝做生活上的调整。

Chapter 6

第6章　第13~18个月的宝宝

第13~18个月宝宝的养育

宝宝牙齿保健五大招

乳牙排列不好怎么办

由于宝宝牙齿的排列和其骨骼发育有关,因此即使宝宝的乳牙咬合出现深咬或错咬(下颌向前凸出),或是上下排中线无法对齐,医师并不会马上做处理,而是会继续观察,因为孩子脸颊的骨骼仍在发育,尚有变化的空间;除非发现是单颗牙齿的生长出了问题而造成其他牙齿排列不正的话,医师才会进行处理调整,以免情况继续恶化。

乳牙蛀掉有没有关系

有些家长可能因为觉得以后还有恒齿,所以乳牙的保健不用那么在意。乳牙有引导恒齿长出,及为恒齿"卡位"的功用,因此倘若乳牙蛀掉的话,旁边的牙齿就容易往蛀掉的空缺挤占,造成下面的恒齿可能无法顺利长出,或排列不正,所以爸妈可别小看乳牙健康的重要性。

乳牙长得很开不好看

有的宝宝乳牙长得"开开"的、齿间空隙较大,这样好吗? 这样的乳牙排列反而有助于日后的恒齿长出顺利(因为恒齿比较大),蛀牙率也会比较低(因为齿缝间不易藏食物残渣);相对来说,乳牙排列较密的宝宝,比较容易蛀牙,因此家长要更注意宝宝牙齿的清洁。但乳牙的排列是天生的,没法刻意塑造,家长也只能顺其自然了。

爱吃手指是否会影响牙齿排列

大多数宝宝可能都会经过爱吸奶嘴或爱吃手指头的"口腔期",宝宝牙齿的排列其实会受到其吸吮的力道、强度、时间、频率的影响。当孩子吸吮时,上颌骨会受到负压的影响而变窄、曲线变尖、向前凸,门牙亦容易往前推,造成"暴牙"或"开咬"的现象,致上下排牙齿无法咬合。因此建议家长最好能在宝宝两岁前就慢慢戒掉这样的习惯(若能更早戒掉更好),以免影响将来可能齿列不正。

乳牙保健五大招

① 主要照顾者的卫生习惯很重要:宝宝口腔中的细菌多半是经由大人的唾液传染,例如讲话时、帮宝宝把食物吹凉、亲吻宝宝……因此大人本身的卫生习惯很重要,一定要做好口腔清洁卫生,才不会把口腔里的细菌传给宝宝。

② 长第一颗牙后就要使用牙刷:这是因为一旦牙齿长出之后,口腔内导致蛀牙的细菌就会开始附着在牙齿的表面,宝宝长第一颗牙后,家长就要开始使用宝宝专用的乳牙刷,蘸一点点牙膏或漱口水来帮宝宝清洁牙齿、牙龈和舌头。

③ 长第一颗牙后就可以看牙医:这时候带宝宝看牙医的目的,主要是让医师可以了解宝宝的口腔卫生状况和平日饮食习惯,给予家长一些卫生教育咨询和正确观念。初诊之后,正常情况下,建议家长每半年带孩子做一次牙齿健康检查;除非发现有蛀牙情形,才需要进一步治疗。

④ "危险"食物不要碰:最好还是让宝宝少吃零食、精致食物(糕点、饼干)、糖果、黏稠的食物,以降低蛀牙的风险。

⑤ 减少进食频率:不要让宝宝的嘴巴老是充满食物。家长最好让宝宝在吃完正餐后再吃小点心,尽量不要在餐与餐之间吃,以免牙齿老是处于充满食物的"危险"环境中。当然还是要记住——吃完点心后一定要给宝宝刷牙。

爸妈可帮助宝宝刷牙的姿势包括:

- 让宝宝坐在自己的大腿上,面对面刷,或两人同时面朝前方刷。

- 也可让宝宝躺在自己的大腿或小腹上刷,最好将宝宝头部往左或往右偏45°,以防止宝宝的口水哽在咽喉。

- 分区刷牙。宝宝口腔里的每一个区域,都应轻刷15~20下,刷完一个区域之后,可让小孩吞一下口水,再继续刷另一个区域。

- 刷牙力道要适中,如果太用力,宝宝会因疼痛而排斥刷牙。以短距离振动的方式横刷即可。

Q: 怎样给宝宝选择牙刷?

帮宝宝选择牙刷时,牙刷头的长度,以相当于4颗门牙的宽度为宜。市售儿童牙刷有为宝宝设计的小刷头,容易深入儿童窄小的口腔,柔软的刷毛及软垫刷头,可保护宝宝的牙龈。粗胖的握柄适合手掌肌肉尚未发育完全的幼儿掌握。

Q: 宝宝刷牙的时候需要使用牙膏吗?

在宝宝还无法理解"不要吞下去"的意思时,或者还是无法控制时,先不要使用牙膏,正确的刷牙方法比使用牙膏更重要。到了宝宝能够理解也能控制不吞下牙膏时,就可开始使用牙膏。尽量不要使用刺激性强的牙膏。

Q: 宝宝刷牙后吞下了牙膏泡沫和漱口水,有关系吗?

对于刚学会吐口水动作的幼儿,在牙刷上蘸薄薄一层牙膏即可;大一点的孩子,可以用约一颗豌豆大小的牙膏。原则上要提醒孩子将泡沫吐出,漱口漱干净,万一吞入少量牙膏,对身体是不会有害的。

开始对宝宝进行如厕训练

如厕训练起始指标

一般来说，如厕训练时间快则两三周，慢则一年，通常1.5~2岁时，孩子已有自我控制、自我表达和自我照护的能力，这时便可开始训练宝宝脱离尿布、自己上厕所。太早训练的话，容易增加孩子的挫折感。

如厕的训练方式

对模仿能力很强的幼儿而言，"小男孩跟着爸爸尿尿、小女孩跟着妈妈尿尿"是一个不错的方法。每2~3小时提醒孩子，问孩子是否要上厕所，或是在大人每次如厕之前，就带着孩子一起去上，同时借此机会学习正确如厕习惯。不过，擦屁股的动作却需要较精细的小肌肉运作来辅助（约中班或5岁才能做得好）。

原则上不挑冬天，因为在冬天尿湿了容易感冒。

如厕训练注意事项

❶ 不要用强迫和责备的方式来训练孩子。当孩子不小心尿在裤子上时，先口头上告知："裤子湿湿的穿在身上会不舒服，下次要记得去厕所。"
❷ 晚上睡前1小时不要喝水，睡前先去小便以排空膀胱。
❸ 如厕训练时，给孩子穿容易穿脱的衣物。
❹ 要出远门，和孩子沟通，先帮他包上尿布以增加安全感。
❺ 大人在训练期间要有耐心，告诉自己这是过渡期，不要对孩子有训练的冲动或预期成功的时间表。

早训练宝宝大小便好吗

目前许多研究经验告诉我们，如果在1岁半以前训练大小便，反而会让时间拉长至4岁才完成；相反，如果大约在2岁以后开始进行大小便的训练，则在2岁半左右便可完成大小便的训练。

若是宝宝还未准备好，再给他一些时间，操之过急或态度严厉，只会造成反效果。

大小便是一种自然的生理需求与本能，当小宝宝有某方面的成熟度，准备好了才开始训练如厕，比较有效，而不再是以父母的认知来决定何时开始训练大小便。

如果宝宝已满4岁，白天仍未能达成脱离尿布时，就要怀疑有些可能是先天性泌尿系统异常造成的，必须带宝宝去医院做进一步的检查。

Q：买小马桶好还是用成人的马桶好？

幼儿期的孩子就是"小大人"，突然放一个小马桶在他面前，其实他不见得会喜欢。说到底，这还是要看孩子的个性，看看这个马桶是否能吸引他的注意力。

Q: 训练期间还可以穿纸尿布吗？

在训练期间，原则上还是给孩子穿着尿布，除非孩子自己坚持不穿。然后逐渐早上不穿尿布，晚上再包尿布。若夜间包了几次后发现隔天尿布都是干的，就可以比较放心地不再帮宝宝包夜间尿布。如厕训练是一个较长的过程，而且会有反复，很考验家长的耐心。

Q: 要从尿尿开始或从大便开始训练？

并无一定，建议可以一起训练。解尿动作同时受到随意肌（可受意志支配）与不随意肌（无法受意志支配）的影响，当膀胱潴尿时会产生不同程度的尿意，而在正常情况下，一般成人在尿意出现时，尚能忍受一些时间，自己也能知道何时一定得尿。而对于幼儿来说，解尿训练就是要学习这部分的自我掌控力。至于解便所受到的影响层面更多，结肠反射最强的时候是在早餐后，所以建议家长让孩子早点吃早餐，在家里解便后再出门；或者，有些人习惯在晚上解便，这并无固定的做法。不过要提醒的是，一旦孩子出现便意就不要去抑制，不然容易造成便秘。

怎样给宝宝洗冷水浴

1~3岁的宝宝，除了进行户外活动、开窗睡眠、做操，进行空气浴、日光浴以外，用冷水锻炼身体，也是增强体质、防病抗病的好方法。

冷水洗手、洗脸、洗脚

宝宝身体的局部受寒冷刺激，会反射性地引起全身一系列复杂的反应，能有效地增强宝宝的耐寒能力，少患感冒。水温以20~30℃为宜。但晚上盥洗时仍要用32~40℃的温水，避免刺激宝宝神经兴奋，影响睡眠。

冷水擦身

先把毛巾在冷水中浸透，稍稍拧干，先擦宝宝的四肢，再依次擦颈、胸、腹、背部。擦过的和尚未擦过的部位都要用干的浴巾盖好。湿毛巾擦完后，再用干毛巾擦。开始摩擦时的水温，最好与体温相等，每隔2~3天降低1℃，冬季一般降至22℃，擦身时室温以16~18℃为宜。夏季可随自然温度用冷水擦身。

洗冷水浴应循序渐进，要注意宝宝的接受程度

打造无过敏居家环境

过敏原的"量"是关键

过敏与感冒不太相同,感冒是由病毒引起的身体反应,症状通常较强烈,而过敏几乎是移除眼前的过敏原即可,包括打喷嚏时戴口罩、眼睛痒时清洁眼部等,只要处置及时,半天到一天就可以痊愈。

父母可以事先预防的是孩子在生活中所接触过敏原的"量"。当过敏原在身体中积累到一定量时,"过敏"就开始发作了,且一旦过敏发作,以后一碰上熟悉的过敏原,身体就会开始持续有过敏反应。

为什么过敏人口增多了

研究人员发现,与住在乡下的孩子相比,都市的孩子过敏的情况普遍比较严重,但照理说都市的环境整洁条件应比乡下要好得多,为什么会有这样的情况呢?研究人员发现,在人体中有一个对抗细菌或寄生虫的细胞,分别称为T_1辅助细胞与T_2辅助细胞,每个人身上分别会有不同比例的T_1辅助细胞或T_2辅助细胞,T_1辅助细胞比例高的人对细菌较有免疫力,而T_2辅助细胞比例高的人对寄生虫的侵袭有较佳的抵抗力,但同时T_2辅助细胞抗体比例高的人同时也是比较容易诱发过敏反应的族群。由于近代医学发达,卫生条件改善,遭寄生虫感染的威胁已大幅减少,乡下的孩子在野外的时间长,较容易受到细菌的威胁,身体会自然将免疫系统中的T_2辅助细胞抗体比例下降,而让T_1辅助细胞抗体比例增加准备对抗细菌的侵袭,自然对过敏有反应的人也逐渐减少。

换个环境,过敏情况消失不见

常有这样的经历:孩子原本在上海常常过敏的,到了北京以后似乎就痊愈了。这样让人惊喜的改变,使家长为减少孩子过敏的痛苦症状,有了搬离原来的环境的念头。实际上,改变环境的确可能离开一开始造成宝宝过敏的那些因子,但过了2~3年之后,另一个过敏原的量逐渐累积,过敏症状也可能再度复发。

另一个情况是,从小生长在国内的孩子,移居到国外之后过敏情况减缓,但一回国之后过敏马上又复发,这是因为从小累积的过敏原仍存在在身体当中,当身体一碰到熟悉的过敏原,又会马上开始发作了。

必读小叮咛

家里最好不要有需要经常浇水的喜阴植物,潮湿的土壤里可能隐藏着大量的真菌,容易引发宝宝过敏。

当孩子一而再、再而三地出现过敏情形时，家长们通常会非常担心，但了解上述过敏的原理之后，其实只要随时保持家中的清洁，隔绝孩子与过敏原接触的机会，过敏就不容易发生了。以下针对家中常见的过敏原做详细介绍，一起来检查家中有哪些"过敏角落"吧。

尘螨就在你的身边

尘螨是最让人头痛的过敏原，有75%的家庭都有大量的尘螨正在制造无数的过敏原，而这种过敏原是一种源自尘螨的排泄物或尸体的合成蛋白质，每一只尘螨能产生的排泄物量是它自身体重的两百倍，这些过敏原藏匿于灰尘中，当灰尘飘散（例如换床单时抖落寝具上的灰尘），对于过敏患者来说，就有可能引发多种过敏症状（气喘、鼻炎、结膜炎）。

尘螨喜欢住在充满灰尘和温暖的地方，像是卧室里的床垫、床单、抱枕、枕头、棉被、玩偶、纺织地垫、地毯；或是客厅的布质沙发、扶手椅和壁饰等。尘螨也喜爱存在霉菌里的微生物，这就是为什么在潮湿、不通风的住所中，也可发现其身影。

由于无法完全斩断尘螨喜欢的食物，也不能将尘螨赶出家门，家长首先可以做的，就是减少孩子与尘螨接触的机会。第一步是将家里调整为尘螨最不喜欢居住的环境，包括厚重的地毯、使用多年的床、枕芯、被子等都应该停止使用，以免尘螨在当中繁殖居住。床是尘螨最喜欢居住的场所，除了床本身就有湿度高、温暖的特性之外，不断落下的身体皮屑，更是让尘螨们不愁没有食物；建议家长寝具使用2~3年就应该整套更换（以前建议以55℃~65℃的水烫过以后再晒干，不怕麻烦的爸妈也可以用此法消灭尘螨），而难以清洁或重新购买的床垫，就以防螨寝具隔绝宝宝与尘螨接触。

购买防螨寝具时，应注意其防螨的原理，不建议家长选择"化学涂料"的防螨寝具。物理性的产品指的是使用较新科技的织法制作床单、被套等，将布料的缝隙缩小到使尘螨无法自由进出，以前此种织法会使得寝具布料较硬，但也已渐渐改善，可在实际触摸之后选购。

羽毛被是由天然的动物羽毛填塞制成，睡起来感觉软绵绵，非常舒适。但这对尘螨来说，也是一个舒服的温床。相较于合成纤维，尘螨反而更爱居住在天然的材质中，因此，合成纤维及人造皮沙发，一般

而言会比羽毛被及布沙发不易造成过敏。

另一个必要的防螨居家条件，是将家中的湿度调整到55%~65%。虽然这样的湿度不至于让尘螨消失，却也足以让尘螨生存困难。若家中经济条件许可，也可以购买一台空气清新机，通过调节家中的空气质量，减少空气中过敏原的数量。

有的家长将充满尘螨的玩具放至冰箱，让尘螨们冻死之后，再丢入洗衣机清洗除去过

敏原。这样的方式的确能大幅减少尘螨,但对于洗衣机是否能彻底洗去玩具深处尘螨的尸体很难说。若孩子对尘螨过敏的情况相当严重,还是建议减少与玩具接触,才是最理想的做法。

蟑螂是排名第二的过敏原

家中处处藏匿的蟑螂,就是排名第二的可怕过敏原。蟑螂也喜欢温暖、潮湿、黑暗的地方,在夜晚出没觅食。它们通常在厨房,食物储藏附近繁殖(一只蟑螂一生可以产下3万多个卵),也可能藏匿于浴室、橱柜、家具后面、炉具下、柱子后,靠近垃圾桶的地方、空的垃圾桶里等地。可能出没在任何可以躲藏、方便夜间出没觅食的地方。蟑螂过敏原可能悬浮于空气中,附着在较大的空气微粒中,在空气中飘散,会引发宝宝过敏。

要防蟑螂过敏,首先环境需维持绝对整洁,并将食物妥善存放于密封罐或是冰箱内;如果找不到食物,这些小虫们可能就会移居至别地。蟑螂从不独居,都是群体生活;如果你看到一只,其他就在不远处。因此需要彻底清洁家中每个角落。有些具有效用的灭蟑药能消灭整个巢穴的蟑螂,与良好的整洁习惯搭配使用,将可以达到最佳效果。

宠物养或不养

当宠物遇上了过敏婴儿,一切似乎就变得棘手起来。接近75%由宠物陪伴长大的孩童,都冒着过敏的风险。过敏的起因包括过敏患者透过直接和间接地接触到宠物皮肤、口水或排泄物;有时存在于宠物身上的尘螨也是另一个造成孩子过敏的危险因素。

猫比狗更容易引发过敏。由于猫毛容易脱落,加上其舔毛皮的习惯会让其唾液中的糖蛋白抗原(也就是主要的过敏原)留在身体表面,当猫到处行走、磨蹭时,过敏原就会跟着飘散在空气中与各种家具及衣物上面。这些猫毛有时非常不容易清洁干净,若加上环境本身较不通风,当猫离开家半年到一年之后,仍然会造成过敏反应发生。因此,若孩子到了1岁之后,确定是因宠物引发强烈的过敏现象,就应将宠物送出或交给别人代养。

清洁习惯不可少

为了减少空气及环境中的过敏原,定时清洁绝对是最佳的抗敏良药,而空气中同灰尘一起飘散的,正是大量的尘螨。根据研究,空气中平均每克有100~200只的尘螨就可以引发过敏。因此除了定期清洗布料的寝具、衣物及玩具之外,也应选用能对付空气中悬浮微粒的高效能微粒滤网(HEPA)吸尘器。这种滤网由于织密度够密,可以将吸进的灰尘与尘螨紧紧的关在集尘袋之中，才不会在打扫的同时，反而用吸尘器的力量把灰尘及尘螨从集尘袋缝隙喷出，弄得满屋子尘螨。

清洁时也要注意减少使用具刺激性的清洁剂，虽然目前对化学物质的过敏研究有限，但仍然要尽量减少相关的因子接触。

打扫之后，过敏的孩子或是大人都应暂时离开打扫空间或戴上口罩，并打开窗户、关好纱窗让空气流通，不让灰尘继续堆积在同一个空间里。通风的另一个好处是，当空气流通了，室内自然也不会太过潮湿，如此真菌也就少了生存的空间，一举两得。

家长其实不必太害怕过敏发生，要避免过敏的诱发，宝宝的身体健康也相当重要。当宝宝具有良好的抵抗力时，不会因为生病引发过敏，身体也会有足够的体力应付过敏的发生。

过敏的疾病与症状

过敏可以引起各式各样的疾病，包括：
- **过敏性肠胃炎**：常见症状有吐奶、腹胀、腹泻、喂奶后哭闹不安，甚至粪便中带有黏液血丝。
- **异位性皮肤炎**：爸妈常会发现小宝宝的两颊出现红色湿润的小疹子或斑块，它的特征就是"痒"，因此小宝宝可能会出现一直用脸摩擦枕头或寝具的现象，是为了减轻痒感。
- **荨麻疹**：可发生在身体或四肢任何部位，症状是突然发生的红白肿块，很痒，一般来说，跟食物、药物过敏或感染有关。
- **气喘**：常见的症状包括呼吸困难、喘鸣、胸闷以及慢性咳嗽等；一旦感冒时咳嗽，常会持续10天以上。
- **过敏性鼻炎**：最常见的状况就是一早起床先打好几个喷嚏，接着流鼻涕、鼻塞、鼻子或眼睛瘙痒，严重者连喉咙及耳朵都会觉得痒痒的，并且常有鼻涕倒流的现象。
- **过敏性结膜炎**：常见的症状有眼睛痒、流泪、结膜充血等。

过敏性疾病虽不能根治，但是只要及早治疗，就能获得良好的控制，并能拥有正常的生活，如果能在孩子进入青春期之前控制好此病症，部分人甚至会有痊愈的可能。

第13~18个月宝宝的喂养

1周岁幼儿每日应吃多少食物

幼儿应该吃的食物量是由其所需的营养素来决定的。而周岁幼儿所需的营养素可参考我国营养学会推荐的不同年龄每日膳食中热量与营养素的供给量标准。

1周岁幼儿所需要的食物

根据我国营养学会的推荐，1岁幼儿每日所需热量4605千焦，蛋白质35克，钙600毫克，铁10毫克，锌10毫克，以及各种维生素。

以上这些热量与营养素可从下面列出的食物中得到（全部以生食计算，在做成熟食时要考虑幼儿的胃容量和消化能力）：粮食包括粗、细粮约100克，肉、蛋、鱼类食物80~100克，牛奶250毫升，蔬菜类约150克，每日一个水果。再吃适当的植物油及砂糖。蔬菜中有1/2~2/3是绿叶菜及橙黄色菜（如胡萝卜、南瓜等）。

让宝宝多吃菜，以副食为主。此时为宝宝准备菜时要烧得烂一些，太硬和过生的蔬菜不易被宝宝消化和吸收。花样品种应尽量丰富些，可以有蔬菜、水果、藻类等。

宝宝三餐若没吃好，妈妈可以给他吃些点心，吃点心时间也要尽量固定。点心可以由牛奶、水果或妈妈做的食物代替。

幼儿食物要注意调配

据生理学家研究，周岁幼儿的胃容量为200~300毫升，个体之间略有差异。每日进餐次数以4次为宜。

为了能让幼儿吃下去上述列举的食物，父母应注意食物的调配。如早餐除喝奶外还要配一些馒头、面包等主食。中餐或晚餐要吃肉、蛋、鱼及蔬菜类，主食可做成软米饭。

幼儿对蛋白质的需要量是多少

一般来说，年龄越小，对蛋白质的需要量就越多。具体地说，一岁半的幼儿每日最好吃250~300毫升牛奶、一个鸡蛋、30克瘦肉和一些豆制品，有条件时再吃一些猪肝、鱼，这样就基本能够满足幼儿生长发育所需的蛋白质了。

帮助宝宝脑发育的饮食

脑部发育需要的营养素

① **蛋白质**：孩子6个月后，除了维持适量奶类的摄取之外，应自食物中逐步增加摄取动物性蛋白质（有肉、鱼、蛋、奶）、植物性蛋白质（有黄豆、胚芽、坚果与种子类）食物，均衡摄取六大类营养素（糖类、蛋白质、脂质、维生素、矿物质及水分），以维持宝宝正常的生长发育。

② **糖类**：全谷根茎类和水果中含有丰富的糖类，如白薯、马铃薯、芋头、莲藕、玉米是糖类丰富的食物，水果中糖类含量比蔬菜多，全谷根茎类和水果摄取量需要控制。

③ **油脂类**：富含ω–3的食物以豆类及海产居多，如鲑鱼、鲭鱼、沙丁鱼、鲔鱼、秋刀鱼、比目鱼都是不错的来源，而ω–6则存在于蔬菜油脂中较多，如玉米油、蔬菜油，可在烹调时使用。酪梨、坚果与果仁类也是拥有丰富的油脂及维生素与矿物质的食物，但其热量高需适量食用。

④ **卵磷脂**：卵磷脂是合成神经细胞膜及乙酰胆碱（负责记忆力、提高反应时间和专注力的神经传导物质）的主要原料，此种神经传导物质的重要元素，对于脑部的细胞生长与发育正常很重要。富含卵磷脂的食物以黄豆最多，黄豆不但富含卵磷脂，也是很好的植物蛋白质与油脂来源，又含有糖类、膳食纤维及少量ω–3，可经常食用。黄豆制品中豆浆、豆腐最常出现在一般饮食中。

⑤ **维生素B_1、B_2、B_6、叶酸、B_{12}**：富含维生素B_1的食物包括胚芽类、糙米、玉米、荞麦、燕麦、谷类、小麦等，B_6的食物来源水果的第一名是香蕉，其他为深色蔬菜、红肉、鸡胸肉等。牛奶、肉类与藻类则富含维生素B_2、B_6、B_{12}。叶酸在深色蔬菜、肉类与藻类中则含量丰富。

⑥ **矿物质中的锌、铬、镁、钙、磷、碘**：要补充健脑食物，前提必须是宝宝要有胃口，这时候"锌"这项矿物质就显得重要。锌的功能众多，它既是全身细胞所需，脑的记忆力功能也与它有关，此外还可增加食欲与提振精神。带壳的水产与种子类富含锌。蛤蜊汤是不错的锌来源，不仅要吃蛤蜊肉更要喝富含锌精华的汤。种子类中的坚果也富含锌，但需注意摄取的

1岁以内的婴儿，母乳喂养者每日每千克体重需供给蛋白质2.0~2.5克。1岁半的幼儿每日大约需要蛋白质35克，其中至少应有50%是动物蛋白质

补充富含ω–3的食物

黄豆及富含卵磷脂的食物

母乳和配方奶粉中含有充足的牛磺酸

根茎类食物中糖含量丰富

量，通常是每天约一小匙的量就足够，例如花生、黑芝麻或白芝麻做成的饼给孩子当点心，但需注意热量。此外，黄豆、毛豆中也含有锌。

❼ 牛磺酸：牛磺酸对于大脑及视网膜的发育、肢体神经的活动、身体动作的协调性有帮助。母乳中就富含牛磺酸，配方奶中也规定牛磺酸的添加量，所以以奶为主食阶段的宝宝可充分摄取，此外，一般的食物中也都含有牛磺酸。

甜食、蛋白质、油脂不要摄取过多

孩子最容易出现偏食和喜食甜食以及蛋白质与油脂摄取过多的问题。蛋白质虽然很重要，但是摄取过量会在体内制造太多含氮废物，伤害肾脏功能，过多的蛋白质再加上高油脂，就会让肠胃的吸收功能变差。对一个5岁的孩子来说，一餐最多吃两块小炸鸡，其他要用谷类（面包）、蔬菜、水果来补足热量。此外，过量糖更是空热量，同时增加维生素B_1消耗量，间接影响脑部正常发育，与行动过多也有关系，请家长一定要让孩子少吃甜食。

1岁以后过敏宝宝怎么吃

1岁之后过敏儿饮食要注意以下事项：

❶ 较易导致过敏的食物尽量少吃。下列食物的成分有较高的抗原性，理论上较易引起过敏，应少吃或不吃：
- 蛋白质类：包括蛋白，以及有壳的海鲜类如虾、螃蟹、蛤蜊、牡蛎、干贝等。
- 蔬果类：荔枝、芒果、草莓、柑橘类等。
- 核果类：核桃、干果等。

❷ 奶类、蛋白、面粉、鱼类可以吃。并非所有海鲜都会诱发过敏。鱼类对宝宝而言是很好的营养，不应限制摄取。虽然奶类、蛋白、面粉较易引起过敏，但这些食物遍布存于各种食物中，减少摄取容易导致营养不良。除非由医生判断这些食物会引起宝宝的过敏，否则1岁之后不应限制这些食物。

❸ 勿吃冰冷食物及饮料。冰冷的食物、饮料会引起神经及内分泌过度反应，导致咳嗽、打喷嚏、流鼻涕等过敏症状。

❹ 避免刺激性食物。太刺激、太咸、添加人工添加物的食物要避免。因为刺激性食物（如芥末、姜、胡椒、辣椒等）会刺激气管、鼻腔，使过敏症状加重。添加人工添加物的食物包括蜜饯、加工过的金针和某些糖果，也应尽量少吃。

导致过敏疾病发生及恶化的原因有很多，包括吸入性过敏原、空气污染、情绪压力及食物等因素。治疗及防范过敏疾病，需要从接受治疗、做好环境控制、减轻情绪压力及饮食控制等各方面着手。单纯注意饮食而忽略其他因素，是无法完全预防或改善过敏疾病的。

解决宝宝喂食困难

门诊当中,大约有20%的父母会抱怨自己的宝宝吃得不好或喂食有困难,那么到底该怎么办呢?

婴幼儿喂食困难及解决对策

依门诊的经验,婴幼儿常见的喂食困难可分为以下四大类:

① 父母过度担心:这类宝宝所面临的最大风险是来自父母过度的焦虑和对孩童的生长有着不适当的期待,如此一来,父母亲可能会强迫喂食孩子,反而破坏孩子用餐情绪。

怎么办? 对于这类宝宝,父母应该有正确的期望和态度。用餐时,照顾者需持续且一致性地把握住基础的用餐原则(见后文)。

② 好奇宝宝胃口有限(婴儿厌食症):这类型宝宝通常很活泼好动,好奇心重,固执,对周遭事物比对食物更有兴趣,所以胃口有限,一下子就吃饱,且进食过程当中容易分心而中断。宝宝开始厌食的时间大多在6个月~3岁,也就是宝宝开始使用汤匙喂食到自我进食的阶段。这类型宝宝的父母为了让宝宝多吃些,会用尽各种方法,例如趁宝宝嬉戏、不注意时将食物塞进嘴中。

可能出现的问题:由于担心宝宝长不好,所以喂食时威胁或利诱,哪怕一口也好,即使用餐时间宝宝到处游荡,父母也跟在后面喂饭。然而多数的方法维持不了多久,父母亲最后无计可施而变得更加焦虑、挫折,从而采取逼食或更高压的方式喂食,反而造成负面影响,更进一步让宝宝厌食。恶性循环的结果,宝宝会变得成长发育不佳。

怎么办? 最重要的就是让宝宝有饿的感觉,这样宝宝才能从用餐当中获得满足。遵守下列几项原则可以让宝宝容易有饥饿感:

- 供给三餐和下午点心,正餐时间至少间隔4小时,而且固定时间喂食。
- 当用餐时间开始时,应该在15分钟内开始进食,用餐时间不超过30分钟。
- 在规定的时间内还没开始进食或吃完,食物就应该移走。
- 不要让宝宝养成"走到哪里,吃到哪里"的习惯,不提供果汁,两餐之间只提供水。
- 父母决定地点、时间、孩子吃什么,但吃多少由孩子决定。
- 鼓励宝宝自己进食。

同时，在用餐时间，父母要减少让孩子分心的事物，当发现宝宝有不好的举动会影响用餐时，可暂停喂食，同时让宝宝知道"此风不可长"。

而为了改善宝宝生长发育不佳的问题，可以选择高热量的食物作为营养补充品，同时也可以借由"开胃药"的使用，让宝宝比较容易饿。

❸ **挑食**：1岁后，宝宝接受新食物的意愿会降低，这种情形在一岁半至两岁之间特别明显，每个宝宝拒绝的程度不一，严重的就成了挑食宝宝。挑食的结果，会使得维生素、铁、锌的摄取不足，连带影响口腔咀嚼功能。

怎么办？

- 对于先前排斥的食物先只给一点点。
- 至少尝试10到15次，反复地给予该食物。
- 试着将排斥的食物放在眼前，而不是急着喂他，有时宝宝较愿意接受他主动选择的新食物。一两岁宝宝的特性就是父母叫他吃什么，他的口头禅就是"不"！
- 如果提供的食物会造成宝宝恶心，就应该把该食物拿开，同时给予宝宝较喜欢的食物。
- 将少量新食物混在之前已接受的食物中，等到宝宝接受后，再增加新食物的比例。
- 父母必须保持中立态度，不批评食物的好坏，保持轻松的心情来面对宝宝的食欲。
- 父母在宝宝面前吃新食物，以身作则，不挑食。偶尔可以提起所吃的食物非常美味。

九大用餐原则

① 保持适当的用餐规定

父母决定地点、时间、孩子吃什么，但吃多少由孩子决定。

② 避免分心

- 喂食时，让孩子远离噪音和干扰。
- 喂食时，使用高脚椅来帮助局限孩子。
- 儿童餐椅应在餐桌旁，鼓励孩子在用餐的时间坐在那里吃饭。

③ 促进食欲的喂食方法

- 两餐之间的间隔允许3~4小时。
- 避免提供像果汁、牛奶等的点心，渴的时候只提供水。
- 对于幼儿而言，进食的时间配合家长吃饭的作息；典型的喂食频率是三餐加下午点心。

④ 保持中立态度

- 不要强迫或惩罚性地喂孩子。
- 不要以谈条件或恳求的方式让孩子吃东西。

⑤ 时间限制

- 当到用餐时间时，应该在15分钟内开始进餐，用餐时间应尽量固定。
- 用餐时间不超过30分钟。
- 用餐时每次以少分量，重复给予。

⑥ 提供适合年龄的食品

⑦ 逐步地提供新的食物

- 尊重孩子有对新食物害怕的倾向。在放弃前，至少尝试10~15次。
- 当孩子吃了新食物，对于幼童可用赞美的方式作为奖励。
- 不要将食物来作为奖励良好行为的奖品。

⑧ 鼓励自我进食

- 小孩应该有自己的汤匙和儿童餐具。

⑨ 容忍孩子自己进食中可能造成的混乱和污秽

- 使用有沟槽的围兜来接住进食时掉下来的食物，或在高脚椅下铺上报纸。
- 坐儿童餐椅。
- 不要在孩子每吃一口后，就用餐巾帮他擦嘴，以免打断用餐情绪。

当然，因潜在疾病造成喂食困难的宝宝，当解决本身的疾病后，许多喂食问题就会迎刃而解。

Q&A

Q: 完全不愿意吃辅食，只喝奶怎么办？

当宝宝辅食进行得太慢或吃得太少，往往会形成只依赖奶而又因奶喝得不够造成营养不足。建议妈妈先以杯喂或汤匙喂奶让宝宝习惯，然后再逐渐加上米粉或麦粉。

另外别让宝宝对喝奶产生随手可得的错觉，一定要定时及定量喂奶，时间过了喝不完或时间未到绝不可以给宝宝喂奶。基本上，只要生长百分位维持不降，应该可以暂时放心。

Q:已经1岁多,三餐主食还是奶可以吗?

1岁以上的孩子应该和大人食用一样的正餐了。建议妈妈不要在宝贝很饿的时候才喂食,否则他一定会吵着喝奶,选择宝贝比较喜欢的主食种类,在还没感觉很饿时先让他慢慢吃,逐渐培养喜欢吃正常主食的习惯。2岁多的孩子已经能听懂家长的话,一定要耐心地鼓励与沟通,若安排和小朋友一起吃饭,孩子会互相学习与模仿,更容易达到目的。

Q:睡前一定要喝奶,不然会闹着不愿意睡怎么办?

睡前喝奶不但容易造成蛀牙,当然也会增加肠胃的负担。不过,对2岁以前的宝宝,原则上仍会因为有饥饿感而不肯睡,有些宝宝则是因为依赖或缺乏安全感而要半夜喝奶,最好是只给少量或以奶嘴暂时安抚。长远之计还是得戒除才好。

Q:13个多月,150毫升的奶要分成3次喝怎么办?

1岁左右大时常会面临厌奶的问题,厌奶期是指孩子不喝牛奶,但是生理状况及成长皆正常,是婴儿常见的过渡时期。厌奶期是正常现象,切勿强迫喂食,只要顺其自然即可度过。孩子若遇到此状况,建议可摄取足够的辅食补充营养,避免影响孩子的生长发育。若厌奶期过长,身高、体重比同年龄的宝宝低时,则应请教医师改善其营养状况。

Q:几岁小孩可以喝鲜奶?

1岁以上喝鲜奶原则上没问题,但是只能当点心或辅食的一餐。若是鲜奶当成主食,那么最好另外补充维生素D及铁剂,以免造成营养上的不足。

Q:孩子不吃饭可以让他饿吗?

对食欲不好或偏挑食的小孩,应该要坚持三餐定时定量,以及不给零食或饮料的原则。当然还是要仔细注意小孩的体重及精神,并且随时与保健科医师保持联系。

Q:不吃青菜怎么办?

蔬菜类烹煮过后味道较为特殊,是许多孩子不喜欢吃蔬菜的原因,可利用种植或观察植物,培养孩子对于蔬菜的喜好并配合鼓励,来改善幼儿对于蔬菜类食物的偏食。另外,幼儿对于色彩十分敏感,食物颜色可说是五彩缤纷,应善用食物颜色搭配,来吸引孩子对于进食蔬菜的兴趣。如果孩子不喜欢吃青菜,可以换个饮食方式,例如打成蔬菜汁,或是让小朋友喝果菜汁,这样也可以摄取到纤维。

Q:不吃叶菜怎么办?

梗的部分通常较脆,会比叶菜容易咬断,而叶菜部分因为纤维较粗,不易咀嚼与咬断,一般小孩均无法顺利吞食,甚至不小心会发生哽到的状况。在给孩子吃之前,妈妈可以先行切碎,或是混杂在其他淀粉或肉类里一起烹

煮，这样就可以让儿童顺利摄取到叶菜类蔬菜。

Q:鲜奶和配方粉哪个更适合孩子吃？

从科学上说一定是优质配方奶好。推荐1岁以内的婴儿用配方奶粉，因为它适合小孩子的生长发育，能够更接近母乳，使孩子生长发育更均衡，而不会出现过度的肠道和肾脏功能的负荷。有条件3岁以上可以选择鲜奶。3岁以内都有专门的配方奶粉，营养素都是强化的。

Q:怎样选择国外品牌奶粉？

国外品牌在国内生产的奶粉，配方均按照我国婴幼儿奶粉的国家标准进行了调整，适合中国宝宝的情况。但国外销售的奶粉，我国宝宝食用未必适合。一般来说，日本原装奶粉含锌量极少或根本不含，妈妈们要警惕宝宝是否缺锌。欧洲原装奶粉微量元素的含量达不到我们国家标准，其中钙、铁、锌尤为突出。美国原装奶粉在蛋白质、脂肪以及含糖量上，都是按照标准的上限进行添加的，因此，孩子喝了美国奶粉后容易胖。为避免宝宝超重，在喂美国奶粉时，应取推荐奶量的最小值，比如奶粉包装上建议每次80~100毫升，喂80毫升即可。

因此，妈妈应该把国外品牌奶粉的营养配方表和中国婴幼儿配方奶粉三项强制性国家标准摆在一起，逐一对比，根据自己宝宝的特点来选购奶粉。同时买奶粉时要看清标识、价位、保质期等。塑料袋装的奶粉用手捏时，要感觉松散，有轻微的沙沙声；塑料罐装的奶粉，将罐慢慢倒置，轻微摇动时，奶粉能全部落下才好。

Q:不爱喝水只喝奶或饮料怎么办？

对不爱喝水，只喝奶或饮料的小孩，应该要坚持三餐定时定量，以及不给零食或饮料的原则。妈妈可以先以自己榨的果汁取代饮料，之后慢慢将浓度减少，或是给一些较淡的蜂蜜水（1岁以上）。此外，家长要以身作则，别让儿童有取得饮料的机会。牛奶原则上对小孩有益，若是坚持不喝水，可以暂时以牛奶取代单纯的水分。

给孩子适当吃些硬食

给宝宝吃些细软的食物，有利于消化和吸收。但宝宝若长期吃得过于细软，则会影响牙齿及上下颌骨的发育。因为宝宝咀嚼细软食物时费力少，咀嚼时间也短，可引起咀嚼肌的发育不良，结果上下颌骨都不能得到充分的发育，而此时牙齿仍然在生长，会出现牙齿拥挤、排列不齐及其他类型的牙颌畸形。

若常吃些耐嚼的食物，可提高宝宝的咀嚼功能，乳牙的咀嚼是一种功能性刺激，有利于颌骨的发育和恒牙的萌出，对于保证乳牙排列的形态完整和功能完整很重要。宝宝平时宜吃的一些耐嚼的食物有：白薯干、肉干、生黄瓜、水果、萝卜等。

第13~18个月宝宝的教养

宝宝开始不听话

到14个月宝宝就开始会挑战大人的权威了。孩子表示"不",可能是他对于已经学会的东西失去兴趣,想学新的东西。这时候爸妈不妨给他玩玩新的东西,给他挑战性较高的玩具。

了解原因 → 说理 → 告知后果

有一些爸妈以为孩子小所以向他说理他听不懂,但孩子并非听不懂,而是在试验谁才是决策者。因此,爸妈还是要耐心地向孩子说明为什么要这样做,为什么那样做不好。

保持同理心

假使宝宝哭着不肯吃饭,无论原因是否合理,都要先抱着同理心,站在他的角度先安慰他,不要马上说"不行",以免增加宝宝与大人对抗的趣味(与大人对抗之所以有趣,是因为可以引起大人注意或使大人生气),反而模糊要吃饭这个重点。爸妈可以说:"好,那你哭一下,等一下再吃。"或者是先安慰他,但告诉他等会儿还是要吃饭。

使用命令式的语气

直接用命令的方式使他听话,特别是当宝宝会有危险时。使用生气的

眼神加上肢体动作。如果说道理之后，宝宝仍然不听话，爸妈可以用眼神加上肢体动作（例如把宝宝抱离危险的地方）来告诉宝宝自己很生气，同时要宝宝注视自己的眼睛，以简单清楚的语气重述对宝宝的要求，或是阻止他进行危险的行为。

转移注意力

无论多大的宝宝，使用这一招可以转移他对某些事的执着。不过并非对每个宝宝都管用。

❶ 告诉他哭没有用

"你哭，我不懂你要干什么。"让宝宝学着以其他方式表达需求。

❷ 预告下次的做法

在他第一次用哭表达他的需求时，可先满足他，等到他心情好时，再清楚地告诉他："你下次要什么说出来，不要哭。"这些原则一定要在他哭闹之前告诉他，因为宝宝哭泣时十分不理性，跟他说理是没有用的。当然，下次宝宝想吃或玩时，一定要主动先观察他的需求并提醒他。

❸ 练习

可模拟某些情境，教导孩子用说的方式，而非哭泣来告知需求。当孩子顺利地说出需求，记得要给予鼓励。

教养孩子并不容易，不过只要能坚守几个重要的原则，特别是不要因为孩子哭泣放弃自己建立的原则，就有助于发展出良好的脾气与个性。

谁家养出了惯宝宝

希望孩子过得好是每个父母的心愿，但养出一个将来无法面对世界所给予压力的惯宝宝，绝对是家长们的梦魇。

惯宝宝的养成

托儿所教师发现，惯宝宝因为长期有人协助，当老师们带着孩子穿鞋、袜时，最常听到他们说"我不会……"，并伸出脚，或坐在原地等待老师来帮忙；有些孩子则是习惯家长喂饭，即使餐具放在眼前，仍不会主动进食。除了生活自理能力差之外，惯宝宝到了能与他人互动的5岁左右，则易容因与其他孩子互动失利（如玩游戏时输了）而感到非常难过甚至是愤怒，有着"输不起"的个性。惯宝宝在个性上除了挫折容忍度低之外，也较容易生气，且因事情总无法顺利完成而有较低的学习动机。在学习中，发出求救讯号的频率也较高。由于独生子女是由数个家长带领一个孩子，孩子拥有家中所有的资源，可能会比较容易养成"惯宝宝"的个性。

什么家庭会出现惯宝宝

一般人可能会认为，惯宝宝最容易出现在那些从小家境优越、父母什么都能够提供的家里面，其实不然；老师们皆异口同声表示，"惯宝宝"的养成与家中状况的关系不大，反而是受到家长教养态度的影响，让孩子错过了成长阶段中的"学习任务"，导致孩子无法处理自身的状况，只得等待别人帮忙完成。

第一种 奶奶疼孙辈，舍不得孩子吃苦。爸爸妈妈在孩子出生后继续工作，大部分的长辈"疼孙"，爷爷奶奶会对孙子较宠溺；他们年轻的时候不这么对待自己的孩子，但面对令人期待的新生命，不免想要多疼一下。此时孩子父母一定要适时介入爷爷奶奶的养育方式，让爷爷奶奶了解自己也有责任教养孩子，并设定具体目标让孩子及爷爷奶奶共同努力。

第二种 双职工忙碌的爸妈双职工家庭，早出晚归，回家后爸爸妈妈总是希望孩子快点吃完饭，洗好澡就上床睡觉，所以几乎都由爸爸妈妈负责喂孩子吃饭。孩子的生活能力的培养更需要一步一步练习，当家长的不能因没有时间就越俎代庖。如果父母平时无法慢慢训练及等待孩子，那么也务必找出一段较充裕的时间，与孩子进行训练生活自理能力的亲子游戏，可举办"穿袜子比赛"或"扣扣子比赛"。

第三种 保姆协助，什么都不必做。家境富裕的孩子，有保姆为他打理生活。在西方，很早就倾向让孩子成为一个"独立的个体"，父母会鼓励孩子一切需要靠自己完成；看得长远的父母，也开始思考：孩子在未知的将来会面对哪些挑战？父母可以给予孩子哪些准备？从小事开始，不被惯坏的宝宝，将有更多面对困难的"利器"。

不惯孩子，从小开始培养

孩子的每一个阶段，都有其发展任务，生活自理能力其实就是孩子能处理其发展任务而已，从早上起床开始，刷牙、洗脸、换衣服、吃早餐……这些在大人眼中看来习以为常的动作，孩子们都需要一步一步学习。试想一个连自身周围工作都无法完成的孩子，该如何面对将来更复杂、难度更高的社会？

宝宝给爸爸妈妈的备忘录

- 别溺爱我。我哭闹不休有时是在试探。
- 对我保持公正的态度，这样反而能让我有安全感。
- 爸爸妈妈不要给我养成坏习惯。

- 不要让我觉得自己比实际年龄还小。
- 别在人前指出我的错误,我会感到很没面子,进而反抗。
- 别过度保护我,我需要痛苦的经历。
- 我有小病痛时别太在意。
- 不要对我随便允诺。
- 虽然我还不能把事情说清楚,你们要认真听。
- 我很容易因为害怕而撒谎。
- 当我提问题的时候,别应付我。
- 我害怕的时候,你们要关心我。
- 你们错了应该向我道歉。
- 我很快就会长大,你要跟上我的脚步。

Q: 为什么我与保姆关系处理不好?

保姆一般只接受过简单培训,或没有培训过,所以,她上岗后要加强管理。保姆不是家人,她与你好比单位的雇主和员工。应该注意以下几点:

❶ 不要把保姆完全当成家里人。人与人之间需要交流,但距离过近就不利于雇主管理了。

❷ 不要把保姆当救济对象,小恩小惠不断。这种没有原则的恩惠经常会让保姆的欲望变大,可能会分不清哪些是应得的报酬。

❸ 不要盲目相信沟通的力量。有的问题可以通过沟通来解决,有的问题则不可以。企业管理如果都靠将心比心就不用制定制度了。

❹ 要对保姆正面提出要求。说话太婉转,小心翼翼不利于管理。其实对保姆提要求只要简单明确就好,特别是刚来的时候,把所有的要求一定要说得清清楚楚,实在不行写在纸上。保姆做得不对的地方,一定要明确地说不行,这样才能让保姆意识到你的真正意图。

感觉统合训练——前庭觉

前庭觉与平衡能力相关,因此发展不好的孩子在坐车、玩飞车、荡秋千、旋转游戏时,就特别容易晕,因为他们对加速度旋转刺激特别敏感。对人来说,前庭觉的发展会通过大脑慢慢地整合,然后越来越成熟,所有感觉统合中,前庭觉其实是最早发展的。

评断小孩前庭觉的发展,可以观察小孩是否特别喜欢做冲跑,然后又突然停止的行为。此外,前庭觉过度敏感的孩子,就会有特别惧高,下楼梯会紧张,对环境适应力低的表现;反之,若前庭觉迟钝的孩子,就特别喜欢寻求速度刺激感,且喜欢转圈圈、晃头晃脑、翻跟斗、跳弹簧床,甚至喜爱撞墙壁来测试反应,这类的孩子有中耳炎的比例较高,主要也是因为内耳不平衡的关系。

小游戏刺激前庭觉发展

① 翻跟斗、荡秋千、跳弹簧床、坐旋转木马、玩飞高高等游戏,可给予正向的刺激。

② 卷棉被游戏,妈妈和爸爸两个人可把小孩卷在棉被里,然后摇晃,有助于触发前庭觉。

这些游戏对增加孩子的注意力很有帮助,不过玩的过程中,强度以及力道要达到阈值才有效果,因此刺激的次数要适中。面对过度敏感的孩子,则要提高刺激度,面对过度迟钝的孩子,则要减少刺激度,合适的做法才能达到希望的效果。

感统开发——视觉认知功能

经常把鞋子、衣服穿反的孩子可能隐藏着许多视觉认知方面的问题,包括缺乏视觉经验、视觉区辨能力不佳、视觉注意力不足等。

视觉注意力

注意力不仅是对课业有很大的影响力,对于日常生活也会有影响。有的孩子鞋子穿错边、穿两只不一样的袜子、穿到别人的鞋子、过马路不看红绿灯,除了认知的问题外,不外乎就是不够专心谨慎。视觉注意力不足,不仅会造成日常生活上的不便,更可能会带来许多危险。此外,视觉注意力不足也可能造成日常生活技巧学习缓慢,尤其是步骤较为

复杂的事物，如绑鞋带、叠衣服、使用电器用品等。

视觉区辨能力

区辨能力包括辨识（如颜色、大小）、配对和分类，这对于日常生活来说也是经常使用到的能力，例如辨识鞋子的左右边、衣服的正反面、分类玩具或游戏等都需要用到此能力。如果孩童经常会把鞋子衣服穿错边、错拿相似的物品、从来不会把玩具分类，这都可能潜在有视觉区辨方面的障碍。

视觉空间能力

此能力包括空间相关位置的概念（如上下左右）、深度知觉和空间定向感。这对于日常生活功能也是很重要的一环，例如过马路时需要依照马路的长度来判断走路的速度，或依照来车的距离来判断是否要过马路；又例如循着简易地图去买东西，这些能力都是和日常生活息息相关的。此外，这个能力对于行走安全方面有很大的影响，如判断阶梯的高度、水沟的宽度、地面的高低差等。

前景背景区辨能力

在日常生活中，最常使用此能力的状况便是寻找物品，如果缺乏此能力，孩童便不能在一堆散乱的物品中找出他所想找的。例如一堆衣服散落在碎花图案的床铺上，请孩童去找出他自己的衣服。如果缺乏此能力，孩童将找不出来，并且会漫无目的地翻找。如果孩童经常抱怨找不到玩具或故事书，就可能潜在有这方面的问题。

视觉记忆

视觉记忆不佳的孩童，经常会忘记刚买不久的物品的样子、想不起新同学的长相、无法透过视觉记住车牌或电话号码。此外，视觉记忆不佳的孩童对于视觉刺激和经验的适应能力亦不佳，因此需要不断地提供刺激来帮助他们记取，否则将会造成日常生活技巧的学习缓慢。

许多家长在看到有关介绍后，才赫然发现自己孩子有视觉认知方面的问题。如果发现孩童的日常生活质量不佳、生活技巧学习缓慢，都可能潜在有视觉认知方面的问题，应尽早寻求专业医生的协助。

宝宝语言发育迟缓的原因

小儿到了18个月仍不会说话，或者在3岁半时说不出整句句子，一般属于语言发育迟缓。那么，是哪些因素造成幼儿语言发育迟缓呢？

❶ 听觉问题。听觉的问题大致有三种：失聪、环境太安静及环境太嘈杂。失聪的宝宝可能完全听不到声音，或者听不到某些音频的声音，这样或多或少影响了宝宝接收外界声音的能力，也妨碍了发展语言的能力。环境太安静会减慢宝宝的语言能力发展，而且是十分常见的原因。父母往往忙于工作，抽不出时间跟宝宝沟通，宝宝身处这样的环境下，缺乏外来的启发，要学会说话自然较慢。环境太嘈杂对宝宝的语言能力发展同样没有好处，例如家里的电视机声音十分大，宝宝根本听不清楚外界的声音，谈不上可以吸收外界的说话信息。

❷ 脑部问题。如果宝宝的智力发展迟缓，说话能力通常会受影响。

❸ 发声器官问题。例如宝宝出生时已经有舌头或咽喉肌肉动作不协调，这些缺陷可以令宝宝较难发展语言能力。

❹ 遗传方面问题。假如父母幼年时都较迟才会说话，他们的子女亦有不少会步父母的后尘。

让宝宝尽早学会说话，最重要的还是让宝宝接受适量的外界刺激，要让宝宝多听，才可以刺激他们的语言能力发展。父母要与宝宝多说话、多沟通。

注意隔代养育可能出现的问题

"隔代教养"已是普遍的现象，然而所衍生出的问题也不少。父母能陪伴在孩子身边当然最好，若不得已必须将孩子委托给祖父母照顾时，怎么做才能取得最佳的平衡点？怎么做对孩子最好呢？

管教问题

人的心情随着年龄不一样而有所改变。许多当了爷爷奶奶的人，多只是想要疼小孩而不是管小孩，再加上活动力下降，面临孩子的吵闹，变为"吵闹的孩子有糖吃"。这和年轻父母期待培养孩子独立照顾自己的能力是不一样的。此外，两代（祖父母与父母）价值观可能有所不同，面对管教态度的意见、想法、态度、技巧也有所不同，如果没有良好的沟通，很容易造成彼此的冲突。

祖父母的体力问题

年迈的祖父母面对孙子旺盛的活力，常心有余而力不足。除了体力上的限制，祖父母的健康状况也是需要注意的一环。过度的劳累可能会恶化祖父母原本的病情（例如高血压、糖尿病等），或是增加发生意外的危险（例如制止孙子的嬉戏而不小心骨折或是跌倒）；有些照顾者出现记忆力下降的情形，也可能影响照护的质量。

语言沟通问题

6岁以前是孩子各方面发展的黄金时期，语言发展也是非常重要的一环。语言的不同（例如祖父母只讲方言）或是语言刺激不足（例如祖父母活动力下降，较为沉默）等，皆可能影响孩子的语言发展。

儿童心理发育层面的影响

婴幼儿是发展"依附关系"的重要关键时期。孩子的成长只有一次，孩子的童年也只有一次，父母即使不能时常陪伴在孩子身旁，仍要注意与孩子建立关系。婴幼儿处于脑部发育的关键时期，最重要的就是借由外界不断的刺激来增进学习。祖父母不能提供多样的文化刺激。

当然，隔代教养也有优势，有经验的祖父母面对孩子的状况，较能心平气和地处理，不会像有些新手父母那样过度焦虑。

另外，祖父母除了扮演扶养照顾的角色，也可以扮演多种的角色。在新两代及三代关系中，当亲子之间冲突对立时，祖父母可以成为新两代的桥梁及缓冲。父母在隔代教养的过程中，应留意下列几点注意事项，妥善处理，以期能增进亲子关系：

❶ 父母的爱是他人无法取代的，对孩子应更加留意、关心，多多抽空陪孩子，并参与他的活动，重质胜于重量。
❷ 注意3岁以前的教育，在某些关键期尽量不要缺席，多陪孩子建立关系。
❸ 考虑祖父母的身体、精神状况及意愿。
❹ 父母与祖父母宜多互动，以减少子女的适应问题。
❺ 祖父母未能协助孩子课业的部分，应委由他人帮忙。
❻ 注意孩子由祖父母家回到原生家庭的衔接适应问题。
❼ 避免将两代之间的嫌隙战争带到孩子身上，这对孩子是不公平的。
❽ 有特殊状况须耗心耗力照顾的孩子，不宜由祖父母接手（例如自闭症、脑瘫等）。

隔代教养不可否认有其利弊。但当我们面临无可避免的隔代教养时，应该在这之间取得较佳的平衡点，以孩子的最大利益来考虑，提供孩子幸福而理想的成长环境，这是父母与祖父母可以共同携手创造的。

幼儿涂鸦

到了2岁多,知道笔是用来画画的,宝宝常常一拿到笔就涂,运笔肌肉协调的部分则到了渐渐可以模仿画直线(不论是何走向,只要线是直的就好)的程度。因为开始觉得自己有握笔(粗的蜡笔或彩色笔)能力,所以幼儿喜欢去发现自己还能画出什么,因此常常不分时间地点,只要一有工具就展开自己的实验!建议家长准备可以反复使用的画板/白板/涂鸦本,或者准备可水洗的色笔或粉笔给孩子使用。与其不断禁止,不如规定一个能方便孩子尽情涂鸦的地方。

年龄小,能画什么

一两岁的幼儿画画,最先只限于认识与了解蜡笔、纸张、黏土等素材。这时最适合的是黑色蜡笔及大张而平滑的纸,或安全粉笔与黑板。避免用太多颜色。三四岁的幼儿想象力随之增加。此时期不同的颜色对幼儿来说可能有激励作用,幼儿可用不同颜色来说明不同事物。

年龄越小≠越有想象力

一般人总以为年龄越小的孩子,其想象力越丰富;随着年龄增加,想象力也就越贫乏。但其实,幼儿的绘画作品令人欣赏的地方在于笔触、造型的纯粹与单纯,例如线条的轻快或粗壮;至于绘画内容是否深刻、想象力是否丰富,则不是观赏幼儿画时的重点。相较之下,小学五、六年级学生才比较容易画出真正具有想象力的作品。

"生活画"是主要题材

在幼儿描画的题材中,生活画占有很大的比例。不论是国内还是国外,以人物为中心的日常生活画所占比例最高,其次是以动物或交通工具为题材的画,然后才是幻想或故事,以风景和静物为题材所占的比例则最小。

画人物和画植物

孩子的绘画发展有如爬楼梯,必须一阶一阶、缓慢而踏实地上去,绝对不可有超越式的成长。在幼儿绘画发展的过程中,首先出现的"人"是由一个头和一双脚所构成的。经过一段时间后,会出现头和身体,此时不合比例。至于植物,幼儿们通常会画花、草和树木。对于花的描画,大多画出来的则是太阳形或喇叭形的形象。

第7章 第19~24个月的宝宝

第19~24个月宝宝的养育

宝宝是安静or自闭

🌿 自闭症的成因仍无定论

自闭症是脑部功能异常而引起的一种发展障碍,每1万幼儿中就会有5~10名幼儿出现自闭症症状,症状通常在幼儿3岁前就会出现。

每个自闭症患者的症状皆有不同组合,有的人可能表现在固执行为及口语表达上,有的人则表现于社交互动与固执行为上。每种症状又会依不同程度而有轻度到重度的差别,这些因素也就说明为何每个自闭症患儿之间也有差异性。

🌿 自闭症的常见特征

根据国际疾病与相关健康问题统计分类(ICD)第十版,自闭症的诊断须符合以下标准:

❶ 3岁前出现功能之发展异常或障碍。
❷ 交互社会互动方面之质的障碍。
❸ 沟通方面质的障碍。
❹ 狭窄、反复、固定僵化行为、兴趣和活动等。

要从日常生活发现自闭症

自闭症的孩子较易有以下的行为：

❶ 初诊时患者父母主述"不理人"、"不看人"、"叫他没反应"、"我行我素"、"不合群"、"自己玩自己的"等行为是自闭症儿童的主要行为特征。

❷ 正常儿童自五六个月起，逐渐出现认生怕陌生人的行为，而绝大部分自闭症儿童不会认生，甚至到成年都不曾有过怕生的经验。

❸ 正常儿童会认人之后，若与照顾者分开时，会有哭闹、依依不舍的分离焦虑行为，但自闭症儿童很少在2岁之前出现分离焦虑，约2%自闭症儿童无法和母亲分开。

因为以上几个特征，转变到人际关系上也就容易出现以下的各项问题：

问题一：视线接触不佳

- 回避和人的视线接触是自闭症儿童的另一特征，主要是不会用视线和姿势动作来沟通。
- 当他们在用眼神来表达人际沟通时，就很可能会出现不适当的眼神。

问题二：奇特的游戏方式

- 自闭症儿童使用玩具时，常出现不恰当的使用方法，譬如许多自闭症儿童喜欢把车子倒过来，玩它的轮子，或者把车子放在地上推，只注意车轮的转动。
- 在装扮的游戏，譬如过家家等游戏，自闭症儿童缺少一般儿童想象的玩法。

问题三：社交能力障碍

- 和其他儿童交往时，缺少回报式的社交反应，不会用适当的方式表达谢意。
- 缺乏参与合作性团体游戏的能力。
- 有很多时间像在沉思又像在发呆，会让别人觉得他在做白日梦，无法亲近。
- 缺乏同情心或不知如何表达同情心，无法体会别人的感受和情绪反应，无法适当地表达自己对别人情绪的了解和反应。

Q：自闭症的产生是后天原因造成的吗？

自闭症的成因目前仍无法确定；公认的是，自闭症的产生与家庭背景和父母的教养态度无关，也非后天因素造成，而和神经功能发展、生化功能发展、遗传因素或脑部受损等生理因素有关。妇女怀孕期间可能因风疹使胎儿脑部发育受损而导致自闭症。新陈代谢疾病也可能造成脑细胞功能失调，造成自闭症。窘迫性流产、早产、难产等造成的新生儿脑部受伤，或是在婴儿时期罹患脑炎等疾病，都可能增加罹患自闭症的机会。

问题四：语言发展迟缓及沟通障碍

自闭症儿童语言表达的发展过程如下：

- 自闭症儿童语言表达的发展过程如下：先有简单的仿说，在仿说初期不知道所说的意思，仿说次数多了，才能将所说的话和实际情形配合起来，了解意思。逐渐地仿说字、仿说词，进步到可以主动地说简单的字和词，甚至句子。
- 到了能自动说话时，他们的语言呈现很明显的代名词反转现象，意即"你"、"我"代名词说反了，"你的"说成"我的"、"我要"说成"你要"，这种现象可以持续达数年之久。

问题五：易对事物产生恐惧

有部分自闭症的孩子会对某些普通的事物产生恐惧，例如听到某些声音便会大叫，或看到某种东西会觉得害怕，但他们常对真正危险的事物不具警觉性，比如滚烫的热水。

问题六：专注、反复同一行为

- 自闭症儿童除了在玩玩具时不按玩具的正常功能玩之外，对玩具的种类也有其偏好。
- 年龄较大的儿童，这些行为大都逐渐消失，可是通常会发展出对某些机器或特殊工具的喜爱，譬如喜欢拆组机器、喜欢照相等。

问题七：固定的仪式行为

- 有人对饮食的内容十分挑剔，只吃固定的食物；有人是对食物的烹调方法、口味、质料固定。
- 有些则对日常生活的某些细节要求以固定的方式进行，如睡固定的地方，盖固定的被子，用固定的奶嘴，坐固定的地方吃，用固定的碗筷，到某个时间看固定的电视节目，坐车坐固定的位置，出门走一定的路线等。
- 在语言、思考沟通方面也有固定现象，譬如有的儿童有重复的、固定的问题，而且要父母用固定的方式回答。

问题八：对外界反应异常

自闭症孩童对外界的反应异常。他们可能对声音、光线和触觉反应过分冷淡或者过分敏感。

问题九：自我伤害或破坏外物

通常自闭症的孩子并不会主动伤害或破坏事物。但由于他们常出现沟通和人际关系上的障碍，再加上一些固执的行为，所以当他们坚持要做某些事情而遭受阻止，或被要求做一些他们不能处理的事情时，他们便可能做出一些破坏或自我伤害的行为。

及早发现，及早治疗

一位家有自闭儿的妈妈曾经说："儿子从小就不爱黏人，每次睡醒时也不吵闹，都自己一个人安静地玩耍，我一直认为儿子只是生性乖巧、安静又是家中独生子的关系；直到他3岁上幼儿园时，老师告知我的孩子不会主动和其他小朋友互动，才惊觉我所认为的安静乖巧其实是发展迟缓的征兆。"除了家长平日细心的呵护及观察外，专业的预防保健服务更是孩子健康发展的一大助力，唯有及早发现问题，才能及早让孩子健康成长。

宝宝便秘的照护

便秘不是疾病，而是症状。父母亲平常应多注意孩子排便状况，若发现孩子开始有不敢大便、大便疼痛、出血等状况时，就应前往医院诊治，否则拖得越久，使情况恶化，治疗更为困难。便秘追根究底，还是与本身饮食习惯及生活作息相关，仔细观察及小心照护，并与医师配合，一般愈后良好。

> **词汇解读**
>
> 便秘是指排便次数减少或排出干硬的粪便，并合并有排便困难、肠道蠕动减慢和腹部不适的症状。当结肠对水分再吸收增加，使大便变干、变硬，或感觉、运动神经失调及肠蠕动异常，都有可能导致排便失常而造成便秘。

如何判断是便秘

宝宝便秘最明显的状况是大便变硬、一粒一粒有如羊便，而不是像大人一样是以多久排便一次作为判断基准。即使宝宝天天排便，但宝宝在排便时感觉相当吃力，大便又如同前述般坚硬，那都算是便秘。另外，母奶可能被婴儿的肠胃全部吸收，所以有时一两天都不排便也是正常的状况，因此爸妈们不用过度担心。

便秘的四个原因

功能性问题

多数便秘属功能性，父母亲饮食习惯会影响到孩子，父母亲容易便秘，孩子也会有便秘倾向。

肛门括约肌发育不足是部分婴儿便秘的原因，没有力气解大便，一天、两天、三天没解，于是便便就越来越硬。家长可以先用温热毛巾按摩腹部或按压下腹部，或是用棉花棒蘸点凡士林刺激婴儿的肛门帮助排便，假如状况都没有改善，就需要询问小儿科医师，找出导致便秘的原因。

器质性问题

虽然多数便秘属于功能性，但有少部分属于器质性便秘，常见原因有先天性巨结肠症、甲状腺功能不足、肠梗阻、慢性铅中毒、脊柱裂、长期卧床等。

饮食不当

6个月前的宝宝便秘，大多出现在喝配方奶粉的婴儿，因为配方奶粉是以牛奶作为基础，调整成接近母奶的营养成分，但有时婴儿肠胃无法完全吸收配方奶粉的铁质或是其他成分，因此排便不顺，此时可以考虑换奶粉品牌。

6个月大之后的宝宝，因为开始吃各种辅食，母奶或配方奶分量逐渐减少，若便秘有可能是因为缺少水分、纤维质摄取不足，或是食量减少。

- 缺少水分：水分补充不足，造成大便在胃肠道内被吸收得太干、太硬，导致宝宝无法顺利排便。
- 纤维质摄取不足：植物中的纤维质不会被人体所消化，能够刺激胃肠蠕动，因此有助于解除便秘，摄取不足时，胃肠蠕动会较为缓慢。
- 食量减少：食物经过胃肠消化吸收后，剩下的食物残渣太少，在肠内产生不了多大的压力，所以宝宝不会感到便意，大便长时间积存在体内后质地变硬，宝宝更不容易排出。
- 高蛋白、高脂肪及精致食物摄取过多：例如，肉类、奶油、油炸食物、快餐、冰品、巧克力、蛋、奶酪等食物在胃部排空的速度较慢，无法促进胃肠道蠕动，恶化便秘情形。

心理因素

父母亲对孩子排便习惯太过于强调，或父母亲对排便引导不当，会造成孩子反抗的心理。

宝宝有时会出现肛裂，原因为大便过硬，而婴儿的皮肤较为细嫩，在排便时容易擦破皮，之后宝宝便便时害怕疼痛，就更不敢出力，如此一来形成恶性循环。

如何给宝宝使用开塞露

在开塞露药物颈部开口处涂些橄榄油

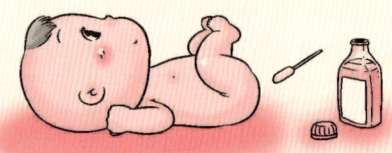

在孩子肛门附近涂些橄榄油

将开塞露的颈部轻轻加压放入直肠，挤入药液

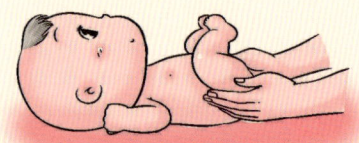

拔出开塞露颈部后，用手夹住肛门，保持数分钟

宝宝便秘的照护

❶ 增加水分摄取

水分摄取原则,每千克体重至少需要100~150毫升,所以以10千克的小朋友为例,一天要喝1000~1500毫升,体重超过10千克以上,每天至少要摄取2000毫升才足够。

❷ 饮食摄取

- 1岁以下婴儿发生便秘时,可以增加水分的摄取及给予富含纤维的新鲜果汁、蔬菜泥或水果泥等。
- 1岁以上幼儿不能以牛奶为主食,发生便秘时应该减少蛋白质类食物的摄取量,增加富含纤维的食物摄取量,例如全谷类、豆类、豆制品及蔬果等。
- 注意少用零食或糖果来笼络孩子,因为这些食物通常高油、高糖或高盐,但是纤维含量少,容易造成便秘及营养不均的问题。

❸ 腹部按摩

建议两餐中间可沿着孩子的肚脐周围,顺时针方向轻轻按摩,每天3~5次,每次3~5分钟,使肠蠕动较顺,食物残渣也容易送到直肠内,产生便意感。

❹ 肛门刺激（针对一岁以下婴儿）

- 间接刺激:时间选择在喝完奶后不久(30分钟至一小时之内),宝宝会有排便反射,父母可考虑刺激宝宝大腿内侧或肛门口周围的皮肤,做刮搔的动作,也是一种刺激方法。
- 直接刺激:宝宝如果超过48小时未解便,可考虑以棉花棒或肛温计蘸一些凡士林或婴儿油深入宝宝肛门内2~3厘米,并做旋转动作2~3圈,如此可以刺激宝宝排便,效果不好,可每12小时做一次。

❺ 良好习惯

对于较大的幼儿,父母可鼓励孩子定时坐马桶,给予充足解便时间,利用清晨或者饭后督促孩子如厕,但若孩子不排便,则不可勉强。孩子解便时周围环境宜单纯,减少玩具、电视等干扰,以利孩子专心解便。适当运动,可使胃肠活动加强,增进食欲,提高排便动力,另外规律的生活作息、放松心情也可以改善便秘情形。

❻ 药物使用

以上情形处理过后,孩子仍有便秘情形,父母可直接带孩子就医,交由专业医师处理。药物尽量以口服为主,避免常常灌肠造成孩子畏惧的心理。当排便痛苦减轻时,孩子会较不害怕解便,有助于重新建立排便习惯,但切记须听从医师指示,不宜自行用药,也不可长期使用,否则当肠壁神经感受细胞的反应降低时,即使肠内有足量粪便,也无法产生正常蠕动及排便反射。

怎样给孩子捏脊

捏脊是一种帮助孩子祛病强身，效果明显，适于家庭操作的推拿法。小孩偏食、厌食、消化不良、营养不良、易感冒及一些慢性疾病都是适应证。

🌿 捏脊的方法

① 让宝宝俯卧于床上，背部保持平直、放松。

② 捏脊的人站在宝宝后方，两手的中指、无名指和小指握成半拳状。

③ 食指半屈，用双手食指中节靠拇指的侧面，抵在孩子的尾骨处；大拇指与食指相对，向上捏起皮肤，同时向上捻动。两手交替，沿脊柱两侧自长强穴(肛门后上3~5厘米处)向上边推边捏边放，一直推到大椎穴(颈后平肩的骨突部位)，算作捏脊一遍。

④ 第2、3、4遍仍按前法捏脊，但每捏3下需将背部皮肤向上提一次。再重复第一遍的动作2遍，一共6遍。

⑤ 最后用两拇指分别自上而下揉按脊柱两侧3~5次。

⑥ 一般每天捏一次，连续7~10天为一疗程。疗效出现较晚的宝宝可连续做2个疗程。

🌿 捏脊要注意什么

① 时间：捏脊在早晨起床后或晚上临睡前进行疗效比较好。每次捏脊的时间不宜太长，以3~5分钟为宜。

② 温度：捏脊时室内温度要适中，捏脊者的指甲要修整光滑，手部要温暖。

③ 年龄：捏脊疗法适于半岁以上到7岁左右的宝宝。年龄过小的宝宝皮肤娇嫩，掌握不好力度容易造成皮肤破损；年龄过大则因为背肌较厚，不易提起，穴位点按不到位而影响疗效。

④ 手法：捏脊前要露出整个背部，力求背部平、正、肌肉放松。手法宜轻柔、敏捷，用力及速度要均等，捏脊中途最好不要停止。

⑤ 禁忌：宝宝背部皮肤有破损，患有疖肿、皮肤病及发高热时要暂停。

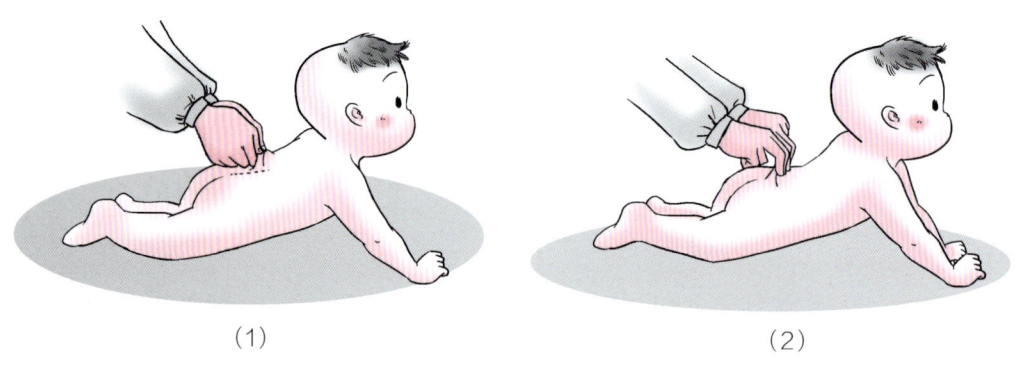

(1)　　　　　　　　　　(2)

捏 脊

宝宝口吃怎么纠正

和宝宝多聊天,让他说话慢下来,一定要讲清楚,不要重复。多鼓励宝宝,不要责备他,不要给他过多的心理压力,让他在轻松的环境下进行交流。平时让他背背唐诗、多唱唱歌,多和同龄宝宝接触,多鼓励宝宝讲话,坚持3~5个月就好了。在外面如发生口吃情况,不要刻意去纠正他,和朋友在一起时,不要让宝宝认为口吃是件好玩的事,一定让他慢慢讲话,把话说清楚,不要着急。家长对宝宝要有耐心,千万不要因为口吃责备宝宝,要多鼓励。

宝宝越小,矫正越容易。

如果宝宝出现口吃,不要大惊小怪,让他继续说,让他感到不会因为自己的口吃遭到指责,从而减轻其紧张焦虑感。切忌纠正、打断,让他重说一遍,也不要提醒宝宝慢慢讲、想好了再说,这只会加重心理负担导致更加口吃。与宝宝说话要慢,要有感情,边说边问,引导宝宝答话,如宝宝一时不愿回答,不必勉强,要让他在不注意自己有口吃缺点时,自然而然地回答问题。要经常鼓励和表扬他,帮助其树立自信。

婴幼儿智力障碍的危险信号

宝宝生下来以后从不哭闹,吃吃睡睡,不要以为这宝宝很"乖",其实,有些婴幼儿因年龄幼小,心理障碍的表现有时更难认识,躺在那里不哭,不等于宝宝一切都好。这种"乖"的表现是因为他们对周围事物缺乏兴趣,注意力和反应能力较差的缘故。若是由于爸爸妈妈的误解,致使这些宝宝的智力问题没有及时被发现,得不到早期的治疗与训练,这样会耽误宝宝最佳训练时间,造成终身遗憾。

婴幼儿智力障碍的行为表现主要有:

① 很晚才出现微笑(正常宝宝2~3个月会微笑)。

② 眼神不会跟踪亮光或物体。

③ 对声音或声响缺乏反应。

④ 给固体食物时吞咽障碍。

⑤ 2~3岁时走路仍两脚互相乱碰。

⑥ 6个月后注视自己手的动作仍持续。

⑦ 将东西放进嘴里的动作持续到很晚,有时到2~3岁还把玩具放进嘴里。在清醒时可见磨牙动作,这是正常宝宝所没有的。

⑧ 15~16个月后仍把东西随地乱丢,而且持续的时间很长。

⑨ 需反复或持续刺激后才能引起啼哭,哭时经常发喉音,有时哭声尖锐。

⑩ 1岁以后持续时间很长时间不能停止淌口水。

⑪ 缺乏兴趣及精神不集中,反应迟钝。

⑫ 多睡和无目的的多动。

宝宝为什么容易嘴唇干裂

秋冬季节,有些宝宝容易发生嘴唇、口角干燥,甚至嘴唇或口角出现裂口,疼痛不已。由于疼痛而少食或拒食,啼哭不眠,时间久了,容易导致营养不良而消瘦,影响其身心健康。人的嘴唇上没有汗腺,不能分泌汗液补充表面水分的散失。嘴唇的润滑是依赖皮脂腺分泌的皮脂来维持的。在正常情况下,嘴唇一般不会干裂,而在气候干燥寒冷的秋冬季,皮脂腺分泌减少,就容易发生嘴唇干裂和疼痛。另外,由于秋冬季新鲜蔬菜较之夏季为少,而这个时期的宝宝有一些食物还不能食用,只能吃切碎的蔬菜和水果,就容易导致机体内核黄素摄入不足,这也是秋冬季宝宝易发生嘴唇、口角干裂的一个原因。

为什么宝宝嘴唇干裂之后,越舔反而越干?宝宝因嘴唇、口角干裂不适而喜欢用舌头舔上下嘴唇及口角,让唾液滋润嘴唇和口角,结果越舔越干燥,甚至开裂、出血、疼痛加重。这是因为,唾液中有蛋白质、淀粉酶等物质,舔在嘴唇上,经冷风吹刮,水分蒸发,淀粉酶沾在嘴唇上,使干燥程度更严重。宝宝如果发生这些情况,一方面要调整饮食;另一方面家长可以带宝宝去看看中医,并运用推拿方法来调理。

纠正孩子吮指

吮指是婴幼儿常见的行为,是发展过程中出现的。大约有一半的婴幼儿有过吮指行为,其高峰在18~21个月。有80%的儿童在入睡时还要吮一吮。

❶ 吮指的方式各不相同:有的孩子只是把手指(多数是大拇指)塞在嘴里"咂";有的是抱着毛绒的玩具就要吃指;还有的甚至吮拳头。

❷ 吮指的时间各不相同:有的孩子只要是醒着没人陪伴就吮,有的是在入睡前才吮。在入睡前吮指的,更难纠正。

❸ 对吮指的看法各不相同:我国家长对吮指很紧张,千方百计地要纠正;但欧美国家的家长并不是这样看。他们认为这并不是什么不良行为,孩子到了5岁左右会自动放弃的。专家也认为,如果孩子快出恒牙了还在吮指,才会对牙列的整齐与否有影响,否则就没有什么害处,不必过分担心。总之,对吮指的看法各式各样,是否急于纠正,认识也不尽相同。从心理发育看这是一种在儿童发展过程中常见的行为,在一岁以内不必过分紧张,一岁以后应该注意纠正。两岁左右开始纠正,可以利用语言讲道理,效果更好。四岁后再开始纠正,由于习惯太牢固,纠正起来困难很大。

❹ 纠正吮指好方法:

• 在婴儿醒着的时候,总让他的手指有事做,摇小拨浪鼓、小摇铃,抚触按摩,抱他起来走动。在他刚要把手伸到嘴里时,把他的手指拿出来,逗引他看垂挂的玩具、听你唱唱歌,转移他的注意力。

• 孩子大一点了,可以带他看牙医,让牙科医生对他说不能吮指的话,这会很有用。

• 不要批评,这样做会使他更加吮指,寻找安全感。

第19~24个月宝宝的喂养

怎样给宝宝选择零食

零食占儿童每天食物的20%左右，因此，妈妈要给宝宝正确选择零食。色香味十足的儿童食品对宝宝来说难以抗拒，但把握尺度的还是在妈妈。

谷类零食

1. 可经常食用：煮玉米、无糖或低糖燕麦片、全麦饼干、无糖或低糖全麦面包等。这些都属于低脂、低盐、低糖的食品。
2. 适当食用：月饼、蛋糕及甜点。甜食宝宝可以适当吃一些，但不可过量，因为其中添加了中等量的脂肪、盐和糖。
3. 限制食用：膨化食品、巧克力派、奶油夹心饼、方便面、奶油蛋糕等。这类食品最好不吃，因为含有较高脂肪、盐及糖。尤其是膨化食品，更是高油、高能量、高盐、高糖、高味精集于一身，长期大量食用会造成营养不足和脂肪积累。如果在饭前吃，还易造成饱胀感，影响正常进餐。而其中含有的铅，还会影响儿童生长发育。

薯类零食

1. 可经常食用：蒸煮烤制的红薯、土豆等。薯类食物营养价值高，蒸煮是最好的烹饪方法，加工温度在100℃左右，不会产生有害物质。
2. 适当食用：添加盐和糖的甘薯球、地瓜干等，含有添加剂，不要常吃。
3. 限制食用：炸薯片和炸薯条。这类食品的加工方式导致食物中含有很高的油脂、盐、糖和味精。

坚果类零食

1. 可经常食用：花生米、核桃仁、瓜子、大杏仁、松子、榛子等。坚果富含多种维生素和矿物质，富含的卵磷脂对儿童及青少年有补脑健脑作用。小时可以压碎食用，大了才可以整粒食用。
2. 适当食用：琥珀核桃仁、鱼皮花生、盐、腰果等。经过加工，已穿上糖或盐的外衣，给宝宝吃要适量。炒瓜子、炒花生虽没有添加辅料，但因油脂含量高，如保存不当，受高温和高湿度的影响，容易变质，食用时一定要当心。

必读小叮咛

家长给宝宝买零食，不要一次性买得过多，少买零食，可以控制宝宝的食用量，注意不要让宝宝看电视时吃零食。

🌿 饮料类零食

① 可经常食用：不加糖的鲜榨橙汁、西瓜汁、芹菜汁、胡萝卜汁等，这类食物最好是家中自制，现榨现吃，新鲜蔬菜瓜果榨汁是最好的饮料。

② 适当食用：加了糖，并且果汁含量超过30%的果(蔬)饮料如山楂饮料等。购买这类食品，妈妈要仔细阅读说明。

③ 限制食用：甜度高或加鲜艳色素的高糖分汽水或可乐等碳酸饮料。

🌿 奶及奶制品

① 可经常食用：纯鲜牛奶、酸奶、奶粉等奶制品。

② 适当食用：奶酪、奶片等奶制品。

③ 限制食用：全脂或低脂炼乳。炼乳含糖量太高。

🌿 蔬菜水果类零食

① 可经常食用：香蕉、苹果、柑橘、西瓜、番茄、黄瓜等新鲜、天然食物。

② 适当食用：海苔片、苹果干、葡萄干、香蕉干等。这类已用糖或盐加工的果蔬干，虽挂水果名，但营养已大打折扣。

③ 限制食用：水果罐头、果脯、枣脯等。在制作糖渍食品时，会损失原料的部分营养，而且蜜饯等通常含糖量较高，有些产品还会加入较多食盐或大量甜味剂、防腐剂和色素等，因此这类食品最好不吃。

🌿 肉类、蛋类零食

① 可经常食用：水煮蛋。

② 适当食用：牛肉干、松花蛋、火腿肠、肉脯、卤蛋、鱼片等。这些零食虽然也有营养，但多数都是熏制及酱卤出来的，含有大量食用油、盐、糖、酱油、味精等调味品，并在制作中损失了很多营养成分，还添加了少量亚硝酸盐

作为防腐剂和增色剂，因此过量或长期食用会对人体造成伤害。

❸ 限制食用：炸鸡块、鸡翅、烤鸡等。这类食品主要成分为高脂肪和高盐，缺乏人体所需其他营养素，尽量少给孩子这类零食，以免增加肥胖、高血压及其他慢性病风险。

豆类及豆制品零食

❶ 可经常食用：豆浆、烤黄豆等。豆制品营养丰富，蛋白质含量高，对人体补充钙成分有极大的好处。

❷ 适当食用：经过加工的豆腐卷、怪味蚕豆、卤豆干等。

❸ 豆制品不宜吃得过多：豆制品可以吃，但也不宜过多。因为豆类中含有一种能致甲状腺肿大的因子，可促使甲状腺素排出体外，结果体内甲状腺素缺乏；机体为了适应需要，就会促使甲状腺体积增大，以增加甲状腺的分泌，而由于过多地分泌甲状腺素，就可能导致碘的缺乏，所以说豆制品可以吃，但也不宜过多。

糖果类零食

❶ 适当食用：黑巧克力、牛奶纯巧克力等。巧克力营养素含量相对丰富，却含有一定脂肪、添加糖，只能适当食用。

❷ 限制食用：棉花糖、奶糖、糖豆、软糖、水果糖及话梅糖等。吃糖太多不仅对宝宝牙齿不好，还会影响食欲，导致发胖。孩子吃糖太多会导致近视。

冷饮类零食

❶ 适当食用：质量好的鲜奶冰激凌等。

❷ 限制食用：那些特别甜、色彩很鲜艳的雪糕、冰激凌等。

> **词汇解读**
>
> 空热量：所谓的空热量食物，就是含有高热量，却少量（或缺乏）基本维生素、矿物质和蛋白质的食物。例如一罐汽水含有585.2千焦（140千卡）空热量（38毫克的糖、70毫克的钠、添加咖啡因、各种防腐剂，完全缺乏蛋白质、维生素和矿物质）。一份标准快餐的热量高达4180千焦（1000千卡）以上，而只有微量的维生素或矿物质。一份薯条含有961.4千焦（230千卡）的空热量和270毫克的钠。
>
> 许多空热量食品最糟的还不是缺少什么，而是多加了什么，大多数空热量食品为了更美味可口而添加大量的添加剂。

不要让宝宝"积食"

宝宝很容易引起消化不良,食欲减退,中医学中称为"积食"。宝宝"积食"后,常常有腹胀、不思饮食或恶心、呕吐症状。当宝宝出现"积食"时,首先节制进食量,较平常稍少一点点即可,食物最好软、稀易于消化,比如米汤、面汤之类,尽量少食多餐,以达到日常总进食量。同时还要带宝宝多到户外活动,以有助于食物消化和吸收。

对积食的宝宝,常吃山楂有好处,可以试用以下食疗方法:

健脾饮

用橘皮5克,荷叶、山楂各3克,麦芽10克,冰糖少许,入锅加水煮滚,转小火续煮10分钟即可。可用于乳食积滞所致腹泻。

茴楂丸

茴香、山楂各等分,研细末,盐、酒调和,空腹热服,可治幼儿腹痛。

山楂汤

用山楂100克,洗净去籽,入锅,加适量水,大火煮沸,改小火煮30分钟。食山楂肉,喝汤,可治儿童积食,尤宜于食肉不消化的幼儿食用。

消食粥

将粳米、莲肉、山药、芡实、神曲、麦芽各10克,山楂15克,扁豆20克,同入锅。加适量水煮粥。每日服1次,连服3日。可健脾消食化滞,适用于乳食不节型小儿厌食。

山楂饼

用山楂、白术各120克,神曲60克,匀研成末,蒸成梧桐子大的饼丸,每次服3丸。

山楂粉

用山楂肉不拘多少,炒研为末,用蜜和砂糖拌匀,每次服3~6克,水送服;尤宜于幼儿痢疾赤白相兼者。

山楂汤

山楂粉

第19~24个月宝宝的教养

为淘气的宝宝抓狂

让父母们抓狂的行为

有一些父母会大呼:"我家的宝宝简直是个可爱的小恶魔,不断在挑战我们的耐性!"每一个孩子的个别差异,表现出来的行为也不尽相同:

❶ 喜欢玩马桶中的水,并且用手下去搅拌,乐在其中,有时还会把整个头伸进去,玩马桶水。
❷ 喜欢上上下下爬楼梯,爬柜子,爬桌子,经常摔得鼻青脸肿、满头是包。
❸ 不论任何玩具或东西都往嘴里塞。
❹ 喜欢爬上小板凳或者矮桌子,攀着窗户往外眺望。
❺ 生病了,不管大人怎么哄骗或抓着灌药,都无法喂药。
❻ 白天睡觉,晚上不睡觉,还要父母陪着玩,日夜颠倒。
❼ 在公共场所大哭大闹或躺在地上打滚。
❽ 自己抢着吃饭,却吃得桌上、地上一团糟。
❾ 喜欢玩垃圾桶里的垃圾,有时还会撒出来满地玩。
❿ 看到喜欢的玩具或零食非买不可,否则就耍赖、哭闹。
⓫ 吃饭慢吞吞,一餐还没吃完下一餐又到了。
⓬ 爱哭,动不动就哭,一哭就呕吐满地。
⓭ 喜欢咬人、抓人。
⓮ 黏着妈妈不放,否则就又哭又闹。
⓯ 拿了笔就在墙上、桌上、地上乱涂抹。
⓰ 伸手就拔电插头,或用手指头玩插座。

🌿 和宝宝沟通的五项技巧

要和宝宝相处沟通，确实有一些困难，不过，可以善于运用下列5种技巧，以避免不必要的生气。

❶ 事前预防法：2岁的孩子非常缺乏克制力，所以，要把一些危险的东西、药品、工具尽量往高处或者抽屉中放，可以减少危险的情况发生。此外，在孩子容易摔倒的地方，尽量铺设软垫子，避免孩子碰撞、跌伤。厕所的门平时能关就关着，可以防止孩子进去玩马桶。

❷ 转移注意力法：不要和孩子正面冲突，转移注意力是最好的方法。例如：当孩子在公共场所耍赖，这时父母可以用转移注意力的方法，带领孩子去看别的东西或者到别的地方，转移他的注意力，以减少正面冲突。

❸ 鼓励和惩罚并用法：当孩子今天外出表现很棒时，父母要给予口头或实质的鼓励。同样，当孩子表现出危险的动作或者咬人、抓人的行为时，父母则要明确地给予惩罚，如取消一次外出游玩资格，或罚坐2分钟等。

❹ 规律的作息：对2岁以下的孩子来说，规律的作息是很重要的，父母若能养成孩子白天游戏、晚上睡觉的习惯，才能带得轻松自如。

❺ 让孩子知道你生气了：2岁以下的孩子可能不太会讲话，但大致上能听得懂大人在说什么。就算听不懂，孩子也会透过父母肢体语言来知道爸爸妈妈生气了，父母可以在孩子表现出不适当行为时，做适度生气的表现。

🌿 当孩子令您抓狂时

也许您家的小宝宝也有上述的一些行为，令您伤透脑筋，甚至在您最疲劳的时候，考验您的耐性，挑战您的权威。请记住，孩子的成长不可能总是那么顺利，他必须经过一番跌跌撞撞、自我慢慢修正之后，才能一步一步地成长。而身为父母的您也是一样，需要一次又一次地经历刻骨铭心的锥心之痛，才能体会到当爸爸妈妈的伟大。抱着一份感恩的心：感谢上帝送给您一个捣蛋鬼，因为他，您的日子处处充满幸福、惊奇和挑战。

🌿 给父母的提醒

为了能让您和孩子相处得更加愉悦，请遵循以下的提醒，对您和宝宝的相处，将有莫大的助益：

❶ 如果事情很重要，请不要让孩子自己选择。
❷ 避免提出可以用"不"回答的问题。
❸ 避免因为孩子的要求和顽固而情绪激动。
❹ 听了孩子说的"不"或者"我不要"的反抗话语，请不要吃惊或激动。
❺ 告诉自己：宝宝正经历这个阶段，长大一点就好了！

别被孩子的哭控制

当孩子到了人生中的第一个逆反期——2岁左右，哭泣较多是情绪上的问题，有可能是闹脾气的哭，也有可能做不到某件事因为挫折而哭，如果在这个阶段学习到只要哭就可得到他想要的需求时，就会利用哭来制约家长。

哭闹背后可能的原因

小孩的哭闹常是他的一种表达方式，需用心"倾听"他所要表达的意思，通常孩子哭闹有以下原因：

❶ 事情不顺遂：对于6岁以下的儿童肢体协调、耐心与注意力都还在发展的阶段，事情进行得不顺利是常见的事，但却常引发激烈的情绪反应，如运用积木排队没有成功就常会乱发脾气，大哭大闹。

❷ 感到受欺骗：信任感对学龄前阶段的儿童相当重要，所以一旦被承诺的事情没有实现时，所引发的情绪反弹会很大。家长常认为欺骗孩子不重要，反正他以后就会忘记，但小孩长大后可能会对他人较没有信心与信任感。

❸ 面对自己的弱点：如被其他小朋友说他长得比别人黑、比别人胖，虽然只是一句玩笑话，但可能造成小孩心理很大的伤害。即使孩子不会明说，但会以情绪来表达，希望家长能够以"同理心"来"听见"孩子的心声。

❹ 利用情绪作为武器：毕竟小孩的语言表达能力与肌肉发展都不及大人，所以一旦有所求但又被拒绝时，以情绪作为"武器"相当常见。

❺ 身体感觉不适：这是家长常会忽略的问题，特别是自己诸事烦心时，对于小孩"发脾气哭闹"时的忍受力特别低，小孩突然哭泣与发脾气时，应该首先判断孩子是否有身体不舒服，特别是智能障碍或者自闭症患者，因为其身体出现问题的比例高但又不会表达。

回应哭泣Yes or No

要不要马上响应孩子的哭泣？该怎么回应才对？

要帮孩子认识自己的情绪，而且要给孩子发泄情绪的时间，等孩子发泄完情绪再教导他要如何处理问题。例如孩子在闹脾气的哭，父母可问孩子"你在生气吗？为什么生气？你哭一下没关系，我

等你，等你哭完我再告诉你该怎么办"。

这个阶段的孩子已经可以判读大人的情绪，并有可能有意图地用哭泣、生气等策略得到想要的东西。一哭闹就有糖吃或是有电视看，久而久之孩子就学习到只要哭闹就可以得到他想要的东西，这会增加孩子哭闹的强度与频率。

当家长用温柔的坚持方式与孩子沟通一段时间后，孩子会慢慢学会控制自己的情绪，哭闹的强度与频率就会慢慢减少。

🌿 面对哭泣宝宝有对策

❶ 拥抱和温柔的语言

不论孩子是属于哪一种哭泣，温柔的语言与拥抱是通用对策。当孩子哭泣时，千万不要不理他或是将他丢在一个安静的空间，最好的做法是到孩子身边抱着他。如果孩子是声嘶力竭的暴哭时，家长抱的力量可加强，之后可拍拍孩子的背部、胸部或摸摸孩子的肩膀，将孩子的手握着或做手部按摩，通常这种温暖的接触都可缓和孩子的情绪。除了拥抱之外，家长也可用温和的眼神看着孩子，并用温和的语调和他说话。

❷ 哭闹当下先不沟通

孩子哭闹当下，先不要跟孩子讲道理，可以给孩子和自己喝杯水，在确定安全的环境中提供一张舒服的小椅子，然后让孩子坐在小椅子上哭几分钟，跟孩子说：等一下再回来问你为什么哭。小孩哭闹其实像午后雷阵雨，一会儿就雨过天晴，有的孩子可能坐个几分钟就忘了刚刚自己为什么哭，几分钟后再回来与孩子沟通，当家长问了原因，孩子会说出自己的需求，家长则根据孩子的需求告知为什么家长不准他做什么事或买什么东西，要让孩子知道家长说不的原因。这样的沟通方式当然不会一次见效，需要长期多次"温柔的坚持"，才会慢慢发生效用。也建议家长不要用威胁的语言希望孩子停止哭泣，有的家长会说"你再哭我就不爱你了"，这种威胁的话语反而会让宝宝哭得更大声更久。

❸ 家长的语气须坚定

当孩子因为意图明显而哭泣时，像是要玩具、想吃零食、看电视等，不当的安抚反而会加强孩子这些负面的行为，所以对应原则的拿捏很重要。建议家长可用坚定的语气告诉孩子"我在旁边等你，等你哭完我们再沟通"或"你这样哭是没有用的，妈妈不会因为你哭就买给你"，当孩子意识到哭闹没有用时，就会慢慢停止哭泣。

让宝宝早识字好吗

如果宝宝能在父母的正确引导下，对识字有极大的兴趣，而且是在轻松愉快和各种各样的游戏活动中学习的，那么，让他在学龄前学会识字、阅读就并非是一件坏事。中国的汉字实质上是一个个的图形，如果宝宝已经能辨认生熟人的面孔——最复杂的几何图形，并有一定的专注力，就说明宝宝已经具备识字的基本条件了。这时的"识字"，只是一个视觉刺激信号而已，和认一幅图并没有什么两样。而结合宝宝爱吃的食物、爱玩的玩具、认得的亲人以及日常家具、物品等进行无意识的学习，对宝宝来说并非就是一件困难的事。目前在我国，早期学会识字、阅读，已不是什么特别新鲜的事了。宝宝早期识字，只能作为一种记忆游戏，家长功利心不能太强，如果宝宝不喜欢这种游戏则不要勉强。

孩子不宜早学写字

孩子的手在6岁以前，抓笔时往往握成拳头状，指尖握着笔尖，手会挡住视线，造成孩子侧头来看自己写的字，这样的姿势长期会造成近视隐患。

另外，家长对写字并不专业，对汉字的笔画笔顺不一定全清楚，容易误导孩子，上学以后不易纠正。

Q: 对0~3岁儿童阅读能力的要求是什么？

孩子的阅读能力是逐步发展的，随着语言能力的发展而提高：

1. 能通过封面辨别图书；
2. 会装模作样地读书；
3. 知道书应该怎样拿；
4. 开始建立跟家长共同读书的习惯；
5. 通过发声游戏感受语言节奏的快乐和游戏的滑稽；
6. 能够指认书本上的物体；
7. 对书中的角色做一些评论；
8. 阅读图书上的图片，而且意识到图片是真实物体的一种表征；
9. 能够聆听故事；
10. 会要求大人为他们阅读；
11. 逐渐有目的地涂涂写写；
12. 似乎能区别图形和文字的差异；
13. 能够写出一些类似字的符号。

宝宝"五音不全"怎么办

宝宝稚气的歌声,让人们听了总会泛起会心的微笑。然而,有的宝宝在唱歌时,经常会出现"五音不全",大致有以下几种情况:

❶ 宝宝的"五音不全"主要体现在唱歌的音准方面,唱起歌来较容易走音跑调。

❷ 唱歌时,像在说话、说歌,没有高低音之分,不入调。

❸ 唱歌时,发音忽高忽低,唱不准组成旋律的每个音。

❹ 宝宝普通话的咬字发音不准,影响唱歌时的音准。

对"五音不全"的宝宝,可以通过一些方法训练,逐步纠正听音能力的差异。

培养宝宝的听音能力

音准和听音能力有很大的关系,听音能力差的,弹和唱完全是两个调。父母可以演奏乐曲,或者用录音机放歌曲让宝宝听后跟着唱,有条件的,可以让宝宝学一种乐器,让宝宝边弹、边听、边唱,听听弹的音和唱的音是不是一样准确。

不要让宝宝清唱歌曲

清唱,往往会让宝宝起音不准,更容易走调,要让宝宝跟着琴声唱,或者跟着录音机唱,刚开始小声地跟唱、练习。对某句唱不准的,要耐心地逐句教,让宝宝逐句听录音,逐句学唱练唱,直到唱准为止。

如果宝宝普通话发音不准,可以选择一些儿歌,让宝宝朗诵,要注意朗诵时的咬字发音和声调,帮助宝宝提高音准能力。选择适合宝宝唱的歌曲,使宝宝在自然声区里唱歌,有利于提高宝宝的音准。

感统开发——认识两侧整合

走路同手同脚、跳健康操老是跟不上拍子、只习惯用单手做事情、右手用力左手也跟着用力、两脚绊在一起而跌倒……这些都是在孩子身上常见的问题,可能是感觉统合"两侧整合障碍"的表现。"两侧整合"顾名思义即为身体两侧的协调并正确表现动作的顺序,简单来说,又可以细分为以下几种类型:

跨中线动作的能力

跨中线动作即是身体一侧的眼睛、手或脚,跨过人体的中线在身体另一侧做动作。人体主要有三条中线,分别将人体分为对称的左右、前后和上下。

① 跨左右两侧的动作:如孩子画图时从右边画一条线到左边,在这个过程中不需要将笔从右手换到左手才能完成,右手跨过中线摸左边的肩膀或脚走交叉步等。

② 跨前后两侧的动作:如走路时手脚前后摆荡,将身体重心往前或往后移动(如向前或后跳、向前扑或向后倒)等。

③ 跨上下两端的动作:如弯腰用手去抓脚指头或捡东西等。

两侧肢体不对称动作的能力

即两侧肢体同时分别从事不同形式的动作,如写字时右手动笔左手扶着作业本、切牛排时右手拿刀子切而左手拿叉子固定,或扣扣子时左手将扣洞撑开而右手将扣子推入扣洞之中等。

两侧肢体对称动作的能力

即两侧肢体同时从事相同形式的动作,如用双手将衣服甩干、划双桨的船、跳绳时双手甩动绳子或游蛙式时手脚的动作等。

两侧肢体交替式动作的能力

即两侧肢体分别做相反、不对称的动作,且具有规律性,如双手交替打鼓、踩脚踏车、走路时手与脚的摆动、双脚交替打拍子等。

评量孩子的两侧整合

造成障碍的原因通常是"前庭"与"本体"感觉方面出现问题。临床上可能会出现躯干近端稳定性不足、站立与行走平衡不佳、俯卧与仰卧的姿势难以维持、旋转后眼球震颤等不良表现或现象。但上述问题对一般家长或老师而言

可能过于抽象与专业，因此以下提供较为浅显易懂的指标让家长方便观察与判断：

❶ 跨中线动作的能力不佳

- 东西放在右侧用右手操作，而放在左侧则改用左手操作。
- 画图或写字都集中在纸的某一侧，如右手写字时，字都挤在纸的右边。
- 东西放在左（右）侧时，会先用左（右）手拿，再转交给右（左）手。
- 拿对侧的东西时，不管东西近或远，都会以转腰的方式去拿。
- 眼睛不喜欢去看两侧的景象。

❷ 两侧肢体不对称动作的能力不佳

- 做事情都习惯用单手操作，例如，写字时左手不会帮忙扶着作业簿，只用单手进行计算机打字等。
- 右手用力左手跟着用力，如右手拿剪刀时，左手会跟着开合，导致无法将纸固定等。
- 无论多大的球皆以双手投掷的方式来丢。
- 排斥需要两手一起操作的活动，如弹钢琴、拧毛巾等。

❸ 两侧肢体对称动作的能力不佳

- 拍手的位置过度偏离中线，如过程中左手动作较小右手动作较大，导致拍手的位置偏向左手边等。
- 跳绳时无法顺利甩动绳子。
- 拿东西时容易倾斜一边，如端脸盆时容易倾向一边而导致水流出。
- 双脚并拢跳时，双脚动作不一致。

❹ 两侧肢体交替式动作的能力不佳

- 走路同手同脚。
- 打鼓等活动皆以两侧对称性的动作进行敲打，或跟不上拍子（如左手敲两下才换右手敲）
- 3岁以上还不会踩三轮车，如双脚一起出力。
- 匍匐前进时，双脚无法交替爬行，可能会有以下两种情况发生：只有单脚的动作，另一只脚不动，或双脚以同样的动作进行爬行。

❺ 其他

- 左、右区辨识混乱。
- 左、右手侧化不佳（如4岁之后仍没有偏好使用的手出现等）。
- 丢接球能力不佳（如接球时手肘一高一低等）。
- 走路步伐过小，不喜欢做大跨步的动作。
- 节奏感较差。
- 较为快速的连续动作表现不佳，尤其是需两侧交替的动作。

如孩子于上述的第1~4项观察指标中勾选超过2个以上时，即可能有该项两侧整合能力障碍的潜在风险；如果在第5项观察指标中勾选超过3个以上时，即可能有多面向的两侧整合能力障碍的潜在风险，应及早带孩子去医院寻求专业医师的协助。

幼儿英语五大问

一定要从ABC开始教吗

毕竟英语对大部分孩子来说是个新的语言，孩子需要两样学习动机——觉得"有兴趣"和"好玩"，才能持续学习。常有家长问，一定要从字母顺序开始学吗？其实不一定，就像我们学母语也不是从字母或认字开始一样。刚开始接触外语时，应该是从日常生活中常会被用到、家庭成员也很常讲到的东西先开始，比如"bye-bye"跟"hi"，常是孩子最先学会的英文；在学校里，则可能是先从唱歌开始。不过，这并不代表认字母不能在这些活动里同步进行。带入字母时要慢慢来，可从1周1~2个开始认起。而且绝对不是让孩子先认完26个字母后，才可以来教别的东西。

幼儿听不懂英文时怎么办

跟宝宝说英文听不懂，用中文解释可以吗？一般来说不建议用直接翻译的方式来学外语。况且幼儿学英语的目的并非学翻译，最好的方式是利用肢体，例如用表情与大、小肢体动作。我们教孩子的字不多，大部分都可以用肢体语言表现出来；不然，也可以用画图来解释；在解释时，大量的表情、动作或例子也会帮助孩子了解家长说的是什么。

况且，幼儿的中文基础尚未稳固，某些抽象概念也很难用直译的方式表达出来。

要从单词还是句子开始教

单词和词组中间还有词组，这其实是很正式的语言教法。也就是说，幼儿英语其实不适合这样教。"逐字逐句"的教法死板又不自然，幼儿英语的教学应该是融入式的，应从绘本、故事书或生活情境带入主题。其实歌曲的作用，主要是因孩子喜欢可以朗朗上口的东西。不管是歌曲或手指谣，不管学习的是中文还是英文，都会因为容易模仿而达到学习效果。

怎么判断双语幼儿园好坏

好的双语幼儿园应该是有教无类。其实,科目的界线原本就是人为的;专家指出,中小学科目林立,造成知识的孤立与分割,使得孩子无法了解知识与生活间的关联。幼儿教育应该是全面的、关注幼儿整体发展的。幼儿英语不应该是特别被拿出来"教"的一个科目;而是配合不同主题,将英文当作课程进行中沟通的工具。并经由学习过程中语言的使用与适时的师生互动,让孩子自然学会新的语言。因此,就语言学家角度来看,做法与上述原则相反的学校就是不太好的选择。例如:有不少学校深谙家长心态(送孩子来学校的目的就是学英文),所以刻意针对这个"客户需求"去安排英语课,上课时也会用"补习班式"的方式来教学。

幼儿英语和学龄英语的差别

幼儿学英语的时候,我们希望的是孩子对英文有兴趣就好。到了小学以后,就开始需要有结构性的教法,还要应付考试,所以在师资与教学方式上会有改变。随着学习者的年龄越大,其改变也会越多。在幼儿阶段,拼写单词并不重要,重要的是尽量提供孩子听、说、读的英文环境。加上现在大多数幼儿英语教学都是以自然发音让孩子学习,有了拼读能力(看到一个单词时能发出字音)后,以后需要记忆单词时就会容易得多。

Chapter 8

第8章 第25~36个月的宝宝

第25~36个月宝宝的养育

宝宝身高的关键Key

孩子的身高,主要与父母的遗传因子有关;然而医师指出,通过后天的努力,孩子还是有机会"反矮为高"。小孩的身高同时是反映儿童骨骼发育的重要指标。掌管身高发展的骨骼主要有:头颅骨、脊柱骨和下肢的长骨三部分,各部分的成长速度不一致;以初生宝宝为例,第一年是头部生长最快,脊柱次之,到了青春期后则以下肢增长为重点。

何谓生长迟缓

当记录宝宝的数值一段时间后,对照生长曲线图均低于第3百分位,或出现在短时间内偏离超过两条曲线,这种情况称为生长迟缓。若是身高、头围、体重皆小于正常范围,可能是先天性遗传、代谢等问题;若仅是体重较轻,身长、头围正常,多属于营养、饮食、消化道吸收不良等问题;若仅是身高较矮,体重、头围正常,可能为内分泌、先天性疾病、染色体等问题。另外,可配合宝宝各阶段发展指标,例如爬行、语言等能力去评估。不能仅因为宝宝矮小就概括为生长迟缓,需要一段时间才能下定论。

生长黄金年龄

男孩的生长黄金年龄有4年,从骨龄11~15岁之间;女孩的生长黄金年龄有2年,从骨龄10~12岁。因男孩比女孩多出两年的黄金期,所以成年身高平均会比女性多出11厘米。

另一影响生长的重大因素,就是小孩的睡眠时间。若上床睡觉时间晚于10点半,其实已经错失自己体内生长激素作用的最佳时段。生长激素的分

泌是脉冲式的，夜晚22时至凌晨2时，是它分泌的高峰期，在这个时段的深度睡眠，生长激素才会大量分泌。时间和睡眠都是关键，缺一不可。若错过这段时间，或者是处于浅眠、做梦的状态，生长激素都不会释放出来。

预测孩子的身高

父母的遗传是成长很重要的因素之一，可借由父母的身高来预测孩子未来的成长，计算公式如下：

男孩的预测身高：（爸爸的身高＋妈妈的身高＋13）÷2
女孩的预测身高：（爸爸的身高＋妈咪的身高－13）÷2

男孩的身高计算出来的值再加减7.5厘米，女孩的身高计算出来的值再加减5厘米，都是未来身高的范围值，这些往上加的数值就是可努力的范围。

Key 1: 营养需均衡

根据美国食品药物管理局（FDA）的建议，要让孩子长得高又壮，不可缺少的营养素包括：蛋白质、钙质、维生素A、维生素C、维生素D、微量元素镁及锌。由此可见，充足且均衡的营养绝对是让孩子长高的致胜关键。

Key 2: 运动量充足

就如大多数家长都知道的，想要让孩子长高，可以让孩子多进行弹跳性的运动如打篮球、跳绳等，上述的运动类型对长高的确有帮助，千万不能忽略运动的重要性。

但现代孩子从小就被捧在手心，百般呵护，长大后又忙碌于课业与才艺，加上环境因素，大部分的时间不是待在家里玩电脑就是到补习班去"进补"；从小就缺乏运动的意识与习惯，长不高的问题于是越来越普遍。

定期的运动也会让孩子的生活较为规律，亦有助于生长激素的分泌。不过还是要提醒家长，运动训练应该适度且以不疲劳为准则；倘若运动量偏重或过大，反而会抑制生长激素正常分泌，影响身高。

Key 3: 正常的激素

人体有许多激素的分泌会影响宝宝的生长发育,生长激素、性激素、甲状腺素、副甲状腺素、胰岛素等,都是维持成长的关键要素,缺一或不平衡都可能造成成长中的遗憾。

其中,生长激素的作用在夜间睡眠时分泌得特别旺盛,所以"睡眠"对孩子来说非常重要。爸爸妈妈希望宝宝可以长得高大,就要给予其充分的睡眠;尤其,千万不要让孩子跟着大人一起熬夜,发育中的孩子尽可能在晚上9时左右就上床休息。

Key 4: 疾病影响

部分先天性的疾病(如染色体异常、代谢综合征等)也会造成发育上的缺陷,进而影响身高的发展。慢性肝炎、心脏病、贫血、过敏等问题都有可能影响宝宝的生长发育;尤其骨骼的遗传性疾病(如:软骨发育不良等),更会使身高受限,甚至影响增高。

Q&A

关于身高Q&A

Q: 孩子身高的标准是什么?

孩子身高的标准是要跟同种族、同性别、同年龄的孩子比较。大部分的孩子实际上是在正常的范围内高一点、矮一点。在生长发育曲线图里面,100个孩子排队,从矮的向高的排,比第3名还要矮的叫作矮小症;排在第25名是偏矮;排在第50名是中等个儿;排在第75名是偏高的。第97名至第3名之间的叫作正常的身高。身材的高矮由很多的因素来决定,不是单一地看排名。

Q: 身高发育的关键期是什么时候?

孩子出生时候身高大多是50厘米左右,出生身高与成人后身高没有什么关系。2岁以内的身高和终身高的相关性只占到20%,但是2岁以后的身高排在哪个位置上将来基本就排在位置上。孩子从出生到1岁,一年应该长25厘米,1~2岁应该是10~12厘米,2岁以后一年应该是5~7厘米,到青春发育开始女孩子一年8~9厘米,男孩子9~10厘米。身高生长的高峰有两个时期,出生以后第一年长25厘米。女孩子8岁以后,男孩子9岁以后开始青春发育。女孩子到发育结束应该是25生长厘米,男孩子大概是28厘米。所以,2岁到青春发育前的位置基本上就定了将来的身高。这个阶段也是治疗的关键时期。

Q&A

Q: 如何通过骨龄来判断孩子的高矮?

人的生理发育有一个很准确的生物年龄,就是骨龄。正常的骨龄和时间年龄相差1岁到1岁半都属于正常的。如果骨龄比实际年龄小,意味着将来长个的时间要长一些,身高也许就是没有问题的。骨龄是准确地判断身高的一个很重要的标志。

Q: 遗传对孩子身高有多大的影响?

决定身高很重要的就是遗传因素。如果家族有矮小的,有可能会有隔代遗传。遗传对身高的决定因素大概占到了80%。

遗传身高的算法是:女孩子是父身高+母身高,减去13再除以2;男孩子是父身高+母身高,加上13再除以2。男孩子正常变异在6~6.5厘米,女孩子大概是5厘米左右。女孩子骨龄16岁闭合,男孩子骨龄18岁闭合。

有的父母都很矮孩子很高,或者父母很高孩子很矮。其中有隔代的问题,还有就是父母因为后天因素引起身矮,例如母亲发育期疾病等造成身矮。

Q: 宝宝可使用生长激素吗?

缺乏生长激素时会造成孩童生长发育迟滞及身材矮小,但是对于有正常身材的孩童而言,就不便以生长激素来增加身高的治疗。虽然生长激素号称可以让孩子长得高大,但其确切的研究还未获得普遍认同,爸爸妈妈千万别自行尝试,以免祸及孩子。

Q.: 用激素治疗的不良反应有哪些?

生长激素有不良反应,用不用的关键是值得不值得冒这个风险,要根据孩子的整个身高来进行评价。生长激素的不良反应是影响糖的代谢,引起一过性的高血糖。目前有研究认为有使2型糖尿病发病率增高的风险。

Q: 脚底按摩对孩子长高有帮助吗?

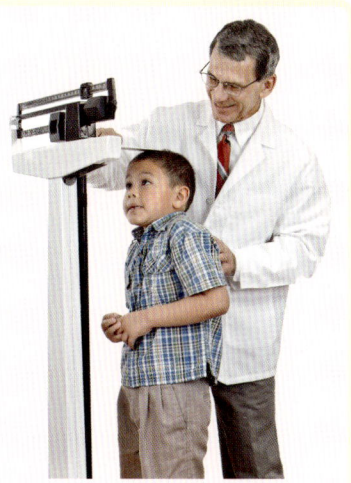

通过脚底按摩让孩子长高,其实也是一种可尝试的方法。建议使用徒手按压的方式,从脚底的正中央轻轻按摩,从脚底板正中央到脚内侧接近脚跟的部位,每个部位各按摩1分钟。提醒家长在帮孩子脚底按摩时的力道,可千万别太大;而且按摩时也禁用尖锐的物品,使用双手是最好的方式。

Q: 宝宝3岁了,身高比同龄的宝宝矮了不少,是什么原因啊?

应该到相关医院检查,首先看你的宝宝是否有营养不良、是否为遗传因素,再检查是否患有慢性疾病、代谢性疾病、内分泌疾病、智力是否正常,及时发现问题、及早解决。避免影响宝宝的正常生理发育及心理健康。

Q: 缺碘有碍宝宝智力和体格发育吗?

宝宝期缺碘会出现甲状腺肿大、体格发育迟缓,往往表现为呆小症,不仅智力低下、面容呆傻、身材矮小、食欲不振、行动迟缓,重者还会出现聋哑或瘫痪。婴幼儿处在生长发育期,对碘的需要量显著增加,可婴幼儿时期吃盐很少或基本不吃盐,容易发生碘缺乏。但不宜过多食用碘盐,口味太咸会有损肾脏。

补碘的常用食品:海带、紫菜、海虾等。

要重视宝宝的异常消瘦

2周岁后幼儿体重增加缓慢,年平均增重约2千克,可用简单公式推算,即:年龄×2+8(千克)。

超越上述幅度的体重下降,可视为"消瘦"。消瘦是否属于病态?除个别体质性的代谢特殊,略低于上述幅度,而又不伴有其他症状的,则不一定是病态。但一般来说,如体重减轻同年龄、同性别的平均值10%以下,就应该引起重视,可认为是异常消瘦。异常消瘦的情况有下列几种:

营养性消瘦

多因婴儿期喂哺不当或食物的质量和数量不当所致。如不及时纠正,到幼儿期则会进一步恶化。如体重比同年龄、同性别的平均值低15%,属轻度营养不良;低于40%为重度营养不良,表现为皮肤松弛、干燥、苍白、多皱纹、皮下脂肪少或完全消失、肌肉萎缩、易出汗、睡眠不好、烦躁不安、食欲不振,时有慢性呕吐、腹泻、贫血,甚至头颈和躯干部出现出血点或大片紫斑。

慢性病性消瘦

常见的有结核病、慢性消化不良、慢性肠炎、肝硬化、呼吸道疾病、泌尿道感染和寄生虫病、疟疾反复发作等。

宝宝特别消瘦,父母要予以重视,及时找出原因并进行治疗。

对于身体瘦弱,经常生病,生理性免疫低下的宝宝,并不需要特殊的治疗。平时要加强和平衡宝宝的营养,多吃有色蔬菜、水果。还应该引导宝宝多活动,增强体格锻炼,宝宝身体的免疫状况会得到明显改善,能很快适应环境。如果免疫低下表现较重,家长可以带孩子看免疫专科医生,在医生的指导下治疗。

必读小叮咛

夏天食欲不振的孩子宜清补。应选择鸭肉、虾、鲫鱼、瘦肉、香菇、银耳、薏米等清淡、具有滋阴功效的食品。多吃黄瓜、番茄、西瓜、豆类及其制品、动物肝脏、虾皮等,亦可饮用一些自榨水果汁。

孩子是好动还是多动

孩子"好动"与"多动"的差别到底在哪里呢？天生气质活动量稍高的孩子，让父母疲于应付他的惊人体力，这种孩子给人的印象，通常都是相当活泼、充满精力，但也常常让大人觉得他们不受控制，甚至比其他孩子更容易出现一些不适宜的行为。该如何判断这种孩子的活动量是不是过高了呢？

通过评量和测试做确诊

至于要确认孩子是否有注意力不足过动症，不能单凭一两项症状就判定，有可能单纯是孩子先天的气质。最好的方式是通过中文版注意缺陷多动障碍第四版评量表进行评估，再由医师协助，透过计算机测验，做进一步确认，例如计算机发出指令让孩子作答，看孩子的错误率为多少，并了解他的反应能力以及作答的时间长短。

多动症的成因相当复杂，因此多动症孩子需要生物、基因、心理、社会、文化、医学和教育等多元鉴定与诊断。美国精神科的临床诊断标准如下：

多动儿的诊断标准

A.符合❶或❷

❶ 持续六个月（或更长的时间）有下列六项（以上）注意力不足的症状，已达适应不良与其发展水准不符的程度。

- 注意力不足

Ⅰ.常忽略细节，或在学校功课、工作或其他活动中经常粗心犯错。
Ⅱ.做作业或游戏时，时常不能保持注意力。
Ⅲ.常常看来不专心听别人正在跟他说的话。
Ⅳ.常常不能遵从指示把事情做完，且无法完成学校功课、家事或工作场所的职务。
Ⅴ.规划工作或活动上经常有困难。
Ⅵ.常常逃避、不喜欢，或排斥需要持续专心的任务（例如：学校作业、家事等等）。
Ⅶ.时常把工作或活动所需的物品弄丢（例如：玩具、学校作业、铅笔、课本、文具等）。
Ⅷ.时常被外界刺激吸引而分心。
Ⅸ.对日常活动常常健忘。

❷ 持续6个月或更长的时间，有下列6项（以上）多动/冲动的症状，已达适应不良并与其发展水准不符的程度：

- 过动

Ⅰ.在座位上常手脚动来动去、身体扭动不安。
Ⅱ.在课堂上或其他须坐在座位上的场合中时常离开座位。
Ⅲ.常常在不该攀爬跑跳的场合中不断地跑来跑去或爬上爬下。
Ⅳ.时常无法安静地玩或从事休闲活动。
Ⅴ.经常处于活跃状态，或常"装了马达似的"四处活动。
Ⅵ.时常多话。

- 冲动

Ⅶ.常常在问题尚未讲完之前就抢着说答案。
Ⅷ.在需轮流的团体活动或游戏中不能等待。
Ⅸ.常常打岔或侵扰别人（例如：贸然闯入他人的谈话或游戏中）。

B.足以造成损害的一些过动：冲动或注意力不足症状，在7岁以前已出现。

C. 在两种以上的场合出现因症状而造成损害（如在学校或工作场合及在家里）。

D. 必须有明确证据显示在社会、学业或职业功能上出现临床重大损害。

E. 这些症状非仅发生在一种广泛性发展障碍、精神分裂症或其他精神病的病程中，同时也不符合其他精神病之诊断（例如：情感性疾患、焦虑性疾患或人格违常）。

这些症状通常开始出现在童年早期，半数以上会持续到成年以后。患有多动症的孩子，难以诊断的最大原因在于症状相当难判别，对许多父母而言，上述症状或许多家庭中孩子都有，但要判断是否为多动症还须合并以下几个重要特点：

特点1 症状多

当以上症状出现12种或12种以上注意力不足或过动、冲动的症状，7岁前便开始，且合并有学业、人际、情绪和行为等功能受到影响时。

特点2 跨场合

出现的场合需两种场域以上，包括发生在家中症状，也同时发生在学校，不分户外或户内等。也就是说，多动症的孩子不分场合都会有以上症状，而非在特定的领域才会出现特定的症状。

特点3 时间长

持续6个月以上，以上症状须为持续性，非昙花一现的。当经常发生在孩子身上，而非偶发性的，即有患多动症的可能性。

请家长细心观察家中的孩子，以上症状若都符合，建议寻求专业儿童青少年精神科医师诊断。一旦确诊，家长要注意几个事项：

❶ 避免慌张，自己慌乱，孩子将更难受控制。

❷ 学习分辨什么是无法控制，以及哪些情形是孩子故意的，哪些是无法做到的，不可一味给予处罚。

❸ 彻底认识注意力不足多动症。

多动症怎样治疗

一旦确定是注意力不足多动症，必须积极接受治疗，多动症对孩子的影响并非只是容易分心或冲动，还会有适应不良、个性上容易反抗，以及无法与同学有好的互动等问题，而且往往受挫感加重，进而与学校脱离。未接受治疗的孩子，愈后会比接受治疗者差很多。

最好的观察时机包括幼儿园大班，以及小学一、二年级，这时候已经上学很长一段时间，较能分辨许多行为是否与多动症有关。而最佳治疗年龄为6～9岁阶段，如果拖到中学才采取行为治疗，这么大的孩子已经很难好好配合。

只要症状影响下列五个发展范围，就必须积极接受药物和行为治疗

① 同学关系很差。
② 学业表现差，并非一定要一百分，而是因为过动症影响了学业表现。
③ 师生关系不佳。
④ 亲子关系比较有问题，容易有对立、反抗的情形。
⑤ 情绪发展有阻碍，口语表达不好，容易摔东西或打人。

治疗过程中，家长的耐心是非常重要的，一个行为的修正可能要一两个月，且每次只能针对1～3种行为做导正。

2岁前难以诊断多动儿

要诊断2岁之前的多动儿是非常困难的，因为2岁以下婴幼儿的发展尚未完全，有许多准则对他们这个年龄并不适用，这也是临床上专业人员进行判断时最困难之处。

对于好动的孩子要给以足够的活动与发泄。现在的社会环境，对于儿童发展所需的活动空间提供得太少，儿童常常总是处在被限制的状况下，难以利用他们刚刚学会的运动技能，所以也常让父母感到困扰。而身为父母，想要与孩子一起度过成长的挑战，又能同时拥有良好的亲子关系，其实有一些方法。

给孩子足够的户外活动时间：每天至少有1个小时让他在开放的空间中游玩、喊叫，才不会把过多的精力留在家里发泄。

培养孩子规律的生活作息：孩子需要有结构的环境提醒他适当的活动时间与内容，孩子才能清楚了解大人对他有什么期待，大人也可以借此机会具体地向孩子说明什么才是这个情境的适宜行为。而父母事先协调出一致的管教态度，对这个部分也是相当重要的。

给孩子鼓励与赞美，而非限制与禁止：当孩子表现出好的行为时，务必立即给予鼓励与赞美，让孩子多注意受欢迎的行为而且愿意表现出来，而非总是用限制或反对的态度去处理彼此之间分歧的意见；让亲子互动的品质维持在正向的感受中，而不是在每天的互动中累积满愤怒与不满。

婴儿期爱哭闹，长大多动概率高

英国华威大学、瑞士巴塞尔大学与德国波鸿大学的研究团队研究结果发现，每5名婴儿中就有一名会哭闹不止、不爱吃奶与睡不好，而这些宝宝长大后，出现"注意力缺陷多动障碍"（ADHD）、焦虑、抑郁，以及攻击行为问题的概率，比一般正常的宝宝增加了40%。

虽然这项研究显示，婴儿期的危险因子愈多，愈有可能成为问题儿童，但儿童健康专家也提醒家长，不要因此而过度恐慌。

对孩子不要过度保护

什么叫过度保护、过度干涉尚无定论，一般认为，过度保护宝宝大部分发生在比较担心或者是有强烈不安感的父母身上，尤其在养育第一胎宝宝或者是独生子时更容易过度保护。祖辈看护的孩子更容易受到过度保护，老人不光疼爱孙子，更怕受到埋怨。

应该在父母的守护当中让孩子一点一点地去尝试冒险，父母过度保护的话可能会让男孩养成胆小或消极的个性。此外，宝宝不管做什么事，父母都会插手、插嘴的过度干涉，这多半发生在追求完美的父母身上。"手洗干净了没有""要吃干净一点"。像这样深受父母干涉的宝宝渐渐就会消沉，而且会自我否定，变得没有自信，之后可能也会反抗父母。

一般来说，宝宝只要受到父母的信赖就会努力地去做。相反，如果不受信赖的话，就会觉得反正怎么样都得不到信赖，就会随便做做。所以相信宝宝是很重要的。要改变过度保护、干涉的做法，对父母来说也不容易，但只要在对宝宝说"不行"之前，停一秒想想看，就会不断改进。

预防孩子性早熟

"环境激素"又称为"内分泌干扰素"，通常经由空气、水、土壤及食物等途径进入体内，在体内产生类似于激素作用，干扰原本正常的内分泌运作，进而影响生长、发育、免疫及生殖功能。

> **词汇解读**
>
> 性早熟：是指儿童出现了第二性征，即乳房发育，阴毛、腋毛出现，身高、体重迅速增长，外生殖器发育等。儿童性早熟的发生率约为0.6%，女孩多于男孩。目前一般认为，女孩在8岁前第二性征发育或10岁前月经来潮，男孩在10岁前开始性发育，可诊断为性早熟。

双酚A

双酚A是制造聚碳酸酯塑料产品的重要原料，减少食用加工食品或避免塑料制品承装食物是最好的预防之道，为孩子挑选玩具也请多留意是否有安全标志，并禁止孩子将玩具放入口中。

壬基酚

许多清洁剂如洗衣精、柔软精、洗碗精、浴厕清洁剂……当中都含有壬基酚类界面活性剂，尤其随着废水排入河流后，会对河中生物产生影响，人进食这些鱼虾后也一并受害。平时拒绝使用石化合成洗剂，尤其小朋友的贴身衣物一定要使用天然洗剂。

磷苯二甲酸盐

常用来制作塑料延展性的塑化剂，化妆品中的定香剂都含有磷苯二甲酸盐，当遇高温或长时间停留在肌肤表面就会进入人体。平时喝热饮请自行准备容器，孕妇及哺乳妇女请避免使用指甲油或含有香料的美妆产品。另外，有些食物可能含有这类物质，如鸡头、鸡皮和鸡尾、鸭脖、鱼头等，尽量少让孩子食用。

认识儿童癌症

儿童癌症有哪些

常见的儿童癌症，以白血病发病率最高，约占儿童癌症比率的30%，脑瘤占20%，淋巴瘤占10%，其次为神经母细胞瘤、骨肉瘤、生殖细胞瘤、软组织恶性肿瘤、威尔姆瘤、肝母细胞瘤以及视网膜母细胞瘤；这些部位的恶性肿瘤主要发生在孩童身上，是与大人癌症不同的地方。

各年龄好发的儿童癌症，以肝母细胞瘤与视网膜母细胞瘤的好发年龄较小，多在婴儿时期便出现病征；骨肉瘤则好发在十几岁孩童的膝关节等关节部位上下；白血病则没有好发的年龄，甚至有孩子一出生即患有白血病。

家长平常要注意哪些

儿童常因为年龄幼小，不大会主动表达，所以家长更应该特别注意孩童身体异状。若您发现孩童有以下症状时就要特别留心：

- 不明原因的发热、头痛、关节酸痛、脸色苍白；持续高热不退，头部、腹部、关节等部位不明疼痛，都是不正常现象。
- 身体出现莫名肿块、紫斑或血块、淋巴腺、肝脾肿大；食欲不振，无其他原因所造成的肿块与瘀血状况。
- 神经方面症状，如颜面神经失调、走路不稳、不明原因抽搐等。
- 眼睛有不正常白色物体。

若发现上述情况，建议及早带孩子就医检查，以免发生更严重的病症。

从小减少患肿瘤风险

目前，肿瘤的发病年龄越来越早，如何减少宝宝患肿瘤的风险呢？

❶ 从小养成良好的饮食习惯。少吃油炸、肥肉等高脂肪、高热量食物；不吃腌制、烟熏食物；减少糖类、冰淇淋、碳酸饮料、膨化食品、方便面等零食。

❷ 坚持锻炼身体，提高免疫力，同时避免肥胖。

❸ 房屋装修尽量简单。选用环保材料；装修后的新房不要马上入住，最好开窗通风两三个月。

❹ 避免不必要的射线检查和滥用药物。

小心肘关节脱位

有时家长给孩子穿衣服，拉了一下孩子的胳膊，他就开始哭闹，胳膊不能动了；有的妈妈陪孩子玩耍时，拉了一下孩子胳膊，他就吵胳膊疼；还有的家长拉着小孩上街，小孩的上肢上举，家长的手突然提拉小孩的手后，小孩出现肘部疼痛，不肯用该手取物和活动肘部，不让人触碰。如果孩子不会说话，家长就会更加不知所措。这是由于牵拉导致孩子的肘关节脱位（桡骨小头半脱位）。

桡骨小头半脱位仅发生于5岁以下的小孩。0~5岁的小孩，桡骨小头还没有完全发育成型，包绕它周围的韧带只是一片薄膜，较软又无力，所以未发育好的桡骨小头很容易从韧带中滑出然后将韧带卡压在关节内。5岁以上的孩子及成人，桡骨小头已经发育成形，而且环状韧带增厚，力量加强，就不再因为牵拉而发生脱位了。

治疗肘关节脱位不需要麻醉，直接手法复位，复位后也不必固定。但若再次牵拉，会再次复发，若多次复发，韧带会变得更加松弛，从而导致习惯性脱位。所以，家长们切记小孩的胳膊拉不得。

保护孩子柔嫩的肝脏

肝脏是人体的重要器官，如果在孩子幼时，不注重对其肝脏的保护，会给孩子以后的生活埋下隐患。那么，婴幼儿期该如何来保护孩子的肝脏呢？

① 注意饮食卫生，预防肝炎。按时注射乙肝疫苗，预防乙肝。

② 注意饮食安全，避免吃农药污染的蔬果损害婴幼儿的肝脏。

③ 不要给孩子吃过多的橘子或橘子汁。

④ 避免食品添加剂，如防腐剂、色素等，不要购买颜色、香味过重的饮料糕点。

⑤ 不要给婴幼儿吃腌制、熏制的食物，如火腿、熏肉、咸鱼等。

⑥ 避免吃含激素的食品，否则会加重婴幼儿的肝脏、肾脏负担。

⑦ 不要给孩子吃生鱼片、炝虾、糟蟹或虾等生、冷海鲜。

⑧ 霉变的花生、红薯、土豆、过期的食品、隔夜的剩菜不能给宝宝吃。

⑨ 不要把水果、蔬菜霉烂部分切除后食用其他部分。

⑩ 谨慎用药，不要给孩子服用成人用药。防止滥用抗生素。不要给婴幼儿吃成人的退热药。激素类药物不要长时间使用。不能给宝宝服用过期药品。

⑪ 家中禁用樟脑丸，慎用风油精、白花油等含樟脑成分的药物，樟脑可能会造成肝脏伤害。

⑫ 尽量不用或少用塑料用品及软胶玩具。

第25~36个月宝宝的喂养

别当孩子的喂饭跟屁虫

如果正为了孩子无法专心吃饭、一顿饭要吃一个小时以上而感到苦闷，建议妈妈们重新建立起家中吃饭的规矩。当家长过度把吃饭的主导权往自己身上放时，训练孩子自己吃饭的时间将会越拖越长。愉快的用餐气氛对孩子练习吃饭很有帮助，不要在孩子受训斥哭泣后立刻让其就餐；宝宝在吃饭时，家人们应一同坐在餐桌旁享用餐点，用餐时间、地点应予以规律的安排；用餐时间一定避免引开孩子注意力的玩具或物品出现在餐桌附近，用餐前不给予零食或其他点心，以免影响正餐的食用。若宝宝坐不住跑下餐桌，家长也要坚持离开后除非回到原本的位置坐好，否则将不可以吃任何食物，并于饭后把所有的餐点收拾干净，在不厌其烦的多次训练之下孩子自然会知道要定时定点把肚子填饱。

必读小叮咛

2岁多的幼儿每天总需热量约为4813千焦，其中蛋白质约每天36克，钙含量约每天490毫克。

Q: 边玩边吃，每餐大人跟在后面追着喂饭怎么办？

精力旺盛的小孩，往往会因为食量不多而让父母担心营养不良。当遇到上述状况，家长首先应要求孩子一定要坐在餐桌进食，并且陪着孩子在20~30分钟内用餐完毕。此外，餐与餐之间不要给孩子吃零食或喝饮料，如此用餐时间到时小孩才会产生饥饿感，进而认真吃饭，建立良好的用餐习惯。习惯养成期间，只要小孩的体重仍在正常范围内，通常家长可以不用过于紧张。

Q: 吃饭就吵着要开电视看怎么办？

爸妈可要求孩子吃完饭才可看电视，但是要注意全家人都要一起遵守规则。

❶ 吃饭时不要开电视，也别让孩子玩玩具。

❷ 避免在电视机前用餐，家人应一同养成固定在餐桌前用餐的习惯。

❸ 让较大幼儿参与布置吃饭环境，如摆碗筷、排椅子等，提供孩子学习的机会，借此提升对于用餐的认同感。

Q: 不自己吃饭,老是要大人喂怎么办?

妈妈应该设法找出宝宝不自己吃饭的原因,可先从以下几个常见因素来检查:

❶ 餐具不适当,造成幼儿使用上的不方便。建议家长要挑选把柄粗一点、凹槽深一点的汤匙,若是汤匙的凹槽太浅,孩子就必须要有很精细的动作才有办法取到食物。

❷ 心理因素,有时候孩子要别人喂,是为了引起父母亲的关注,希望妈妈多花点时间陪他。这时先要解决心理因素,其次再来解决不自己吃饭的问题。

❸ 最常见的情况是,孩子觉得不自己吃饭也没关系,反正一定会有人喂。这种情况下,家长的态度不应该妥协心软,必须执行规则,用"温柔的坚持"要求孩子一定要自己吃,宁愿花时间去建立规则。

Q: 有时候吃很多,有时候连吃都不想吃怎么办?

发育中的孩童,一般食欲均很好,只要是正餐,应该不用过于限制。但是若孩子只爱吃某些食物或零食,那么最好加以限制,以免营养不均。不想吃的时候家长也不用勉强,有时是小孩有其他不适或仍然不饿,建议家长平常心看待,少吃一餐并不会影响孩子的发育。

Q: 吃很慢,食物总是含嘴里怎么办?

小孩吃饭会吃很久的因素有很多,常见的原因如下:

❶ 专心游戏。

❷ 吃太多零食。

❸ 烹调时未考虑小孩的喜好或咀嚼能力,如:肉类太大块或调味太重。

❹ 小孩有偏食习惯。

小孩吃很慢就让他慢慢吃吧!一般来说小朋友长大些会改善这样的状况,但要是吃了很久都未吃完,建议爸妈可以就把餐点收起来,不要害怕他吃很少,另一方面则是要看体重变化来观察。

Q: 喜欢边吃边说话怎么办?

若是用餐中违反规矩(边吃边说话、边吃边玩等),家长可以适当惩处,例如要求孩子暂停吃饭,到旁边罚站或罚坐5分钟,时间到了再让他继续用餐。

Q: 吃很快,会不会消化不良?

细嚼慢咽对于食物的消化很重要,若是囫囵吞枣,很容易会消化不良。鼓励孩子细嚼慢咽,妈妈可以跟孩子玩从1数到20才可以吞下去的咀嚼游戏,看谁可以咬得比较久,爱玩的天性会让小孩不知不觉跟着照样做。

Q: 坐不住,不到3分钟就动来动去怎么办?

好奇与好动是大多数宝宝的共同特点,一般来说,孩子乖乖坐在餐椅上吃饭是需要大人持续不断的训练才能养成的。建议可以准备一个孩子专属的座位及餐具,吃饭时间关掉电视并将玩具都收起来,避免分散注意力,让他自己吃可以增加乐趣,并且多称赞良好的行为表现。

Q: 宝宝平时不爱喝水,怎么喂他都不喝,怎么办?

如果宝宝拒绝喝水,一定不要过分强迫他,引起他对水的反感,以后就更难喂了。可以换一种形式或换一个时间再喂。每天宝宝摄取水分的方式是多方面的,既可以直接从饮用水中获得,也可从饮食中获得。可以换一个宝宝喜欢的水壶,吸引他的注意。每次喂的量不要太多,可以少量多次地喂。饮食中多加入水也可以补充一定量的水分。

Q: 不爱咀嚼，吃到要不好咬的食物就吐出来怎么办？

若已形成吃软食物的习惯，可能就要慢慢训练，给他吃稍硬的食物，而有些需要咬较久的如牛肉、牛筋就煮烂些。

菜肉都切得细细的，这只是训练时期的做法，不适合孩子长期食用。否则可能会影响到孩子的"闭唇、咀嚼、吸吮和吞咽"的能力，连带也可能使孩子说话受到影响，家长须多留意。

Q: 不使用餐具，喜欢用手抓饭、抓菜怎么办？

若是2岁以前，只要别太过分，应该让小宝宝借此享受用餐的乐趣。但若小孩已经较大了，家长可以适当惩处，要求他暂停吃饭，让他到一旁罚站或罚坐，让他保证不再犯，再让他继续用餐。

Q: 宝宝吃饭时喝饮料好不好？

宝宝生长发育快，需要水分明显比成人多，而宝宝肾功能尚不完善，水分消耗也较快。一般情况下2～3岁的宝宝每千克体重每日需水量为110～140毫升。

应该从小培养宝宝喝白开水的好习惯，果水可以不必添加任何东西，维持原味。可多给他吃一些多汁的水果，还可以在每顿饭中都为宝宝制作一份可口的汤水。但是不要边吃饭边喝饮料；食物拌水后吞咽，会增加宝宝的胃肠道负担，造成消化吸收不良。而且减少进食量。不过，饭前先喝少量美味的汤，可以刺激食欲，增加消化液的分泌。

不爱吃饭，每次要少给

对那些不爱吃饭或者吃饭不香的宝宝来说，每次要少给他们吃。如果在他的盘子里堆的食物太多，不仅会提醒他去拒绝多吃，而且还会破坏他的食欲。如果第一次给他的量很少，就会促使他产生"这不够我吃"的想法。而这正是父母所希望的。父母要使他像渴望得到某件东西那样，渴望吃到某种食物。宝宝吃完以后，不要急着去问"你还想吃吗"，要让他自己主动要。即使需要好几天以后他才可能提出"还想再多吃点儿"的要求，父母也应该坚持这样做。

宝宝的胖胖危机

🌿 从生长曲线了解胖宝宝

若要判定宝宝到底是不是过胖,除了参考生长曲线,BMI(身体质量指数)也是判定宝宝是否过重的参考标准;由于每个宝宝因遗传等因素,身高越高的宝宝,体重相对来说也应该要更重一些,若仍对照标准生长曲线,可能不太准确。BMI的计算方式为体重(千克)÷身高(米)的平方。2岁以上宝宝的标准,与大人的BMI指数标准稍微不同,爸爸妈妈可以计算宝宝的身高体重之后,参考以下表格。

🌿 "能吃就是福"吗

以往"能吃就是福"的概念,到今日其实仍然可以通用,但在饮食上必须非常小心选择。3岁以下的宝宝正处于发育快速的时期,因此只要体重不超重,多吃基本上不会有什么大问题,多吃也确实能帮助孩子长高、长壮;但应该定时、定量且避免油炸及含糖饮料等热量高却没有营养价值的餐点,并注意孩子是否真的"需要"。

🌿 过胖就别多吃

现代饮食的营养大多超过孩子每一天所需的量,过犹不及,孩子摄取的量因体质而定,但只要吃得饱、吃得巧就可以了。

拥有匀称体质的孩子,10千克体重一天建议热量的摄取量为4180千焦(1000千卡),即每1千克体重为418千焦(100千卡),10~20千克每增加1千克则增加209千焦(50千卡)的热量;20~30千克每千克则增加83.6千焦(20千卡);也就是说,当孩子11千克时,每天应摄取量不要超过4389千焦(1050千卡)、12千克则不要超过4598千焦(1100千卡)……以此类推,20千克时一天建议摄取量就不能超过6270千焦(1500千卡)。

🌿 精致饮食容易发胖

6270千焦(1500千卡)看似很多,其实非常容易达成。还未添加辅食的1岁以下孩童只要正常饮食,通常不建议作饮食减量,而超过2岁以上的单纯肥胖宝宝则可以开始有饮食限制,应定时、定量并且享用较粗糙的餐点;面食类等精致的食材容易被消化,同样热量的食物,宝宝可能会吃得更多,且面点与包子会有额外的汤水或馅料,吃多了伴随的热量也多。应多吃蔬菜,这可以增加他们的饱足感,能有效避免孩子吃得更多;肉类则每天只能摄取手心大小,且不可食用油炸肉类,外面好吃的酥皮可是热量极高的碳水化合物,按照油脂热量一个可高达2090千焦(500千卡)。

年龄(岁)	男孩			女孩		
	正常 (BMI介于)	过重 (BMI≥)	肥胖 (BMI≥)	正常 (BMI介于)	过重 (BMI≥)	肥胖 (BMI≥)
2	15.2~17.7	17.7	19.0	14.9~17.3	17.3	18.3
3	14.8~17.7	17.7	19.1	14.5~17.2	17.2	18.5
4	14.4~17.7	17.7	19.3	14.2~17.1	17.1	18.6
5	14.0~17.7	17.7	19.4	13.9~17.1	17.1	18.9

用对方法，孩子不轻易发胖

宝宝三餐要吃得饱、碳水化合物给足量，三餐之外不宜提供额外高热量的点心，尤其是饮料更万万不可。在门诊中，许多肥胖孩子的父母表示，孩子每天吃的饭量其实不多，不了解为什么仍会肥胖。细问之下发现，多数不吃饭却肥胖的孩子大都将饮料当作水喝，为了让人喝出其中的糖分，厂商至少得加入10%以上的糖；若是要喝得甜腻，更要加入至少20%以上的糖，营养价值低热量又高，多喝饮料几乎等于多吃一餐饭，孩子会发胖则难以避免。

有些家长希望孩子长高长壮，会提供牛奶给孩子当作白开水喝，但是否会长高长壮仍因人而异，瘦小的孩子如此饮用当然非常好，但体形本来就比较壮的孩子则不建议。牛奶实际上含有相当多的蛋白质及油脂，其热量不容小觑，对于本身过重的孩子来说绝对会增加身体的负荷。

除了节制饮食，还要运动

饮食调整只能节制孩子吃下去的热量，却不能有效减少身体使用热量的效率，多出来的热量就必须靠固定活动来解决；英国卫生署建议5岁以下的孩童也应该运动，根据英国政府新公布的健康手册，利用步行或是追逐游戏，让孩子有每日一定时间的步行，减少在婴儿车、婴儿床及使用电子媒体（包括电视、计算机游戏等等）的时间。研究也发现若父母在孩子2~5岁时干预饮食避免肥胖，其有效程度是6~12岁才干预的7倍。有氧运动是相对起来较有效的运动，特别是游泳、脚踏车等，孩子在无形的游戏中就能消耗大量体力，也不容易有压迫性的运动伤害。

> **必读小叮咛**
>
> 对于胖宝宝下面的食物要严格控制：糖、巧克力、甜饮料、甜点心、快餐食品、油炸食品、膨化食品、果仁、肥肉、黄油。

别把吃当作一种娱乐

很多人习惯边看电视，或坐下来就开始打开零食等食物克服嘴馋，孩子很容易因为无聊而跟着爸爸妈妈一同坐下来吃零食打发时间，长期下来热量累积就会发胖。低热量的食物一般并不好吃，孩子每天这样吃下来也会感到受不了，最简单的方式是闭上嘴不再吃任何东西，才能有效控制食用过多热量。每一次孩子要吃东西的时候，家长应正向地引导孩子发现当下更有趣的事物，转换他想要吃东西的欲望，培养其他正向的兴趣。

现在好吃的东西实在太多，为了孩子的健康，爸爸妈妈首先就应做良好示范，带头减少吃东西的时间及分量；若孩子已经过胖到需要减少食物，全家人应与孩子一同努力，使用餐盘分餐吃饭，能更了解每个人饮食的量为多少。

别硬塞给孩子"营养饮食"

有时候妈妈精心准备的晚餐，孩子却可能因为才吃了零食，只吃了几口就不吃了。即使觉得非常遗憾，妈妈也不要再劝说或强迫孩子再吃，顶多在一两个小时后，再给他一碗汤水，让孩子的胃感到舒服。

现在是一个什么都要加的年代，好像减一点儿，就吃了大亏似的，加上长辈们皆认为"胖"是健康，集体无意识地喂养孩子，却可能因为给了太多爱心而让孩子吃得太多。实际上，不论是学习还是饮食，减一点儿，少一点儿，反而比加了又加来得健康和有效果。孩子最好每一餐都是由自己决定要吃多少，妈妈只是保证饮食营养均衡。

宝宝饮食七忌

❶ 不强制。强制饮食对于机体和个性发展来说，是一种最可怕的压制，是宝宝身心健康的大敌。有时宝宝不想吃东西，那就是说他当时并不需要吃。

❷ 不强求。强求是以软磨的形式出现的变相强制。有的父母强求宝宝吃，变着法说呀、劝呀、提要求呀、许愿呀……千万不要如此。

❸ 不讨好。有的父母因为宝宝表现好或者宝宝原不想吃饭，后来还是吃了，就"讨好"宝宝，滥发奖，什么冰激凌呀、糖块呀、大蛋糕呀、巧克力呀、玩具呀……殊不知，这不利于宝宝养成健康的饮食习惯，只能达到娇生惯养、破坏宝宝胃口，损害身体的目的。

❹ 不催促。吃东西时急急忙忙吞下去是有害的，要教育宝宝细嚼慢咽。

❺ 不分散注意力。宝宝吃东西时，应当关上电视，把玩具收起来，使宝宝吃饭时不分心。

❻ 不纵容。不该吃的东西就不要让宝宝吃，该少吃的东西，要坚决有所限制。

❼ 不发火。吃饭时需要宝宝专心，要营造一个轻松愉快的气氛，切忌在吃饭时训斥宝宝。

第25~36个月宝宝的教养

如何度过逆反期

以前事事都顺从妈妈的孩子,若突然开始以"不要""不行"反抗妈妈,表示他已经进入了第一逆反期。可别小看2~3岁孩童,他们精力充沛,有足够的力气吵闹。而且孩子小,还不太懂得道理,有时孩子也不清楚自己要什么,自己为什么会这么无理取闹。

但是,这也是人成长过程的一个阶段。这是他第一次坚持自己的意志,是"自我"开始萌芽的时期。面对孩子的强烈反抗,疲倦的妈妈也不是圣人,不可能完全没有脾气,最后可能会对孩子不耐烦,用吓唬的方式解决问题。要知道两三岁小孩的思想还相当单纯,当他失去能够倚靠的母亲后,会马上返回到婴儿状态。这样妈妈就抹杀了他刚萌出的"自我"新芽。

因此,当孩子说反抗时,妈妈应巧妙地回应,静静地倾听孩子的要求。若孩子自己也搞不清时,不妨抱抱他,让他的情绪平静下来。当你的儿子青春期反抗你时,就不是两三岁小孩这样的可爱了。

❶ 要尊重宝宝的主张
不要训斥宝宝,要有耐心,否则因为对宝宝的干涉过多,保护过分,会使宝宝变得胆怯,不能独立自主,甚至伤及宝宝的自尊心。

❷ 善于诱导和转移宝宝的注意力
对一些不适于宝宝干的事情,父母应该善于诱导或让宝宝去做其他事情,以转移宝宝的注意力,不要强迫命令。

❸ 态度明确,是非分明
对宝宝的一些不合理的要求或不正确的行为,父母应该态度明确,向宝宝说明哪些行,哪些不行。即使宝宝再三要求也不能满足。这样宝宝会逐渐地产生出哪些事情该做,哪些事情不该做的潜意识,这对宝宝心理健康发展很有益处。

> **词汇解读**
>
> 第一反抗期:心理学家把2~4岁称为"第一反抗期"。2岁以前的宝宝,其生活中的一切均需要依附于别人。2岁以后,宝宝能够独立行走,并能用语言表达自己的一些要求,能够手眼协调地进行一些较为复杂的动作,这时正是宝宝独立性和自尊心发展的大好时机。宝宝开始有了自我意识,能够把自己从周围环境中分辨出来,开始说"不"。

宝宝入园应具备的能力

宝宝入园前,可能还在包尿布、喝牛奶,建议家长能在家先训练宝宝一些基本能力,缩短孩子的适应期,以减少"哭闹期"的发生,使其更快能进入状态,这些能力包括:

生活自理能力

宝宝能清楚表达自己的生理需求,例如基本的"我要尿尿"、"肚子饿"等,最好是能够自己上厕所、洗手、穿脱鞋等。

认知发展与语言表达能力

宝宝愿意说出个人的想法,例如:"我要玩玩具"、"我要喝水"等,也能表达身体疼痛的部位,例如:"我肚子痛"、"我牙齿痛"等,若宝宝总是沉默,不愿意说话,也可以观察是否有语言能力发展方面的问题,若所选择的学前机构能启发宝宝的语言发展,也可以作为选读学校的考虑。

至少具备半天活动的体力

孩子最好能早起不赖床,且体力可维持一个上午,大部分幼儿园都会建议宝宝能上全日班,不过并非每个小孩都愿意全日待在学校,家长可以斟酌情况,先让小孩上半天班,慢慢等宝宝适应后,再延长为全天班。

感统训练——关于宝宝感觉敏感

皮肤、鼻子、气管、牙齿等部位敏感都是耳熟能详的体质敏感性问题,除了这些"看得见的"器官或构造可能存在着过敏问题外,"看不见的"感觉系统(如触觉、平衡觉、听觉、视觉、位置觉等)也潜在有敏感的可能性,且容易被忽视。

反应迟钝:例如手放入冰水时不会有刺痛感,不会将手移出,因而造成冻伤。

反应过度:例如在游戏中会与其他人产生肌肤上的接触,如果感觉调节不佳,无法将这样的感觉调整成舒适且可接受的程度,这时小朋友就可能产生退缩甚至攻击他人的行为,进而影响人际关系。

其中,反应过度的情形就是造成感觉敏感的主因。

以下我们将容易发生敏感问题的感觉系统提供一些在日常生活中可以观察到的表征来辅助家长判断孩子是否有感觉敏感的问题存在。

> **词汇解读**
>
> 感觉统合:19世纪70年代,西方城市化发展较早的国家,问题儿童日益严重,1972年由美国博士(J.Ayres)首先提出感觉统合理论。感觉统合就是人体利用自身的感觉器官,从外界获得信息(视、听、嗅、味、触、前庭和本体觉等),并输入大脑,大脑对输入信息进行加工处理,并做出适应性反应。感觉统合不足或感觉统合失调就会影响孩子大脑各功能区、感器官及身体的协调,引发孩子学习、生活等方面的问题。
>
> 感觉统合训练的最佳时期:2岁前是预防期,7岁前是最佳矫正期,13岁前是弥补期。

🌿 触觉过度敏感

❶ 不喜欢被拥抱,拥抱时会有逃脱、哭闹的情形出现。
❷ 会刻意躲开需与他人肢体接触的游戏(须先排除人际互动退缩的情形)。
❸ 只喜欢穿特定材质的衣服,或不喜欢接触特定的材质。
❹ 触摸头、鼻、口、耳等部位时会出现抗拒或明显的情绪反应,甚至会有攻击的行为。
❺ 不喜欢赤脚走路,尤其是踩在草地、地毯上;或站在特定材质的地面上会出现踮脚尖或用脚后跟走路、脚趾或脚踝不断扭动的情形。
❻ 讨厌洗澡、洗头、洗脸、剪指甲、剪头发、涂抹乳液或保养品、刷牙等日常生活活动。
❼ 不喜欢吃硬的或粗糙的食物,或偏爱软的或流质的食物(口腔敏感)。

🌿 前庭觉过度敏感

❶ 走路小心翼翼,不喜欢大动作的移动(如跨步、快跑),对突如其来的外力感到害怕。
❷ 异常怕高,即使是只有十几厘米的高度。

❸ 不喜欢走在摇晃的平面（如吊桥、平衡板）或无法预测平稳度的平面（如草地、沙滩）。
❹ 当头部突然改变位置与动作时（特别是往后或往下），例如将小朋友抱起往下俯冲的游戏，会拒绝或害怕。
❺ 对于搭电梯、走楼梯、爬梯等活动感到焦虑，例如迟迟不进电梯或看到爬梯会害怕。
❻ 抗拒大动作的游戏，尤其是需要大量改变姿势的游戏。
❼ 不喜欢不平稳的动作，如单脚站、跳弹簧床等。

听觉过度敏感

❶ 即使很微小的声音都会感到很吵而产生情绪反应，如生气、烦躁等。
❷ 对于特定声音感到特别敏感而害怕不安，例如保丽龙摩擦声、翻报纸声、吸尘器的声音。
❸ 害怕爆竹、气球等爆破声，严重者可能连看到气球都会感到不安。
❹ 对于突如其来的巨大声响产生过度惊吓，例如在安静的环境下突然听到妈妈大声呼唤。
❺ 容易受声音干扰而分心，即使是很微小的声音；或做事情时无法忍受周遭存在不相关的声音，如电视机的声音。
❻ 常用手捂住自己的耳朵。

视觉过度敏感

❶ 对于光线过度敏感，例如在一般光线下频繁眨眼或眯眼，因此喜欢在光线较暗的空间里做事情。
❷ 白天出门坚持要戴帽子，如脱下帽子会有用手遮眼或不停眨眼的情形出现，严重者可能会拒绝白天出门。
❸ 不喜欢玩声光玩具，或玩声光玩具时只听声音而眼睛却刻意逃避光线。
❹ 不喜欢色彩鲜艳的玩具或图画，画图时亦可能只选择较暗的色系。
❺ 较难适应亮光，即使同样环境下的其他人都已经适应。

　　以上各项症状仅供参考，如果各位家长在检查过后发现孩子有上述的问题出现时，不代表一定有过度敏感的问题存在，而是可能存在着较高的危险因子，可寻求专业医师评估。

Chapter 9

第9章 小儿常见病的家庭护理

小儿发热的注意事项及护理

发热是身体为了抵抗病毒或细菌所产生的防御反应。一般来说体温达到37.5℃以上称为发热,但仅是热度对身体并没有太大的伤害,家长可以冷静面对。另外了解孩子平时的体温也是很重要的。

需要注意

发热时要多观察孩子全身的状况。体温高低和病重程度并不是成正比的。体温很高但很有精神,就不需要太担心。反而是体温不高却显得没精神时,必须去看医生。

请先这样做

用体温计量:室温或穿太多也是造成体温上升的原因。如果不是这些问题,就是生病了,量体温最好能够使用准确度高的腋下温度计。

观察孩子全身的状况,确认有无其他症状

有没有拉肚子或呕吐、咳嗽、发疹等发热以外的状况。另外也要观察孩子的表情或心情、食欲、呼吸的样子、小便的次数等,有没有和平常不一样的地方。

就医的基准

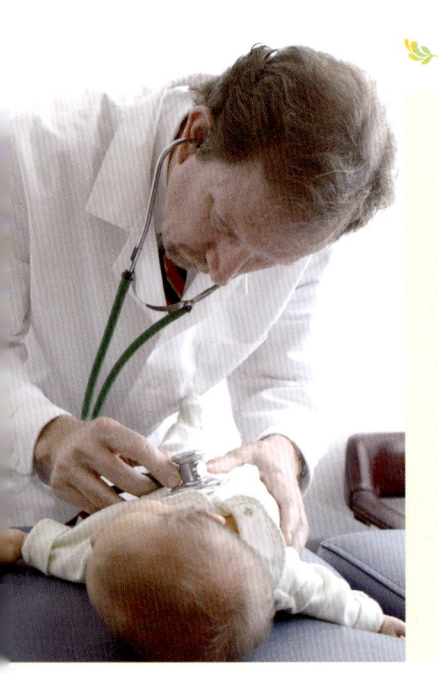

- 当孩子有下列症状时应尽快就医:

☐ 懒洋洋没有精神时。
☐ 半天以上没有摄水。
☐ 未满3个月的宝宝,发热超过38℃而且活动力下降。
☐ 4个月以上的宝宝发热超过40℃。
☐ 出疹或伴有其他症状。

- 这样的情况可以白天门诊时间带去医院:

☐ 发热38℃以上,而且没精神。
☐ 发热持续1天以上。
☐ 身体不舒服,活动力下降,没有食欲,和平常的样子不一样。
☐ 除了发热之外,还伴随着呕吐或拉肚子、咳嗽、流鼻涕等症状。

🌿 提供给医生的信息

发热到几度？从何时开始发热（记录体温的变化）？发热以外还有什么症状？水分与进食的状况、尿量有没有和平常一样？

🌿 有可能发生的疾病

风寒感冒、突发性的疹子、流行性感冒、急性中耳炎、幼儿肠胃炎、水痘、急性支气管炎、肠病毒、呼吸道合胞病毒等。

🌿 让孩子觉得舒服点的居家照护

❶ **开始发热时保持温暖，体温上来后要穿着透气舒适**：刚开始发热时，会发冷颤，脸色发白，手脚冰冷，帮孩子穿件衣服保持温暖。当体温上来后，全身发热，就穿得轻薄一点，降低室温，让他感觉凉爽，如果有出汗，就仔细擦干。若宝宝看起来很冷的样子，可以多盖一条棉被，保持温暖。

❷ **如果孩子不排斥的话，可以用物理降温**：用温湿毛巾放在额头或脖子两侧、大腿上部的位置等有大血管通过的地方，帮他降温。要注意不要盖到孩子的口鼻，一定要随时看着。虽然降温并不能真的改善发热症状，但至少可以不觉得那么热，让身体比较舒服。

❸ **至少1小时补充一次水分**：发热时会带走身体的水分，会有脱水的危险，不论是冷水、电解水或天然果汁等都可以，要注意水分的补给，如果孩子想喝的话，母乳或配方奶也是可以的。

❹ **选择容易消化的食品，少量提供**：发热会降低食欲，只要有充分摄取水分，就算一周没怎么吃东西也没有关系。可以准备粥、面或蔬菜汤等，选择比平常吃的更软，更容易消化的食物，能吃多少算多少。如果是5~6个月的宝宝，不要吃辅食了，回到之前喝纯奶的状态。

❺ **看孩子的状况与发热的程度决定洗澡**：发热到38.5℃以上而且不太舒服，还有体温刚开始升起来还在发冷的状态时最好不要洗澡，可以用热毛巾擦澡就好。

发高热的时候，最要紧的就是水分补给。如果还伴随着呕吐与腹泻，更要特别注意。如果超过半天没有补充水分，就要尽快就医。热度不高，但因为其他症状而很不舒服的话，优先处理其他症状的照护。

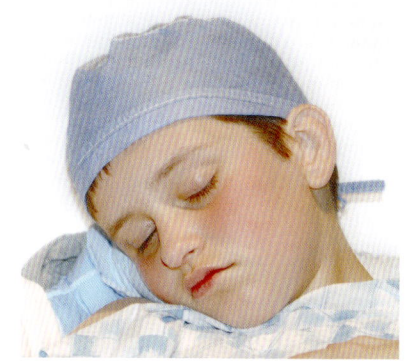

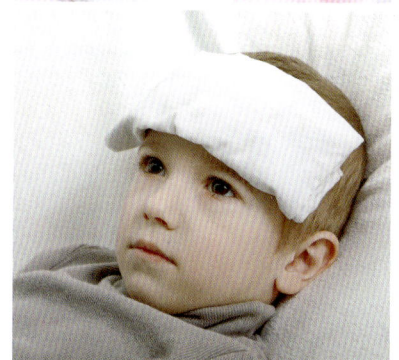
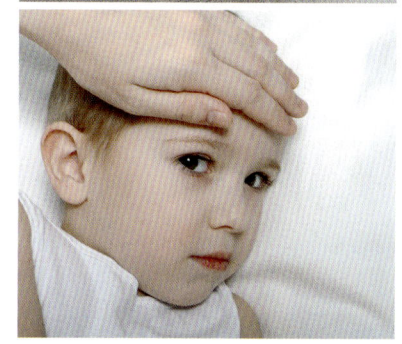

孩子发热的时候，补充水分非常重要，要保证至少1小时喝一次水

与发热相关的疾病

- **突然发热**
  - 虽然发热但精神尚好 → 细心观察
  - 喉咙痛 → 扁桃体炎、咽炎
  - 小便痛、尿频 → 泌尿系统感染
  - 耳痛，流脓 → 中耳炎
  - 耳垂下肿胀 → 腮腺炎
  - 流鼻涕，咳嗽 → 腺病毒感染

- **发热呕吐腹泻**
  - 呕吐、腹痛、腹泻次数多 → 急性胃肠炎（轮状病毒感染）
  - 呕吐、黏液便、便中带血 → 食物中毒
  - 头痛，呕吐 → 脑膜炎
  - 强烈腹痛 → 阑尾炎等急腹症

- **发热并出疹**
  - 手足、口腔内长水疱 → 手足口病
  - 红色小疹 → 风疹
  - 退热后再发热，同时出疹 → 麻疹
  - 发痒的红色小水疱 → 水痘
  - 高热后红色小疹 → 幼儿急疹

- **发热咳嗽**
  - 流鼻涕、呕吐 → 上呼吸道感染（流感病毒感染）
  - 鼻翼扇动，呼吸急促 → 肺炎
  - 咳嗽较重 → 支气管炎

小儿呕吐的注意事项及护理

宝宝的胃部与中枢神经的功能还没有成熟,因此一点点的刺激就很容易呕吐。另外吸奶时,空气很容易跑到胃肠里,有时一打嗝就全部吐出来了。如果肚子胀气时,可以用棉花棒按摩肛门,刺激排气。

需要注意

吐奶量不多同时精神不错时,就不用太担心。如果呕吐次数增加,或喂奶后像水柱一样喷射出来,如此反复持续,且体重都没有增加的话就要多注意。如果伴随高热与血便,或吐出绿色的东西,就要尽快就诊。

请先这样做

为了防止孩子误吸入口中残留的呕吐物,要用手指把嘴巴清理干净。用蘸过开水的纱布巾,把嘴巴周边清理干净,换上干净衣服。刚吐完的时候如果立刻移动身体,很容易再次诱发呕吐。等孩子想吐的感觉消失,平静下来时,再帮他换衣服。

担心再次呕吐时呕吐物会堵塞气管,睡觉时让他侧睡。其他时候则是让他坐起来。在孩子的背后放抱枕等,让他可以确实保持稳定的侧睡姿势。

必读小叮咛

孩子因为呕吐会受到惊吓,这时家长要镇定下来并安慰孩子,小婴儿你要抱抱他,年长些的放进被窝,给他一些安抚。

就医的基准

- **当有下列症状时应紧急尽快就医:**
  - ☐ 发高热活动力降低,意识不清。
  - ☐ 每隔10~30分钟就会持续激烈地哭泣,有像草莓果酱般的血便。
  - ☐ 绿色的呕吐物。
  - ☐ 撞到头后呕吐。

- **这样的情况可以白天门诊时间带去医院:**
  - ☐ 喂奶后像喷泉般呕吐,持续1~2周。
  - ☐ 有打喷嚏、流鼻涕、鼻塞、发热、拉肚子等症状。
  - ☐ 持续呕吐与腹泻。
  - ☐ 小便与大便次数减少,体重没有增加时。

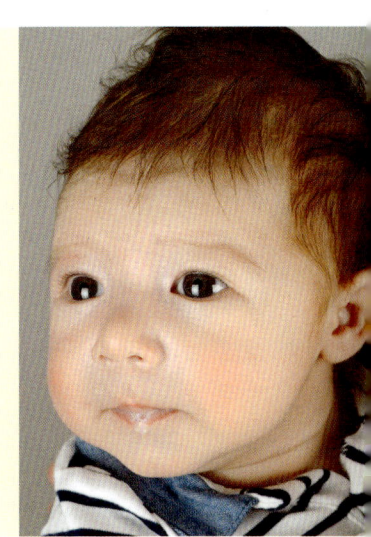

确认呕吐的样子或呕吐的内容与量。

为防止脱水，确实补充水分。

就算没有发热，如果孩子会不定时激烈大哭时，请尽快就医。如果有发热的话，确认有没有咳嗽或流鼻涕、拉肚子、血便等任一症状。

提供给医生的信息

呕吐的次数、最后一次呕吐的时间、吐出来的内容物、是什么状况下呕吐的、有小便没有。

有可能发生的疾病

先天性幽门狭窄、幼儿肠胃炎、细菌性肠胃炎、风寒感冒、肠套叠、食物过敏（牛奶、鸡蛋过敏）、肠阻塞、痢疾等。

让孩子觉得舒服点的居家照护

① **密集水分补给，预防脱水**：一吐完就马上给予水分时，也许会因为刺激再次呕吐。30~60分钟中间不要给予任何东西，没有再吐的话，每隔10~15分钟给予少量冷水或电解水等，之后没有再吐的话，再慢慢加量。一次给太多的话，很容易再吐。最好用汤匙一点一点喂。

② **如果可以接受水分，再少量地给予牛奶**：如果只有呕吐，其他都状况良好的话，从停止呕吐后1~2小时中间给予水分也没有再吐，就可以给予平常1/2~1/3的母乳或配方奶。为预防造成肠胃的负担，请不要任意改变配方奶的浓度。呕吐后让肠胃有1~2小时的休息，之后再开始提供少量的牛奶。

③ **其他食物暂时停止，观察状态后再慢慢少量给予**：如果持续呕吐，比起营养，水分的补给更重要，因此可以暂停其他食物，直到呕吐的状况停止，孩子食欲恢复后，给予好吞咽的食物。最好是容易消化的碳水化合物或蔬菜类。就算恢复食欲也不要一下子回到原本的量，观察状态后慢慢恢复。

总之，正如加利福尼亚大学儿科教授罗瑞妮·斯坦恩博士说的："孩子呕吐以后要做的第一件事就是停止进食，让胃休息一下。直到孩子胃肠道看起来好转的时候，再给他喂奶进食。"

如果不仅仅是呕吐，还伴随着高热与腹泻，更提高了脱水的危险性。另外就算呕吐量不多，或者没有呕吐了，发热与腹泻依然会造成脱水症状，因此要多注意水分补给。

必读小叮咛

比起食物，水分补给更重要。西方人古老的家庭疗法是给孩子一杯微温的可乐，在饮用前搅动一下，去掉泡沫。

与呕吐相关的疾病

发热并呕吐
- 高热反复呕吐 —— 脑炎
- 耳痛 —— 中耳炎
- 咽痛、发热 —— 扁桃体炎、咽炎
- 发热、呕吐 —— 上呼吸道感染

不发热呕吐
- 婴儿溢乳 —— 正常
- 婴儿次数多，奶喷出 —— 幽门狭窄症
- 头部受到冲击 —— 脑震荡、颅内出血

发热并腹痛
- 脐周痛，移到右下腹 —— 阑尾炎
- 发热并腹痛 —— 腮腺炎、流感
- 发热、咳嗽、气促 —— 肺炎
- 咽痛 —— 扁桃体炎
- 发热、腹泻、腹痛、呕吐 —— 急性胃肠炎、痢疾

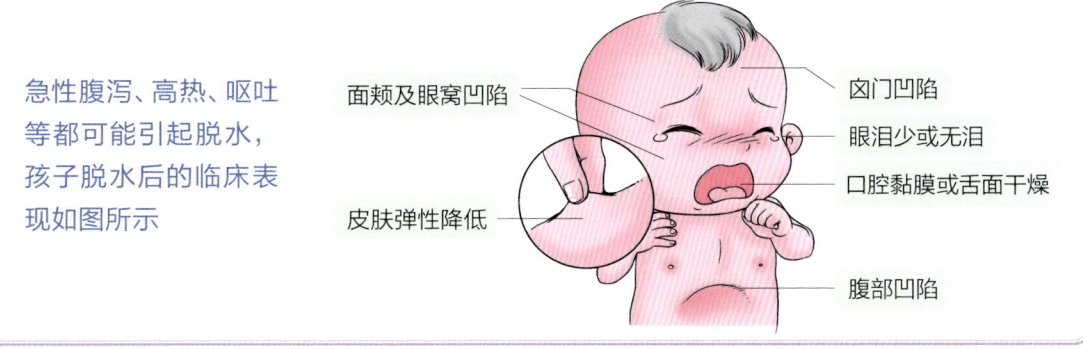

急性腹泻、高热、呕吐等都可能引起脱水，孩子脱水后的临床表现如图所示

- 面颊及眼窝凹陷
- 皮肤弹性降低
- 囟门凹陷
- 眼泪少或无泪
- 口腔黏膜或舌面干燥
- 腹部凹陷

小儿腹痛的注意事项及护理

腹痛症状多样，引起腹痛的原因也各不相同，须区别对待。

必读小叮咛

大多数乳糖不耐受症的人永远不会产生分解奶的酶，但婴幼儿的乳糖不耐受症有时是暂时性的。这叫作继发性乳糖不耐受。这可能是由于病毒感染或食物过敏引起的肠道损害造成的。被诊断为乳糖不耐受的小儿的喂养应接受医生的指导。

常见的良性腹痛

❶ **排便前**：每人都有这样的经验，腹痛常在解便后就消失了，原因在于排便前或腹泻时的肠蠕动会增加，而且肠腔内的推挤压力也增加，这两个因素可产生腹痛。在解便后，这两个因素都自然减缓，所以腹痛也跟着消失。

❷ **排便不顺（便秘）**：通常是腹痛最常见的原因。大便在肠道内存留的时间愈久，粪便中的水分被肠道吸收愈多，所以大便会变得愈硬，而不易排出，这就是便秘。

❸ **胃肠炎**：感冒、吃坏肚子、腹泻都会腹痛。因症状很明显，所以不用担心其他问题，且通常一两天内腹泻改善后，腹痛自然就会消失。

❹ **肠绞痛**：婴儿肠绞痛并非是一种疾病，而是一种"现象"，常发生于3个月内的婴儿，其典型的症状是，原本健康的宝宝半夜会突然哭闹不安，有时会持续数小时。引起的原因是多方面的，可能是宝宝情绪发泄、做噩梦、肠蠕动增加、环境压力或母亲的焦虑等。通常在宝宝3个月大之后，会自然缓解。

❺ **乳糖不耐受或乳糖过敏**：属于消化障碍，会造成胃肠道胀气或肠蠕动过快，除了哭闹不安之外也有腹痛现象。

❻ **情绪性的腹痛**：较神经质的人，紧张起来如考试或接触陌生事物时，就会感觉腹痛或急着大便。同样地，在婴幼儿亦常因心理因素，如不高兴、怕上学、搬家（环境变迁）、撒娇闹脾气等情绪上的变动，可能会转化成身体实质上的头痛、胸痛及腹痛。

如何观察孩子是否肚子痛

婴幼儿的语言表达能力有限，常不能正确地描述身体的感受，只能以哭泣、拒食、精神差及嗜睡来表示身体不适。所以父母平日应对宝宝的习性有基本了解，才能判断出什么表现属于异常，以便及早发现问题及时送医。

留意孩子的活动表现：孩子在清醒或哭闹、玩耍时，很难正确地做腹部检查，所以在孩子活动时也要仔细留意其表现。

- 观察孩子走路或快跑的样子：走路时腿部运动会牵引到腹部肌肉，所以腹内有问题时，可由脚步表现出来。如果脚步左右有异，或不想走路、不愿迈步快走，则可能代表腿脚或肚子有问题。例如：急性阑尾炎的孩子，因右下腹会疼痛，所以在走路时，右腿的脚步就显得不自然或拖泥带水。
- 仰卧起坐：让幼儿（通常要3岁以上才能做）平躺床上，叫他做仰卧起坐的动作，观察他有无腹痛的样子。真正腹部有毛病的孩子是坐不起来的。
- 有无其他异常症状：如发热、呕吐、腹泻，或小便情形及颜色、脸色改变等。

腹痛的部位关系：将腹部以"井"字隔成九区，各个部位的疼痛略可代表不同的器官问题。

评估方法

☐ 进食及排便是否和往常一样规律？

☐ 观察孩子平躺或睡觉的姿势：如果两腿能伸直平卧或睡得很安逸，则肚子大概没问题；反之，若平卧或侧卧时身体及腿呈蜷曲状，而当欲将其双腿拉直时，却执意不从，那么肚子可能就有问题了。

☐ 检查孩子腹部：趁孩子安静睡觉时，大人将手平放在孩子肚子上，然后以压、按、捏来感觉孩子的反应。

最正常的情形：肚子松软、不鼓胀，而孩子一点反应也没有，仍继续安睡。

其次：稍微扭动肢体，或肚子稍紧缩，但继续地安睡。

☐ 可能有问题：每次触压肚子（全部或某一点），孩子很明显地腹壁肌肉紧张，表现不安、惊醒、疼痛或哭泣，则表示腹内确实有问题。

🌿 特殊的腹痛（严重疾病的表现）

阑尾炎：刚开始时，疼痛约在肚脐附近（5区）或上腹部（2区），但逐渐明显地集中在右下部（7区），且局部触压会疼痛。

肠套叠：顾名思义，是指一段肠子跑到另一段肠子里面，最常见的是盲肠附近的小肠套入大肠。1岁左右的婴幼儿，男孩及肥胖者更易发生，除了阵发性的哭闹不安外，常有严重的呕吐、大便呈暗红色黏液状（如红草莓果酱色），是其主要特点，而且会在右上腹部触诊到一团像"香肠"形状的东西等。

其他如肺炎、尿路感染、撞（外）伤、幼儿糖尿病等疾病：会合并腹痛现象，因此为求安全起见，还是带宝宝给儿科医生仔细检查腹痛的原因吧！

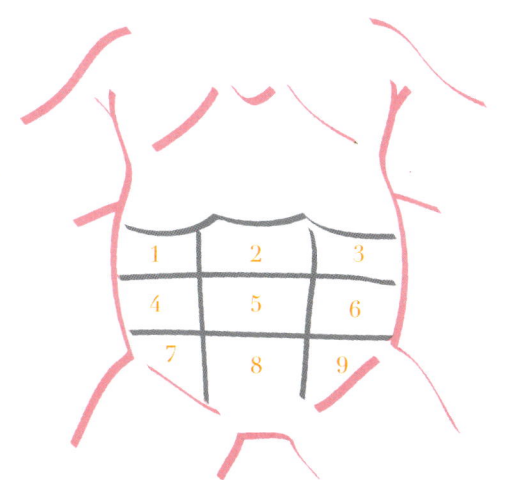

图示腹痛的部位关系
1区：肝、胆区　　2、3区：胃、十二指肠区
4、6区：肾区　　　5区：肠区
7区：盲肠阑尾区　8区：膀胱、尿道区
9区：大肠直肠区

孩子肚子痛到底要不要紧

良性的腹痛非急症，无须特别担心

☐ 腹部摸、触、捏、压时都柔软，内部无肿块或压痛感。
☐ 饮食正常，胃口食欲并无减少。
☐ 无特殊的呕吐，如带黄色或绿色呕吐物。稍微地溢奶及呕吐在大多数宝宝都是正常的。
☐ 大小便排泄规律，无异样。
☐ 无呼吸急促现象，尤其在安睡时刻。
☐ 活动力佳，无发热，脸色正常，无发黄。

经儿科医生的检查后，只要确定没有其他的病理性因素，就请父母们不必太过焦虑这个问题，而应给予孩子更多的爱心和耐心，以及适当的安抚，如摸摸肚子或抱抱哄哄，可以减缓哭闹的现象。

有问题的腹痛，须迅速就医

☐ 腹部鼓胀且有愈来愈大的趋势。
☐ 肚子表面皮肤绷紧，且血管纹路很清楚。
☐ 摸、触、压、捏腹部时，感觉坚实僵硬，孩子有压痛及闪躲的倾向。
☐ 上吐下泻，发热，意识或精神不佳，脸色差。
☐ 大小便颜色带血，或黑便、深茶色尿。
☐ 合并四肢水肿或出血点。
☐ 似乎可以摸到腹内有肿块存在。
☐ 呼吸急促且有呻吟声。

以上皆属于严重的现象，务必紧急送医处理。

也可能是胃肠生长痛

胃肠生长痛多见于3～12岁儿童，是一种正常的生理现象。如果孩子在一段时间内反复发作，每次疼痛时间不超过10分钟，有的每天数次。疼痛以脐周为主，或是上腹痛。疼痛没有规律性，疼痛程度也不一致。一般情况下，疼痛可很快缓解，缓解后孩子可以恢复如常，就可能是胃肠生长痛。

这是由于儿童生长发育快，机体的血液供给发生一时性的不足，出现痉挛性收缩引起疼痛；或是自主神经功能紊乱引起肠痉挛。

儿童胃肠生长痛一般无须治疗。疼痛时可热敷、按摩腹部，或按揉足三里穴、内关穴，对解除疼痛有一定帮助。不要让孩子受凉，吃生冷食物。特别是睡觉时注意不让肚子受凉。

但如果疼痛持续时间较长，用手按压时疼痛加剧；或孩子惧怕触摸，有其他症状，应考虑患肠胃炎、肠套叠、蛔虫症等其他疾病的可能，要及时到医院检查就诊，以免延误病情。

高兴，因为无疼痛　　少许的疼痛　　多一点的疼痛　　疼痛较重　　疼痛剧烈　　疼痛难忍

从面部表情观察小儿疼痛程度

🌿 如何护理宝宝腹痛

❶ **防止便秘**：挑食或喜欢吃零食的孩子，其排便习惯都不好，应改善其饮食习惯，多吃蔬果。

❷ **安抚孩子**：可以用手或以薄荷油在肚脐周围轻轻按摩，可有安抚作用。

❸ **让孩子趴睡或用温水袋**：趴睡时要随时注意并清空周围杂物，以避免窒息；用温水袋时注意不要太烫，外面要包块毛巾再置于腹部，可舒缓孩子因胀气所引起的不适。但如果情况未能改善，最好还是请医生检查治疗才好。

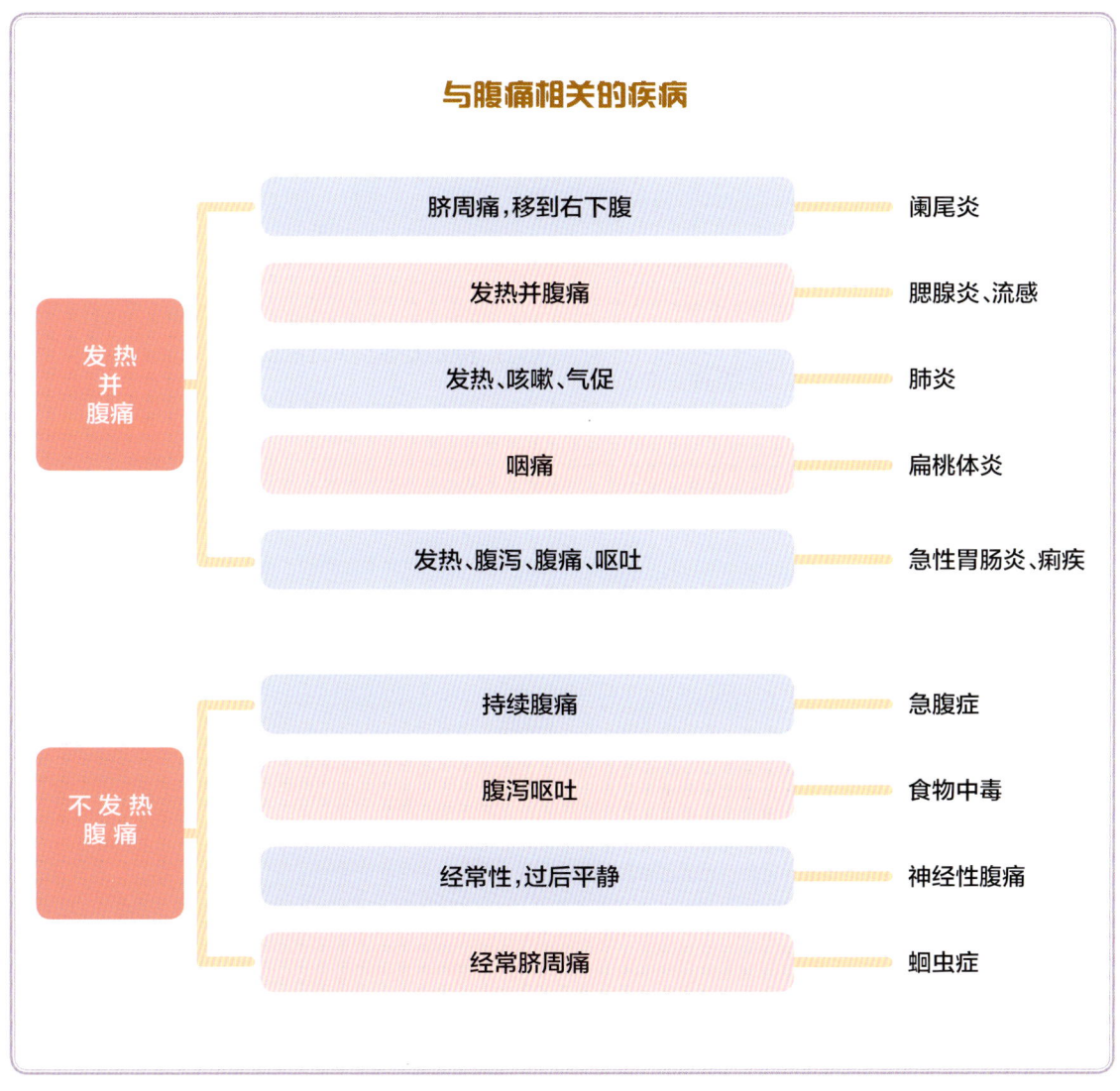

与腹痛相关的疾病

发热并腹痛
- 脐周痛，移到右下腹 —— 阑尾炎
- 发热并腹痛 —— 腮腺炎、流感
- 发热、咳嗽、气促 —— 肺炎
- 咽痛 —— 扁桃体炎
- 发热、腹泻、腹痛、呕吐 —— 急性胃肠炎、痢疾

不发热腹痛
- 持续腹痛 —— 急腹症
- 腹泻呕吐 —— 食物中毒
- 经常性，过后平静 —— 神经性腹痛
- 经常脐周痛 —— 蛔虫症

Q: 是不是解稀水便就一定是腹泻？

一般来说，解稀水便并不一定就是腹泻。所谓的"腹泻"必须是和宝宝平日固定的大便形式、次数来做比较，当其所含水分增多，可能带有黏液或颜色有所改变，大便次数也较平常增加才算数。

小儿腹泻的注意事项及护理

根据腹泻产生的原因，可分为感染性和非感染性两类，以前者更为多见，是婴幼儿时期的常见病和死亡原因。发病年龄多在2岁以下，1岁以内者约占半数。

不同病因引起的腹泻常具有相似的临床表现，但又各有不同的临床症状。

哪些原因可能引起腹泻

❶ **肠胃道感染**：例如细菌、原虫、寄生虫、肠炎病毒等进入宝宝体内，造成腹泻，通常与饮用水源或食物受到污染有关，其中以轮状病毒与沙门氏菌最为常见，会有季节及区域性差异。

❷ **肠胃道以外的感染**：宝宝患有感冒、细支气管炎、肺炎、泌尿道感染、咽喉炎等疾病时，也会引起腹泻。

❸ **食物过敏**：如对牛奶中的蛋白质或食物中的蛋白质、麸蛋白过敏。

❹ **先天性肠道异常**：如先天性巨结肠症、短肠症，或先天性肠道消化酵素不足症，都会引起消化不良，造成腹泻。

❺ **内分泌失调**：如甲状腺功能亢进，会加快肠道蠕动。

❻ **药物**：如服用抗生素，造成肠道内正常菌群改变，使幼儿抵抗力减退，造成稀水便。

❼ **其他**：如辅食添加不当或牛奶冲调浓度不对，都会造成肠道渗透压的问题，导致腹泻。

此外，有些家长常常会认为，婴幼儿长牙也是导致腹泻的原因，但事实上是因为婴幼儿长牙期间，喜欢乱咬东西或伸手入口，容易吃到细菌或病毒感染的物品，因而也容易得到肠炎而导致腹泻，并不是因为长牙的关系。

腹泻可能造成哪些危险状况

❶ **脱水**：腹泻会大量流失体内的水分及平衡液，严重时会脱水、低血钠、低血钾，甚至导致急性肾衰竭、抽筋、昏迷、休克而有生命危险。

❷ **严重感染并发症**：当腹泻症状严重时，肠黏膜受损严重，肠道的抵抗力减低，容易有一些严重并发症产生，例如肠梗阻、肠穿孔、败血症或脑膜炎等。

🌿 在家照顾，还是必须立即就医

❶ 可在家自行照顾的情况：当宝宝的食欲和精神很好，不发热，腹泻的情况经过简单的饮食调整就可以获得很快的改善，则可在家自行照顾。

❷ 必须立即就医的情况：若宝宝有发高热，或食欲、活动力欠佳，或合并有腹痛、腹胀、呕吐等情形，粪便中有脓、血丝、黏液，产生酸臭味，这时要考虑可能有严重感染或脱水的可能，必须立即就医。

❸ 须再度回诊甚至住院的情况：经医师诊治后，给予药物治疗，加上饮食调整后，若宝宝腹泻次数没有减少，并出现高热不退、四肢无力、嗜睡、烦躁不安等情形时，则必须再度立即回诊，甚至住院观察。

词汇解读

口服补液：世界卫生组织推荐的口服液（缩写为WHO ORS）。ORS的配方中包括1000毫升水加20克葡萄糖，3.5克氯化钠，2.5克碳酸氢钠及1.5克氯化钾；ORS的配方还可以是1000克开水加10匙糖，3匙盐，1/2匙食用苏打和1/4匙氯化钾。第一天口服量，轻度脱水按每千克体重50~60毫升在4小时内喝完。2岁以下患儿可每1~2分钟喂一小勺约5毫升，以少量多次喂完。

🌿 宝宝腹泻时怎样照顾

❶ 补充水分与平衡液：市售的运动饮料都可使用，但因其含糖成分及渗透压都太高，不符合世界卫生组织所建议，因此较小婴幼儿使用时，可加水对半稀释；或者是选用医疗专用的口服平衡液，其成分符合生理需求。

❷ 发热的照顾：用温水毛巾擦拭身体，或物理治疗，尽量不要使用退热塞剂，以免刺激肛门，造成腹泻更严重。

❸ 皮肤的照顾：勤换尿布，大便后可用棉花蘸温水轻擦洗，清洗完可擦一点凡士林、婴儿油以减少摩擦，避免宝宝得红臀。如果已有红臀，皮肤干后须依医院处方给予擦药。

❹ 观察并记下宝宝大便性质：如大便次数、大便量、颜色等，就医时最好能带最后一次的大便，供医师参考。

❺ 隔离污染源：如果腹泻是因传染病引起，须将宝宝及宝宝的排泄物、衣物、餐具和别人隔离，以免传染给家中其他成员。

❻ 停用抗生素：若先前因感冒口服一些抗生素，可考虑暂时停用。

肠杆菌

幽门螺杆菌

肉毒杆菌

肺炎双球菌

大肠埃希菌

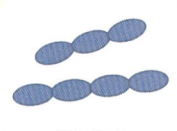

肠球菌

🌿 宝宝腹泻时怎么吃

❶ **继续喂母乳**：喂哺母乳的婴幼儿应持续喂哺母乳，千万不要因为平常喂食母乳的大便比较稀，而在宝宝腹泻时不敢再续喂母乳。基本上，母乳的吸收率很好，加上含有丰富的免疫球蛋白，是宝宝腹泻时最好的食物。

❷ **以"半奶"喂食**：喂食婴儿配方奶的宝宝，可暂时提供半奶喂食，所谓"半奶"是"全奶"的一半浓度，也就是依正常水量给予双倍量，或水量一定而奶粉量减半。不过这样的牛奶浓度不宜持续太久，腹泻症状改善后，应渐渐调回正常浓度，以免肠道营养不足，造成肠绒毛的萎缩，延后肠道功能的恢复。

❸ **选用"无乳糖配方奶粉"**：若在使用半奶量喂食宝宝之后，腹泻情况仍未改善，表示可能因腹泻造成肠道绒毛上的乳糖与蔗糖酵素缺乏，无法消化配方奶中之乳糖与蔗糖，使得腹泻症状加重。这时可选用不含乳糖及蔗糖的"止泻奶粉"或"豆奶配方"，使用的时间为2~3周，之后再慢慢以渐进式的方法换回原来的配方。

❹ **用米汤代替奶粉**：因米汤本身较易吸收、浓度较低，也是一种温和的收敛剂。1岁以上的宝宝或是轻微腹泻者可暂停喂牛奶，改吃米饭类食物，但须注意的是，不管是米汤、稀饭或米饭，最好添加少许蛋白质的食物，如鱼松、肉松等，以免造成肠道营养不足，影响肠道的修复。

❺ **选择清淡饮食**：
- 不要吃太油腻、太甜的食物。
- 固体食物可选择白吐司、馒头或苏打饼干。
- 水果方面可选用苹果、香蕉，而木瓜、梨子则不适合。

🌿 如何预防宝宝腹泻

❶ **注意卫生**：
- 勤洗手，预防病从口入。
- 婴儿的食器须经煮沸消毒。
- 吃剩的奶水应丢弃，奶水在室温下放置不宜超过2小时。
- 开水须煮沸，使用饮水机要注意清洁及沸点是否足够的问题。
- 平常尽量吃熟食。

❷ **增强抵抗力**：多喂母乳，增强肠道抵抗力。打疫苗可预防轮状病毒造成的腹泻。

小儿出疹的注意事项及护理

婴儿皮肤的保护功能还没有成熟,流汗或一点脏污就可能引起肌肤的状况。如果是发疹,也有可能是全身性疾病的症状之一,发疹和一般生病的处理方式不同,因此要仔细观察全身整体的状态。

🌿 需要注意

如果只是肌肤问题,皮肤的清洁保湿就很重要;如果伴随着发热,流鼻涕等全身性疾病的症状,就要注意疹子的形状颜色,出现的部位;另外如果有发热,也要注意疹子是发热前还是后出现的。

🌿 请先这样做

❶ **确认疹子的形状、颜色、出现部位**:代表性的疹子有,水痘、丘疹(如汗疹)、膨疹(如荨麻疹)、猩红热、麻疹、幼儿急疹、过敏性紫癜等。通过了解疹子的形状、颜色与出现部位,来提供诊断时的判断。

❷ **另外也要注意其他症状,首先就是量体温**:细菌或病毒感染的疾病也可能会有发疹的现象,但多半会伴随着发热,因此先量体温确认是否发热,另外也要注意疹子是发热前还是发热后出现的。

❸ **除了疹子之外,也要观察肌肤其他的症状**:肌肤问题不单单只有疹子,肌肤是否太干燥、有粗糙感,手足是否有肿胀现象,是否有瘀血,还是天生的痣等,除了疹子之外,也要多观察了解肌肤的状况。

🌿 提供给医生的信息

疹子的颜色、形状、是否会痒、何时发疹的、发疹的部位、有无发热,如果有发热的情况,是何时开始、多少温度,与疹子出现时期的关联。

🌿 有可能发生的疾病

突发性的疹子、小儿湿疹、小儿脂溢性湿疹、汗疹、尿布疹、荨麻疹、水痘、传染性脓疱疹、手足口病、异位性皮炎、食物过敏等。

必读小叮咛

出疹疾病中,猩红热的皮疹呈全身性一片潮红,很容易识别。麻疹与幼儿急疹都在发热第四天出红疹,但麻疹体温继续升高,幼儿急疹却热退体温正常,很容易区别。

风疹、肠道病毒感染及药物疹,在发热同时虽然都可出现红斑丘疹,但皮疹各有其自身特征,发热与出皮疹相隔的天数也不一样,每种疾病还具有各自的临床特点。

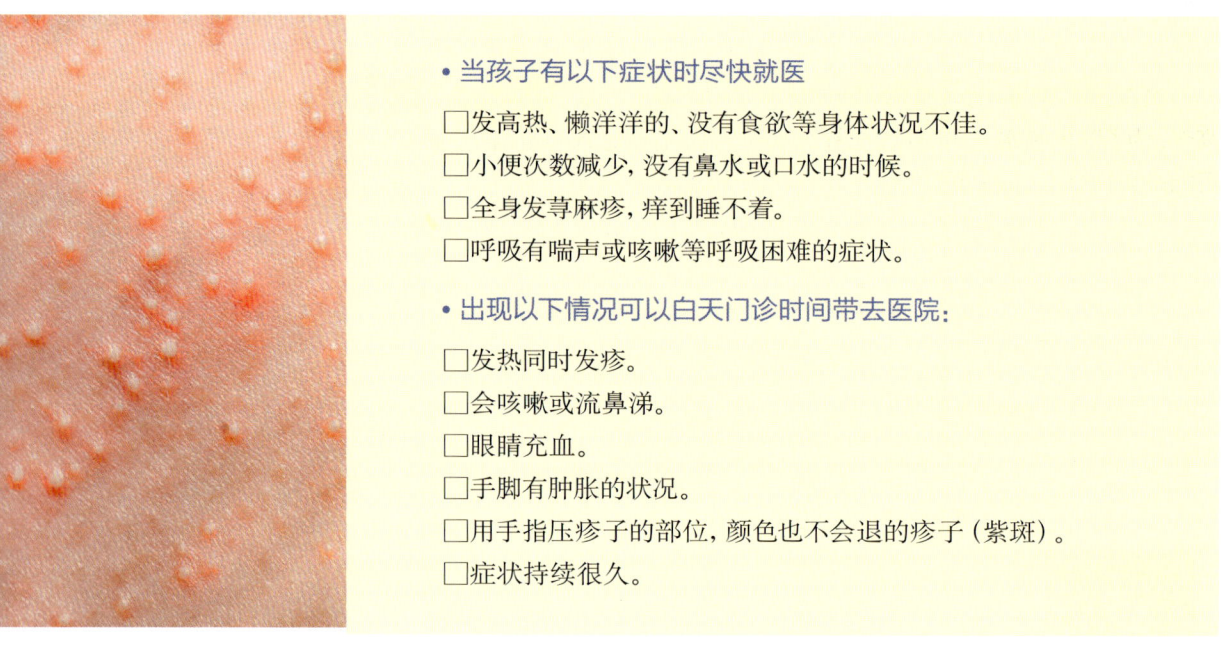

🌿 就医的基准

• **当孩子有以下症状时尽快就医**

☐ 发高热、懒洋洋的、没有食欲等身体状况不佳。
☐ 小便次数减少，没有鼻水或口水的时候。
☐ 全身发荨麻疹，痒到睡不着。
☐ 呼吸有喘声或咳嗽等呼吸困难的症状。

• **出现以下情况可以白天门诊时间带去医院：**

☐ 发热同时发疹。
☐ 会咳嗽或流鼻涕。
☐ 眼睛充血。
☐ 手脚有肿胀的状况。
☐ 用手指压疹子的部位，颜色也不会退的疹子（紫斑）。
☐ 症状持续很久。

🌿 让孩子觉得舒服点的居家照护

❶ **一天洗一次澡，让肌肤保持清洁**：一天一次，用不刺激的婴儿沐浴乳充分起泡后，用手轻柔地清洗。洗好后，用浴巾以按压的方式带走水分。如果发高热不舒服的时候，就不要洗澡了，可以用温热的湿毛巾擦澡。用海绵或毛巾都会刺激肌肤，家长只要用手温柔清洗就好了。

❷ **药膏在肌肤清洁后，依照医生的指示擦药**：药膏最好在洗好澡后，肌肤清洁的时候上药，如果擦了药就不要再擦乳液了，但如果医生的处方里有保湿剂就可以使用。擦药的次数与量都要遵守医生指示使用。家长的指甲要剪短，手洗干净后再上药。

❸ **患部如果会痒，可以用冷毛巾冷却一下**：痒的时候，用浸过冷水的毛巾，轻敷患部可以降低不适。体温提升时也会更痒，所以不要穿太多衣服，也要多注意室内温度，如果流汗要马上擦干净，最好换上干爽的衣服。身体热时会更痒，可以用冷毛巾冰敷患部。

把宝宝的指甲修剪整齐。如果因为痒去搔抓，很容易会发炎，指甲要剪短修圆，如果怕晚上睡觉会乱抓，可以戴上手套。

❹ **如果有发热，要记得多补充水分**：有发热的时候，可以多补充开水，预防脱水症状。如果连嘴巴里都有疹子，避免吃太热的东西，太咸或太酸的也不要，食物的味道也可以调淡一点。不要一下子喝太多水，最好用汤匙分多次慢慢喂。发疹的时候，如果会痒，只要清洁后擦药就可以了。如果发高热，为了防止脱水，一定要优先补充水分。如果有咳嗽或呼吸困难，就有可能是食物过敏，最好尽快就医。

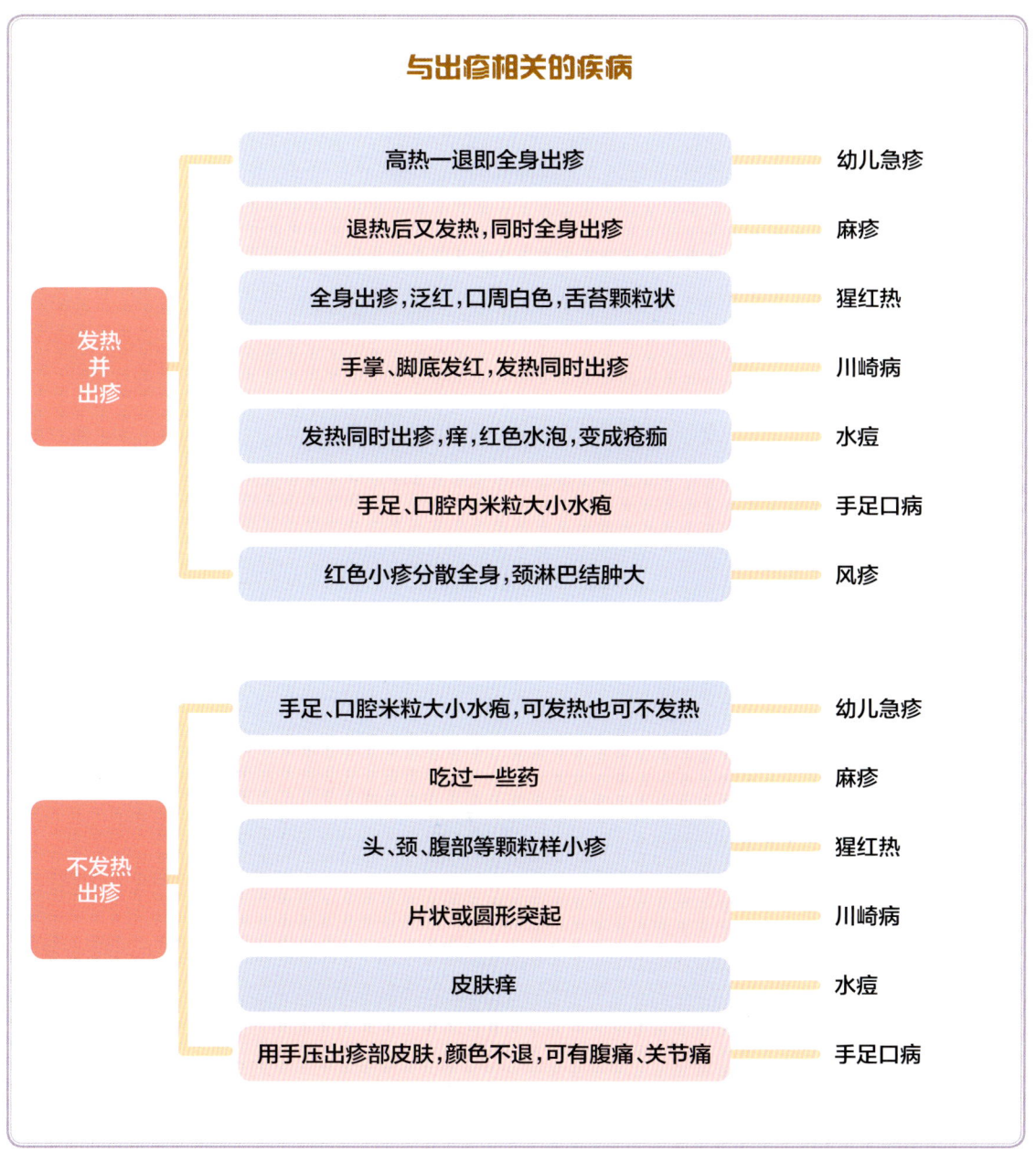

小儿咳嗽的注意事项及护理

咳嗽是为了将气管里堆积的分泌物或异物排出，让呼吸功能维持正常的防御反应。喝牛奶后的轻咳或吸到冷空气的干咳，都不是因为生病引起的，不需要担心。

需要注意

就算咳嗽，还是很有精神，食欲良好，精神都很好的话，是不需要担心的。但如果咳嗽严重影响呼吸，造成饮食困难，无法入睡，精神不好的话，就要去看医生。如果呼吸困难，就算是半夜，也要马上就医。

请先这样做

❶ **确认咳嗽时的状况**：突然眼睛翻白的咳嗽，吸到香烟烟味的咳嗽，发热或流鼻涕感冒症状后的咳嗽，在夜里特别加重的咳嗽等，先要了解什么原因造成咳嗽。

❷ **观察是什么样的咳嗽**：充满痰浓稠声的咳嗽，喉咙干干的干咳，听起来很像小狗在很远的地方吠的咳嗽声等，观察是哪类的咳嗽，同时也观察呼吸有没有喘声或痰声。

❸ **观察除了咳嗽外有无其他症状**：注意孩子的身体状况，有没有发热、鼻涕、喉咙肿、有痰等，确认除了咳嗽之外的症状。另外有没有精神、睡得好不好、情绪不佳、没有食欲等，也要看看和平常有无不同。

就医的基准

- 当孩子出现以下症状时应紧急尽快就医：
突然好像喉咙被什么哽住一样，激烈地咳嗽。

- 当孩子出现以下症状时应尽快就医：
☐一整天一直咳嗽，没办法吃喝。
☐有痰声、喘声，没办法睡觉。
☐无法摄取水分时。
☐声音出不来。

- 有以下情况可以白天门诊时间带去医院：
☐除了咳嗽外，还有发热、流鼻涕、腹泻、呕吐等症状。
☐虽然可以睡，但会咳嗽。
☐咳嗽拖很久不好。

提供给医生的信息

是干咳、有痰、有喘声等，咳嗽声音的特色、有无发热、流鼻涕等其他的症状，身体状况，食欲等全身的状态、是否睡得好、喉咙是否有异物哽住的可能、咳到吐的时候多不多。

有可能发生的疾病

风寒感冒、气喘性支气管炎、急性支气管炎、呼吸道合胞病毒、急性喉头炎、肺炎等。

让孩子觉得舒服点的居家照护

① 直立抱着，轻拍背部：直立抱着宝宝，轻轻地拍背部，痰会比较容易化开，会觉得比较舒服，宝宝也会因为抱着觉得比较安心。另外睡觉时也可以用小枕头或抱枕放在宝宝背后，或者用婴儿躺椅斜躺，都是让宝宝身体保持直立的方法。

② 多补充水分，让喉咙保持湿润：用水分湿润喉咙，能够活化喉咙的净化作用，痰也比较容易化开，同时要避免容易刺激喉咙的柑橘类果汁与冷饮。用奶瓶喂比较容易呛到，用汤匙会比较好。水分不足时痰也比较浓稠，因此要多加强水分补给。

③ 连续咳嗽容易导致呕吐，要减少食物的量：连续咳嗽比较容易导致呕吐，食物的量要比平常少一些，同时为了不要诱发咳嗽，也要准备比平常软一点的食物。如果没有食欲就不要强迫喂食，可以准备一些容易吞咽的蔬菜汤试试看，冷的东西容易刺激气管，要尽量避免。

④ 如果身体状况良好，就可以泡澡：蒸汽可以暂时让呼吸比较舒畅，只要精神不错，可以泡泡温水澡，高热、咳嗽严重、有喘声呼吸困难时，就不要泡澡，可以用淋浴或者温毛巾擦澡就好。

⑤ 要注意空气流通，室内湿度保持50%~60%：1小时开窗一两次，让空气流通，空气干燥时也容易咳嗽，可以用加湿气让室内湿度保持50%~60%。如果是过敏体质，请不要使用毛毯类，最好尽量避开诱发过敏的物质。要多注意空气流通，冬天时也要注意不要让宝宝直接吸到冷空气。

咳嗽容易造成呕吐，同时也消耗体力，因此最好能够以缓和咳嗽为优先照顾的顺序，可以多拍背，抬高上半身睡觉，使用加湿气等，如果有发热的话，更要注意水分的补给。

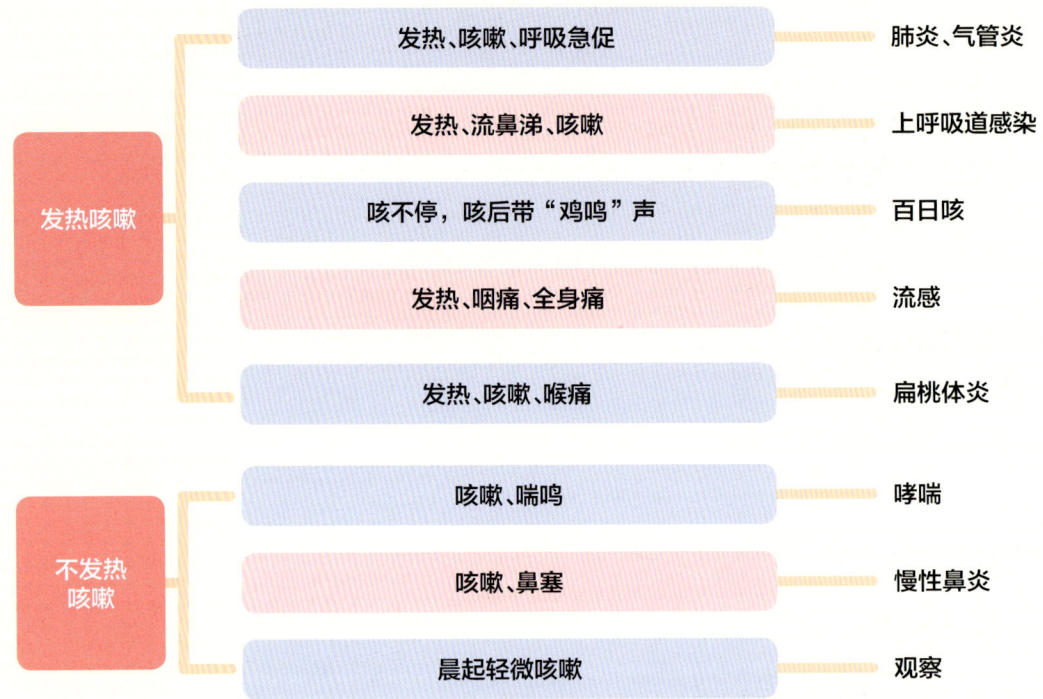

水痘的注意事项及护理

水痘是一种传染性很强的出疹性传染病。

🌿 水痘传染方式与潜伏期

主要是人与人之间经由皮肤直接接触，或经飞沫的传染；此外，也可被经由被水疱和黏膜分泌物污染的器物间接传染；痂皮则不具传染性。此症是最具传染性的疾病之一，特别是在发疹早期。

🌿 症状

❶ **潜伏期**：10~21天，一般为14~16天。

❷ **前驱期**：出疹前24小时可有一些前驱期表现，如轻微发热、不适、食欲差、寒战、腹痛、肌肉或关节酸痛，有时伴有猩红热样或麻疹样皮疹。

❸ **出疹期**：初起时为成批的细小、红色斑丘疹或斑疹，由脸面、头皮往躯干及四肢延伸，全身性的皮疹逐渐快速显现，在6~8小时内变成表浅的水疱疹，疱壁薄，很易破裂。24小时内，疱液从清亮转为云雾状，然后疱液干燥而结痂。可能出现于头皮、腋下、口腔、上呼吸道黏膜和眼结膜。

疱疹平均数量为200~300个，严重病例可达上千个，剧烈瘙痒。疱疹开始为红色斑点，发展为清亮且具有感染性液体的疱疹，随后疱疹内液体变浑浊，4~5天后疱疹干燥、结痂、脱落并在皮肤上留下粉白色区域，最后皮肤复原。由于出疹是此起彼伏的，所以完全康复需要1~2周。

并发症主要有继发性皮肤细菌感染、水痘脑炎和水痘肺炎等。其他可有横断性脊髓炎、周围神经炎、视神经炎、急性肾炎、肝炎、心肌炎、关节炎等并发症。

治疗

主要是对症治疗，预防皮疹继发细菌性感染。对重症水痘或水痘肺炎，可进行抗病毒治疗，也可应用干扰素或阿糖腺苷等治疗。

出水痘的护理

宝宝患水痘并不可怕，可得到终身的免疫。得水痘期间，要做好隔离，多让宝宝休息，多喝水，给宝宝吃些清淡的食品，不要吃鱼虾等刺激性的东西。要保持室内卫生，室内要常通风换气。不要给宝宝洗澡，要勤换内衣。由于在出疹期有严重的瘙痒感，因此要注意给宝宝剪短指甲，以免宝宝用手抓破水痘，造成感染，留下疤痕。

配合日常的清洁护理，饮食上宜选择清热解毒的食物，如绿豆、海带、薏米等。绿豆薏仁海带汤适合水痘患儿食用。

绿豆薏米海带汤

原料 绿豆100克，海带50克，薏米30克，冰糖10克。

做法 将绿豆浸泡一天后，用手心轻轻揉搓去皮；海带洗净后切成丝；薏米洗净备用；将去皮的绿豆放入高压锅中，加入适量清水(约绿豆沙的2倍)，煮约20分钟，使其成为豆沙；锅置火上，放入煮好的绿豆沙、海带丝、薏米和适量清水，先用大火烧开，再改用小火煮至烂熟，放入冰糖即可食用。

功效 清热解毒、利湿。

幼儿急疹的注意事项及护理

幼儿急疹又称婴儿玫瑰疹，是婴幼儿常见的急性发热出疹性疾病，其特点为婴幼儿在高热3~5天后，体温突然下降，同时出现玫瑰红色的斑丘疹。为小儿常见病毒感染性疾病之一。

本病一年四季可见，但以冬春季为最多。发患者群以6个月以上至2岁的婴幼儿为主。尤以1岁以下婴幼儿最多。

症状

① 前驱期：患儿无明显诱因突然出现高热，体温达39~40℃或更高，持续3~4日后体温骤降。大多数病儿除高热外，一般情况良好。发病在冬季常有呼吸道症状，如咳嗽、流鼻涕，多数有鼻炎，咽部轻度或中度充血。夏秋季发病者常伴有恶心、呕吐、腹泻等。

② 出疹期：皮疹大多出现于发热3~4日后，体温骤退后，少数在退热时出现皮疹，是本病的主要特征。皮疹呈淡红色斑疹或斑丘疹，直径约1~3毫米，周围有浅红色晕，压之褪色，多呈散在性，亦可融合，不痒，皮疹由颈部和躯干开始，1日内迅速散布全身，以躯干及腰臀部较多，面部及四肢远端皮疹较少，四肢远端及掌跖部多无皮疹。皮疹数小时后开始消退，1~2日内完全消失，不脱屑，无色素沉着。发热期少数患者在软腭及悬雍垂可见淡红色斑疹，出疹后即消失。颈部淋巴结肿大，尤以枕后及耳后淋巴结为明显，热退后可持续数周才逐渐消退。

在发病第1~2天，血常规检查白细胞计数可增高，但发疹后白细胞计数下降，淋巴细胞相对增加。

本病一般症状较轻，预后多数为良性。

并发症可见脑炎、脊髓膜炎、面神经麻痹、急性肝炎、心肌炎、血小板减少性紫癜等。

治疗

幼儿急疹具有自愈性，预后良好，治疗原则以对症处理为主。高热时予物理降温，并适当应用退热剂，防止高热惊厥；患儿宜卧床休息，补充足量水分，给予易消化食物；适当应用清热解毒的中药，如板蓝根冲剂、清解合剂或抗病毒口服液等。发生惊厥时，可予镇静剂；腹泻时，可予止泻药。

护理

① 保持室内空气流通，注意温度和湿度，避免过冷过热。

② 饮食宜进易消化的食物，应富含维生素、热量和适量蛋白质，适当增加饮水量。

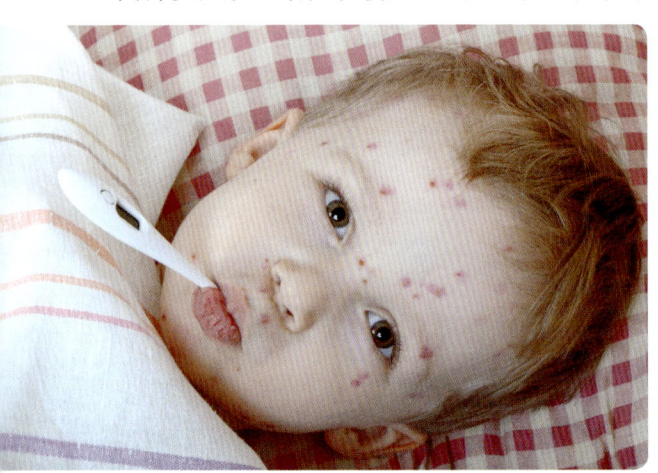

猩红热的注意事项及护理

猩红热是由具有红疹病毒素的乙型链球菌引起的急性出疹性传染病。猩红热患者、链球菌性咽峡炎患者和健康带菌者都是传染源。直接与患者或带菌者接触，带菌飞沫、污染玩具、日用品和食物等经口传播，或通过皮肤创伤入侵，都可传播。1岁前婴儿不易感染。自然感染获得的免疫持续终身。

猩红热潜伏期一般为1~7天，通常为2~4天。

症状

普通型猩红热症状可分为三期。

❶ **前驱期**：骤起发热，体温高低不一。同时伴有咽痛、呕吐和头痛、全身不适等症状。舌苔白，舌尖和边缘红肿，突出的舌乳头也呈白色，称为白草莓舌。起病4~5天时，白苔脱落，舌面光滑鲜红，舌乳头红肿突起，称红草莓舌。

❷ **出疹期**：多在起病12小时内出疹，有时可延至2天。猩红热皮疹具有下列特点：

Ⅰ.出疹顺序和形态：皮疹最早见于颈部、腋下和腹股沟处，于24小时内很快由上而下遍及全身。皮疹特点为红色、细小丘疹，呈鸡皮样，抚摸时有砂纸感，皮疹密集，点疹间呈一片红晕，偶可见正常皮肤。用手指按压皮疹可褪色，暂呈苍白，10秒后又恢复原状，称"贫血性皮肤划痕"。

Ⅱ.颜面特征：面部潮红，不见皮疹，口唇周围苍白，形成环口苍白圈。

Ⅲ.腋窝等处特征：皮肤折叠处如腋窝、肘窝、腹股沟等处，皮疹更密，可有出血点，形成明显的横纹线。

❸ **恢复期**：皮疹沿出疹顺序消退，体温正常。

治疗

❶ 在抗生素治疗期间，患儿出现症状，要及时到医院诊治，医生会选用抗生素治疗。

❷ 做好呼吸道隔离，并嘱患儿于急性期卧床休息，供给充分的营养和水分，防止继发感染。

食疗

❶ 绿豆50克煮至半熟，再放入大米30克共煮成粥，食前加入冰糖适量。

功效 清热解毒。

---

❷ 金银花15克，水煎加糖代茶饮。

功效 退热利尿。

---

❸ 菊花10克，用开水沏泡，加适量白糖饮服。

功效 清热解毒。

对密切接触患者的小儿易感者，可给予抗生素预防。

手足口病的注意事项及护理

手足口病是由肠道病毒引起的传染病，多发生于婴幼儿，可引起手、足、口腔等部位的疱疹，个别患者可引起心肌炎、肺炎、无菌性脑膜脑炎等并发症。引发手足口病的肠道病毒有20多种(型)，其中以柯萨奇病毒A16型(Cox A16)和肠道病毒71型(EV 71)最为常见。

传染源

手足口病的传染源是患者和隐性感染者。患者在发病后1~2周自咽部排出病毒，3~5周从粪便中排出病毒，疱疹液中含大量病毒，破溃时病毒溢出。该病的潜伏期为2~7天。

传播方式

该病传播方式多样，病毒可通过唾液、疱疹液、粪便等污染的手、毛巾、手绢、玩具、食具、奶具以及床上用品、内衣等引起间接接触传播；患者咽喉分泌物及唾液中的病毒可通过飞沫传播；如接触被病毒污染的水源，亦可经水感染。

临床特征

急性起病，发热；轻症患者早期有咳嗽流鼻涕和流口水等类似上呼吸道感染的症状，有的孩子可能有恶心、呕吐等反应。发热1~2天后开始出现皮疹，通常在手足、臀部出现，或出现口腔黏膜疱疹。有的患儿不发热，只表现为手、足、臀部皮疹或疱疹性咽峡炎，病情较轻。疱疹为小米粒或绿豆大小、周围发红的灰白色小疱疹或红色丘疹。宝宝因口腔疼痛而变得烦躁不安、流涎不停，且不肯进食。疼痛明显；手掌或脚掌部疱疹稍大，疱内液体较少。部分患儿可伴有咳嗽、流鼻涕、食欲不振、恶心、呕吐、头疼等症状。该病为自限性疾病，多数预后良好，不留后遗症。大多数患儿在一周以内体温下降、皮疹消退，病情恢复。重症患者病情进展迅速，在发病1~5天出现脑膜炎、脑炎、脑脊髓炎、肺水肿、循环障碍等，极少数病例病情危重，可致死亡，存活病例可留有后遗症。重症患者表现为精神差、嗜睡、易惊、头痛、呕吐、甚至昏迷；肢体抖动，肌痉挛、眼球运动障碍；呼吸急促、呼吸困难、口唇发绀、咳嗽、咳白色、粉红色或血性泡沫样痰液；面色苍灰，四肢发凉，指(趾)发绀；脉搏浅速或减弱甚至消失，血压升高或下降。

诊断

手足口病只是可引起口腔溃疡的许多种传染病中的一种，另一种常见的口腔溃疡的原因是口腔疱疹病毒感染，它使口腔和牙龈产生炎症(有时称口炎)。

临床诊断主要依据表现为初起发热，白细胞总数轻度升高，继而口腔、手、足等部位黏膜、皮肤出现斑丘疹及疱疹样损害。病程较短，多在一周内痊愈。6%是无症状的，70%有简单症状，比如发热、脑炎、出疹，还有20%症状严重，可能为肺炎。

早期处理的方法

在鼻咽黏膜感染的时候，或是感觉到是眼睛感染，会感觉到眼睛干涩，还有咽部感染，这是最早期的感染症状，早期感染的时候可以吃一些中药，感冒冲剂、板蓝根等。早期感染后过一两天开始发热，在发热之前如果发现孩子情况不好，可以给他吃0.5克的维生素C，吃到症状消失。也可吃些维生素E和微量元素，然后注意休息。维生素C早期抗病毒效果非常好。

早期症状时作为家长很难判断，孩子早期感觉是不准确的，疼了，拒食，哭闹家长才会发现。如果在家三天热度还不退的话，应该去医院。

目前对于病毒感染，尤其对于手足口病毒感染有效的是两个药，一个是干扰素喷鼻剂早期用，感染以后喷鼻是没有用的。还有另外一个是利巴韦林。

预防原则

1. 托幼机构做好晨间体检，发现疑似患儿，及时隔离治疗。
2. 被污染的日用品及食具等应消毒，患儿粪便及排泄物用3%漂白粉澄清液浸泡，衣物置阳光下暴晒，室内保持通风换气。
3. 家长尽量少让孩子到拥挤公共场所，减少被感染机会。
4. 饭前便后要洗手，预防病从口入。
5. 注意婴幼儿的营养、休息，避免日光暴晒，防止过度疲劳，降低机体抵抗力。
6. 在流行期间尽量少到医院，严防交叉感染。保持居室内的清洁、通风；经常给宝宝的餐具、玩具进行清洗消毒。
7. 预防方：金银花6克，大青叶6克，绵茵陈15克，生薏米10克，生甘草3克。水煎服，一日分两次服用，连续5~7天。本方剂具有清热解毒、健脾化湿之功能，适用于易感人群预防。此为3~6岁剂量，3岁以内婴幼儿可减量服用，6岁以上者可加量服用。

家庭护理

1. 患儿所处居室内应空气新鲜，温度适宜，定期开窗通风，每日进行空气消毒。
2. 一周内应卧床休息，多饮温开水。饮食宜清淡、可口、易消化，口腔有糜烂时可以吃一些流质食物。禁食冰冷、辛辣、酸咸等刺激性食物。
3. 应保持口腔清洁，预防细菌继发感染，每次餐后用温水漱口。口腔有糜烂时可涂抹金霉素、鱼肝油，以减轻疼痛，促使糜烂早日愈合。
4. 患儿衣服、被褥要清洁，衣着应宽大、柔软。床铺应平整干燥。剪短患儿指甲，必要时包裹患儿双手，防止抓破皮疹。
5. 臀部有皮疹的婴儿，应随时清理患儿的大小便，清洁患儿臀部，保持臀部清洁干燥。
6. 疱疹破裂者，局部可涂擦抗生素软膏。

预防手足口病的食疗方

紫草二豆粥
做法 紫草根、绿豆、赤小豆、粳米、甘草各适量，煮粥口服，香甜可口。

葡萄干
做法 在流行期可坚持每天服用。出疹时也可每日服3克。

白菜心黄豆水
做法 取黄豆五六十粒煮烂后加入大白菜心煮熟即可。日日服之，疹病盛行之时，日服一剂，亦可预防。

胡萝卜饮
做法 胡萝卜50克，白茅根15克，竹蔗10克，生薏米15克，每日1剂，煎水代茶。

荷叶粥
做法 鲜荷叶2张，白米50克，将荷叶切碎，煮粥即可。

以上均为3~6岁儿童1人份剂量，可根据年龄大小酌情增减剂量。

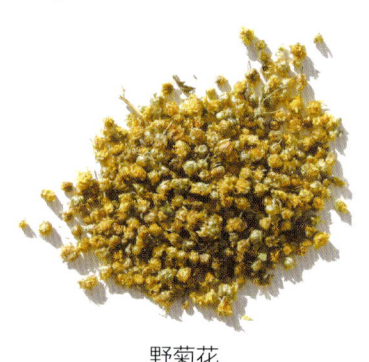

野菊花

🌿 常用重要治疗方

对症治疗皮肤疱疹：苦参、野菊花、紫草、地肤子各30克，加水3000毫升，煎至2000毫升，凉至35℃～38℃，泡洗手足臀部10～15分钟。

对症治疗口咽部疱疹：西瓜霜吹敷口腔患处，或口腔炎喷剂喷于患处，每日2次。

对症治疗口疼牙龈肿：可用板蓝根10克，黄芩、白藓皮各6克，双花3克，竹叶、薄荷各2克，煎水含漱。

Q: 得过一次手足口病是不是就能获得终身免疫了？

一次得病后，虽然孩子能对引起此次感染的肠道病毒产生一定的抵抗力，但是多种肠道病毒都可以引起这种疾病。所以，得过一次手足口病的孩子，以后还有可能再次感染。

Q: 目前有没有预防手足口病的疫苗？

由于每次引起手足口病流行的病毒不确定，而且这种病的病程轻微，因此没有特别针对这种疾病的预防接种疫苗。

Q: 在手足口病的治疗中用抗生素吗？

因为病毒把肠道黏膜或者呼吸道黏膜破坏了，有些细菌则进一步侵入，病毒感染控制了，却激发了细菌感染。所以病毒感染的时候常规用一些抗生素，把细菌的感染抑制一下。

Q: 不发热是不是就不传染了？

一般发热的话二到七天，平均三天左右，孩子多数经治疗或者自己抵抗力好扛过发热期，在口腔溃疡愈合以后，1周以内呼吸道分泌物还会有排毒，在发热完全好后8～11周，粪便还会有病毒。肠道这个病毒是很顽固的，它可以通过胃酸感知的消化，在肠道黏膜不断地隐性排毒，所以这种排毒期是很长的，把刚愈合的孩子放到幼儿园是很危险的，很有可能再传染其他儿童。

Q: 对于手足口病毒怎样消毒呢？

肠道病毒酒精消毒效果不好，84消毒液好一些，还有就是高温加热、紫外线。家里如果有人感染这个病毒，主要是以煮沸的方式消毒。可以用84消毒液泡一泡。但入口的东西用84消毒液泡的话会有残留，很难把84药水全洗掉。

胃肠型感冒的注意事项及护理

胃肠型感冒的正确名称是病毒性肠胃炎,当病毒侵入上呼吸道,被称为上感,当病毒侵入胃肠道,会引起种种胃肠不适症状,因此被视为是胃肠型感冒,其中轮状病毒、诺罗病毒、腺病毒,都是常见的病毒类型。

三大病毒类型

轮状病毒感染,主要由进食、体液及飞沫传染,发病初期会出现如感冒症状及呕吐,1~2天后则开始出现严重水便的情况,整段病程3~7天可痊愈。

诺罗病毒是最常造成胃肠型感冒的主要病毒,因具有高度传播力,会经由被污染的食物、饮水、粪便及体液进入人体,只要一人患病,通常全家都难以幸免,主要症状为呕吐、腹泻,也可能合并发热及肌肉酸痛。

腺病毒好发于2岁以下婴幼儿,主要症状为腹痛、腹泻、呕吐、发热、头痛,不会引起其他呼吸道病变,通常经由粪-口传染,一般会维持5~12天的腹泻,其中2~3天可能伴有呕吐及轻度发热。

发病症状

胃肠型感冒的症状与一般肠胃炎相似,如果病毒作用在胃部,通常会先出现呕吐的症状;如果病毒作用在肠道,则腹泻、腹胀及腹痛症状较明显;如果肠胃同时受波及,就会出现上吐下泻的情况。

通常一开始受到感染,会先出现呕吐,时而伴随腹胀、腹痛的症状;接着依个人体质与感染病毒不同,开始进入6~24小时的呕吐期,较严重的情况甚至可能连喝水都会造成呕吐;呕吐期过后会有持续数天的腹泻症状;整段染病期间还可能伴有轻微发热的情况,体温最高不会超过38.5℃。

由于胃肠型感冒的症状与一般细菌型肠胃炎的症状极为相似,家长可先从粪便中初步辨识,若孩子感染的是细菌型肠胃炎,粪便中会带有黏液及恶臭味;如果感染的是胃肠型感冒,拉出的粪便则多为水分,且带有些酸味。

家庭护理

通常治疗胃肠型感冒没有所谓特效药,必须靠自身免疫力自行复原。

正确洗手的方法

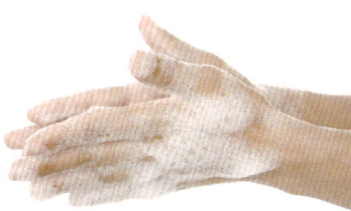

掌心对掌心搓擦

手指交错,掌心对手背搓擦,再掌心对掌心搓擦

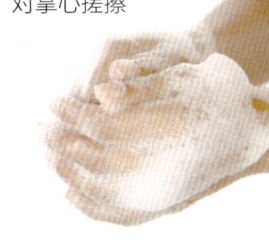

在掌中转动拇指,再搓擦指尖

两手互握搓指背

当家中孩子出现疑似胃肠型感冒的症状，家长无须过度担心，只要留意是否出现异常症状，并辅以正确的居家照护方式，即可帮助孩子早日摆脱病情。

让患儿增加睡眠时间是不错的复原方式，可减少体力耗费，但需多留意是否有昏睡不醒的情况。

如有轻微发热，可多泡温水浴缓解热症，夏天则建议保持舒适的室温。

若有腹痛、腹胀等肠胃不适的症状，可选用含有薄荷成分的乳液或按摩油轻轻按摩腹部。

什么情况须立即就医

胃肠型感冒的典型症状为腹胀、水泻、呕吐，伴有轻度发热，通常在呕吐期过后，症状可逐渐缓解，若症状无法自行缓解，或发现宝宝的活动力持续低落，或有昏睡、抽搐等状况，则需考虑是否为其他病症，若有以上情况，家长应前往医疗院所进一步确认病情。

若病程期间有严重呕吐或腹泻症状，家长应密切观察孩子是否出现脱水情况，如果发现孩子尿量明显减少，皮肤及嘴唇变得干燥，甚至哭闹时不见眼泪，应尽快帮孩子补充平衡液及水分，如果因为严重呕吐无法饮水，或超过24小时无法进食，最好送医院接受静脉滴注治疗。

全奶哺育期患儿的饮食照护

❶ 急性期：此阶段会有较明显的呕吐感或较严重的呕吐症状，应该以少量多餐的方式减少肠胃负担。母乳宝宝可持续哺喂母乳，以每半小时哺喂5分钟的方式持续进食；配方奶宝宝须立即停止喝奶，以免加重刺激呕吐症状，改以喂食电解水，每次1汤匙，每10分钟喝一次。

❷ 缓解期：通常急性期会维持1天左右，如果连续4小时没有出现呕吐或腹泻现象，可开始增加进食量。母乳宝宝可拉长哺喂时间，配方奶宝宝所添加的奶粉量应比平常少1/2，视情况逐步增加奶粉浓度。

持续观察8小时以上，若已停止呕吐及腹泻症状，应尽早给予进食，逐步恢复正常奶量，此举可帮助宝宝逐渐恢复体力及抵抗力。

辅食阶段以上的婴幼儿的饮食照护

❶ 急性期：此阶段不要给予固体食物，可先给予米汤取代平日饮食；如严重呕吐，应停止喝水1小时，视情况再少量多次补充水分或平衡液，以10分钟喝1汤匙水为原则，持续观察4小时以上。若已停止呕吐，可慢慢增加饮水量。连续8小时没有呕吐，则可恢复正常饮水量。

❷ **缓解期**：当呕吐停止后，除了可食用母乳及不含乳糖的配方奶，也可先给予不添加调味料的米汤试食，再逐步进阶到水果泥、蔬菜泥；大一点的孩童则恢复进食较清淡的淀粉类主食，如稀饭、白饭、馒头、吐司、面条、马铃薯；胃口较差的孩子，可多吃苏打饼干，或是苹果、香蕉等水果增加进食量。清淡饮食需持续1~2天，待症状缓解后再慢慢恢复正常饮食。

胃肠型感冒预防方法

由于胃肠型感冒的病毒多以接触或是飞沫等方式进入人体，只要杜绝感染途径，即可避免病灶上身。

❶ 平时就要养成勤洗手的好习惯，尤其是如厕后及进食前，大人准备食物前及返家后也应该保持先洗手的行为。

❷ 在流行高峰期尽量避免出入公众场合，或长时间处在人群较密集的空间，如无法避免，最好戴上口罩。

❸ 病毒在超过80℃高温环境便无法生存，因此食物必须彻底煮熟才能达到杀菌效果，平时少吃生食或未煮熟的食物，幼童则须完全避免食用这类食物。

❹ 从出现症状到恢复后3天内，最好与家中老年人及儿童隔离相处，并避免负责烹煮食物的工作。

❺ 清理呕吐物及粪便时须戴上手套，处理完毕后以热水及清洁剂清洗双手，换下的尿布不要堆放在家中。

❻ 衣物如被污染，应尽快换掉，换下的衣服立刻以热水和清洁剂清洗；避免将患者的衣物与其他待洗衣物一同放置，须单独清洗。

❼ 平时可经常以稀释75%以上的酒精或稀释50倍以上的漂白水消毒居家环境。

Q&A

Q：孩子呕吐后，要强迫给他喂食大量水分吗？

饮用过量水分可能会造成水中毒危机，若正当呕吐期时，进食大量水分反而更容易刺激呕吐，如担心脱水，须以少量多次的方式补充水分。

Q：孩子腹泻4~5天是否会引发脱水症？

虽说脱水会导致严重病情，但也并非稍微呕吐或腹泻就会引发脱水，尤其1岁以上的孩子不容易发生脱水情况，除了适当补充水分以外，如有出现眼睛凹陷、婴儿囟门明显凹陷、嘴唇及皮肤干燥、尿液及泪液减少的症状，应立即就医治疗。

Q：施以止吐治疗后是不是可立即停止呕吐现象？

即使使用止吐药、止吐塞剂，或是注射止吐针，并无法使呕吐立即停止，但是会逐渐缓解，在缓解过程中仍然必须维持适当的饮食及照护原则。

小儿流感食疗方

葱白大蒜

原料 葱白250克，大蒜125克。

做法 将葱白、大蒜洗净切碎，加水1升煎煮，日服2次，每次1小茶杯。

功效 主治小儿流感。葱白的挥发性成分，能刺激气管分泌而发挥祛痰、发汗和利尿作用。临床治疗感冒有效。大蒜可杀灭乙型流感病毒。

绿豆青茶冰糖茶

原料 生绿豆50粒，青茶3克，冰糖15克。

做法 将绿豆洗净捣碎，与青茶叶、冰糖同放入茶杯，冲沸水加盖闷20分钟即可。随时饮服。

功效 主治流感，对咽喉肿痛、热咳者效果更佳。茶叶中的儿茶素具有抑制流感病毒活性的作用。

贯仲青茶汤

原料 贯仲6克，青茶3克。

做法 将贯仲、青茶制成粗末，用沸水冲泡10分钟即可。亦可煎汤饮，连饮5天。

功效 主治小儿流感。贯仲味苦，性微寒，能清热解毒，对流感病毒有较强抑制作用。

流感的注意事项及护理

流感约有六成是0~6岁的小儿感染，身体脆弱的婴幼儿若遭受感染，也非常容易引起其他并发症如肺炎等，严重时还可能危害性命，家长面对流感的问题不得不慎。

幼儿流感可以预防

预防重于治疗，面对流感来袭，家长除了自身保持良好的抵抗力，并常带宝宝洗手外，更重要的是杜绝病毒的来源。流感的传染性强，当家中有人感染时，很快有其他人也会一起感染到流感；幼儿园和学校更是流感传染的最大根源。因此若是自己的孩子已经生病了，就尽量不要再带到幼儿园中，以免将病毒传染给其他小朋友，让孩子在家中好好休养；若孩子的抵抗力较差，那么当班上开始有很多人感冒时，也尽量让孩子维持良好的生活状态，勤洗手或是戴口罩等，尽量避免病毒入侵。

流感与腺病毒的区别

腺病毒感染症状类似流感，都有发热的现象，其传染途径是借由飞沫、近距离传染、接触以及媒介，媒介的定义是孩子接触到其他生病孩子接触过的东西，也会造成感染。而感染到腺病毒会发生的症状与流感相当类似，都会有上呼吸道的疾病如咳嗽、流鼻涕，比较特别的是感染腺病毒之后，眼睛可能会出现结膜炎现象，扁桃体也会化脓，而发热有时可以延续7天之久。由于其症状与流感相当类似，有时连医生也不一定能完全判别感染的是流感病毒还是腺病毒。

流感与普通感冒差异

普通感冒症状通常以鼻塞、流鼻涕、咳嗽居多，而流感通常会伴随明显的高热、头痛、全身酸痛、疲倦无力、发冷等症状。一般经常误将流感当作普通感冒，但是流感通常来得比较突然，且症状也严重许多，只要出现高热酸痛的现象，并观察旁人是否已经得到流感或是类流感，即可了解自己是否染上流感，并应在48小时内尽快就医治疗，遵从医嘱选用抗病毒药物，自然能远离流感、免于重症威胁。

小儿蛔虫病的注意事项及护理

蛔虫病是儿童常见的肠道寄生虫病,影响孩子的食欲和肠道功能,妨碍孩子的生长发育。其并发症较多,若蛔虫误入邻近器官,有时可危及生命,所以必须积极防治。

人吞食感染性蛔虫卵到发育为成虫,要在人体内经过60~70天的时间。蛔虫卵进入人体以后,先在小肠里孵出幼虫,大约经过2小时,便钻进人的肠壁,经小血管至门静脉,随着血液在人体内循环,进入肝脏、心脏,4~5天后移到肺部。幼虫在肺内经过两次蜕皮,穿过微血管进入肺泡,再经气管入咽部,然后被咽下,经胃再次到达小肠,并在小肠中定居下来,发育为成虫。而目前各种驱虫药都只能驱除成虫,对正在"旅行"途中的幼虫是不起作用的。

蛔虫卵主要通过手和食物传染。生吃瓜果不洗烫,饭前便后不洗手,喜吃生凉拌菜和泡菜,喝生冷水,特别是河水,都是感染蛔虫的重要因素。孩子玩物不洁,吮指,喜用嘴含东西,也能带进蛔虫卵。

蛔虫寄生在体内主要以小肠内乳糜液为食物,不但掠夺营养,同时又分泌对胃蛋白酶、胰蛋白酶、胰凝乳酶及组织蛋白酶等的抑制剂,影响人体对蛋白质的消化和吸收。

肠道蛔虫病可无任何症状,仅有食欲不佳和腹痛,疼痛一般不重,多位于脐周或稍上方,痛无定时,反复发作,持续时间不定。痛时揉按孩子腹部,多无压痛,亦无肌紧张。个别孩子可有偏食或异食癖,喜吃炉渣、土块等。患儿易发生恶心、呕吐、腹泻或便秘。大量蛔虫寄生不仅消耗营养,而且妨碍营养的消化与吸收,即使宝宝食量较大,也常造成营养不良、贫血,甚至发生生长发育迟缓、智力发育较差等现象。

宝宝蛔虫病的另一特点是易出现精神、神经系统症状。虫体代谢产物或分解物被吸收后易引起患儿低热、精神萎靡或兴奋不安、头痛、易怒、睡眠不好、磨牙、易惊,甚至反复呕吐等。

蛔虫有游走钻孔的习性,当蛔虫过多或高热、消化不良、驱虫不当时均可使蛔虫产生骚动,引起严重的临床现象。常见的并发症有蛔虫性肠梗阻、胆道蛔虫症、蛔虫性脓肿、蛔虫性阑尾炎。

应教育孩子养成良好的卫生习惯,保持手的清洁,常剪指甲,不吸吮手指头。年长儿无症状的感染,不必急于治疗,除非发生再感染,虫体一般于一年内可自然排出。对于感染较重或症状明显的,应给予治疗。

孩子2岁以后可以进行一次常规驱虫治疗。驱虫药是指能将肠道寄生虫杀死或驱出体外的药物，驱虫药可麻痹或杀死虫体，使虫体排出体外。驱虫常用西药有肠虫清、驱蛔灵、驱虫净等，晚8时（睡前）用温开水一次服下。最好不要自己给孩子买药服用，请咨询儿科医生。

使用驱虫药时，应注意如下几个方面：

❶ 服药前家长要带孩子去医院化验大便，确定有无寄生虫，是哪种寄生虫，并有针对性地选用驱虫药。因为有的驱虫药对多种寄生虫有效，有的只对一种寄生虫有效。切勿自认为孩子有寄生虫，盲目服用驱虫药，影响孩子健康。

❷ 驱虫药一般在空腹时服用。可在饭后两小时服用，这时胃肠食物已基本排空，药物易与虫体充分接触，驱虫效果更好。如果服药前1小时食用适量醋酸，有助于虫体的驱除。如果服药后较长时间不排便，应适量服些泻药促便排出。

❸ 服药剂量要按照医嘱。剂量不足，虫体没有被麻痹，虫体受到药物刺激出现游窜，易引起腹痛、肠梗阻和胆道蛔虫等，而且驱不出来。剂量过大，易中毒而且损害肝脏，因此，要避免常服或过量服用驱虫药。但是肝、肾功能不全、脾胃虚弱、急性发热的儿童应慎用或禁用驱虫药。

❹ 用药时，要注意观察不良反应。有些广谱驱虫药，极少数患者在服药后10~40天逐渐出现缄默少动、情感淡漠、思维抑制、记忆力障碍和计算力锐减等精神呆滞症状，有的有不同程度的意识障碍。因此，有驱虫药过敏史或家族过敏史者儿童要慎用该类药物，并向医师说明。

❺ 2岁以下的幼儿肝肾发育尚不完善，药物会伤害幼儿的肝肾，因此应慎用驱虫药。

Q:怎样判断孩子肚里是否有了蛔虫？

❶ 孩子常喊肚子痛，尤以脐周部位为多，揉按后可缓解。

❷ 孩子夜间睡眠易惊醒、磨牙和流口水。

❸ 在小儿面部、颈部皮肤上常有淡白色近似圆形或椭圆形斑片，上面有细小灰白色鳞屑，即俗称"虫斑"。

❹ 无明显原因，孩子的皮肤常反复出现"风疙瘩"。

❺ 孩子有偏食表现，并好吃一些稀奇古怪的东西如泥土、纸张、布头等。

❻ 孩子吃得多且易饥饿，爱吃零食，吃得多却也总胖不起来。

✅ 异位性皮炎的注意事项及护理

> 宝宝长疹子是常有的现象，不过如果你家宝宝属于过敏体质，而且长疹子的部位极痒，还不断复发，那么就要小心宝宝有异位性皮炎。异位性皮炎的发病集中在0~6岁宝宝，发病率约为10%。异位性皮炎宝宝属于遗传性体质，患儿会对常见的东西产生过敏。

🌿 症状

❶ 奇痒无比。 有此病的宝宝，常会抓皮肤。尤其在夜深人静时，皮肤痒的感觉会特别明显，而身体在盖了棉被较温暖时，也会觉得较痒。

❷ 特定部位出现红疹。 就婴幼儿来讲，脸是好发部位，脸的两颊会发红，之后则可能扩散到手肘外侧与膝盖前方。因为此病症与抓搔、摩擦有关系，因此尿布包覆的部位不会有皮疹。有的时候头部还会有类似头皮屑的东西，或是耳朵耳垂裂开出现碎屑。

一般来说，宝宝皮肤发炎初期会像长了一粒粒的痘，或是有流液状况，如果一直没有处理，皮肤会有结痂，并呈块状，且因长期搔抓而使皮肤变厚变硬。

❸ 不断复发。 宝宝的皮肤发痒、长疹子的状况可能常常会复发。患者一年四季都有发作的可能。在夏天，大量的汗水会刺激皮肤，而冬天则是因过于干燥而发作。

❹ 过敏体质。 异位性皮炎是一种过敏疾病，如果宝宝本身患有过敏性鼻炎，或是气喘，那么也可能会有异位性皮炎。

🌿 宝宝为何会有异位性皮炎

过敏基因+环境+异常免疫功能是发生异位性皮炎的原因。当过敏体质者处在容易诱发过敏的环境中时，就容易引发此病。过敏体质者本身的免疫功能与一般人不同，这种异常并不是免疫力较差，而是他的身体机制会对过敏原产生较一般人更强烈的免疫反应，导致皮肤发炎。

通常遇到下列情形，宝宝比较容易发病：

❶ 碰到刺激物： 汗水、脏污，或是化学物，例如洗衣粉、洗净力强的清洁用品等。

Q: 皮肤发疹就是异位性皮炎吗？

在婴儿期常见的皮肤疾病尚有脂溢性皮炎、婴儿期湿疹与接触性皮炎，这些皮肤疾病发作时，容易与异位性皮炎混淆，不过有一个最关键的辨别方式，那就是其他皮肤病很少像异位性皮炎般不断复发。

> **别任意使用药物涂抹宝宝的皮肤**
>
> 由于婴幼儿的皮肤构造与成人不同，即便两者有同样的皮肤疾病，使用的治疗药物也不会相同。以类固醇药膏来说，其可依药效分为七级，成人、婴幼儿以及皮肤不同部位使用的类固醇药膏各有差异，不能贸然混用！如果拿其他疾病的药膏来擦拭，反而会使感染现象更严重。因此，提醒爸妈，千万不要随意给宝宝乱用药物。

② **接触过敏原**：常见的过敏原有尘螨、猫狗毛、猫狗排泄物、毛类织品、易致敏的食物等。

③ **皮肤干燥**：当宝宝皮肤过于干燥时，就很容易发痒、发疹，因此冬天也是异位性皮炎好发的季节。

另外研究发现，约有90%的异位性皮炎患者身上都存在着金黄色葡萄球菌，这种球菌会引发皮肤强烈的炎症反应，继而产生异位性皮炎。

治疗

由于异位性皮炎有多种病因与临床症状，因此治疗方式会多管齐下：

① **治疗皮疹**：使用局部涂抹或口服的类固醇，或是非类固醇药品。

② **止痒**：使用止痒涂剂，或是服用口服抗组胺药帮助止痒。

③ **杀菌**：局部涂抹或口服抗生素，尤其是针对金黄色葡萄球菌。

④ **保养皮肤**：通常异位性皮炎的患者肤质较为干燥，尿素软膏或是凡士林都可帮助皮肤建立良好的屏障。

通常，病情轻微者，就医治疗后，7~10天就可痊愈；中度病情者，3周约可痊愈90%；皮肤已经发生硬且厚皮状态的严重患者则须与医师配合治疗3~6个月。

预防可降低严重度

没有一种方式能够阻止异位性皮炎产生，只能减轻病情的严重程度。

① **喂食母乳**：妈妈至少喂食母乳到宝宝满6个月大，若是母乳不足亦可喝水解牛奶。

② **冲泡水解牛奶勿加入麦粉或调味米粉**：切勿在4个月之前在水解牛奶中加入米粉或是麦粉，尤其是麦粉，这样很可能诱发过敏。

③ **延后添加辅食的时间**：一般无过敏的宝宝，在四个月左右就可添加辅食，若担心过敏，可在6个月之后再添加米粉、麦粉，而肉类食物可延后到8个月再让宝宝食用。

④ **毛或毛类织品**：包括宠物的体毛、毛衣、毛外套、毛毯、绒毛类玩具等。

⑤ **气候**：太冷或太热对宝宝都不好。

⑥ **汗水**：使用干净的湿毛巾为宝宝擦汗，千万不要使用湿纸巾，即便是号称不含刺激物质的湿纸巾，也会有防腐剂、清洁剂等其他刺激物质(平常应使用温水帮宝宝冲洗屁股，再以干毛巾或是干纸巾擦干)。

⑦ **化学物**：油漆或是残留在衣服上的清洁剂等。

⑧ **情绪恶化**：宝宝闹脾气时，也会加重痒的程度，皮肤越痒，宝宝的脾气会越差。

❾ 个人特殊过敏食物：每个过敏体质的宝宝都有针对性的特殊过敏食物，这必须靠爸妈细心且长期的观察功夫才会知道。

❿ 使用低刺激的皮肤清洁与保养剂。

⓫ 皮肤保养：除了凡士林与尿素软膏之外，可选择异位性皮炎专用产品，但使用时若有皮肤不舒服情况，就换品牌。要注意的是，异位性皮炎患者不适合使用含有绵羊油、花生油成分的皮肤用品。

Q: 一定要使用类固醇吗？

目前最佳治疗方式仍然是使用局部类固醇，能够迅速且有效地抑制皮肤发炎情况。常见副作用为皮肤萎缩、变薄，有时候产生色素变化——变白或变黑。

有些家长以为擦愈多愈有效，甚至当成乳液来使用，这都是错误的。但多数家长很害怕使用类固醇药膏，若是完全不使用类固醇，反而使得发炎更严重，届时必须采用更强效的类固醇，才能发挥其作用。

Q: 宝宝抓不停怎么办？

可使用蘸冰水的毛巾轻拍宝宝皮肤。若是宝宝痒到难以入睡，则需要服用抗组胺药来抑制瘙痒的感觉且降低发炎症状。家长应适时使用药水来避免宝宝因痒而抓产生反复发炎的恶性循环。只要适当的剂量对于宝宝并无明显的不良反应。

Q: 宝宝可以吃海鲜吗？

经由医师诊断证实宝宝患有异位性皮炎，需避免辅食提早加入过敏原。一般来说，2岁以前异位性皮炎宝宝具有食物不耐的现象，食物与过敏是有相关性，避免提早加入海鲜、奶、蛋等过敏原或是使用减敏奶粉。食物不耐症状随着年龄长大可能会有些改变与改善。当宝宝吃了某些食物之后，在24~48小时，产生瘙痒或是过敏反应，家长会察觉。

据说益生菌对于异位性皮炎减缓或治疗有效果，但目前在医学上仍有争议，益生菌的菌株分成许多种类，提醒家长选择益生菌时必须格外小心谨慎。

Q: 为什么宝宝始终没有好？

此病根治的概率是50%，就医诊治并不代表不会复发，千万不要因为无法痊愈就直接放弃治疗。如果能在宝宝进入青春期之前控制好此病症，或许有痊愈的可能性。

不要让过敏的孩子接触毛衣、毛外套、毛毯、绒毛玩具

小儿荨麻疹的注意事项及护理

小儿荨麻疹是一种常见的过敏性皮肤病，在身体不特定的部位，长出一块块形状、大小不一的红色斑块，发痒。

小儿荨麻疹多是过敏反应所致，其常见多发的可疑病因首先是食物，其次是感染。如婴儿引发荨麻疹的原因多与牛奶及奶制品的添加剂有关。婴幼儿增加辅食以后，鸡蛋、肉松、鱼松、果汁、蔬菜、水果都可成为过敏的原因。儿童喜欢吃零食，如虾仁、鱼类、蟹、虾皮、花生、蛋、草莓、苹果、李子、柑橘、冷饮、饮料、巧克力等都有可能成为过敏原因。另外，被蚊虫叮咬，或与花粉、粉尘、螨及宠物皮毛等接触，均易成为过敏原因。小儿患各种感染，如化脓性扁桃体炎、咽炎、肠炎、上呼吸道感染等疾病均可成为荨麻疹的诱发因素。药物也容易过敏引发荨麻疹。

小儿荨麻疹也有急性和慢性之分，急性荨麻疹治疗相对容易，而慢性荨麻疹治疗时间较长。

小儿急性荨麻疹发病突然，皮肤异常刺痒，风疹块形状不一，有红色、苍白色的；有的为环状，也可互相融合成大片，消退以后不留任何痕迹。皮疹发生部位不定，如用针头在患儿正常皮肤上划痕可出现与划痕一致的红色疙瘩。多数患儿除皮肤奇痒外，没其他不适感；少数因内脏受累出现发热、头疼、气憋、恶心、呕吐、腹泻、腹痛等不适；严重时有面色苍白、呼吸困难、血压下降等休克表现。

若是小儿荨麻疹持续复发超过6周则成为慢性荨麻疹，很多因素都可能引起小儿慢性荨麻疹，如温度变化、搔抓、灰尘、花粉、化纤衣物等对皮肤产生的刺激等。也有一半以上的患者可能根本找不到明显的致病原因。

因此，患者最好能和信任的医师长期配合，不要一觉得药物无效就又换医师治疗。

在食物性过敏原中，除鱼、虾、蟹、贝类、蛋类、笋等常见的易过敏食物外，蔬果中的芹菜、香菜、辣椒、草莓、香蕉等也可诱发荨麻疹，还有如泥螺、苋菜、鸡毛菜、莴苣等食物也可诱发此病。因为荨麻疹患者对外界抵抗力差或还没有适应环境，因此对牛奶、黄豆、花生、鸡蛋等过敏的也比较多。如果禁忌的食物过多但又是人体日常所需的，也可以通过少量渐次增加食用量来达到脱敏的目的。

治疗一般以抗组胺药物、葡萄糖酸钙、维生素C为主，辅以安抚止痒的外用药，比较重的可以在医生的指导下临时用一点皮质激素类的药物。大多数慢性荨麻疹患儿使用了药物后会有嗜睡、全身无力等情形。

🌿 日常护理注意

❶ 避免用手抓挠患处，可用冷敷减轻瘙痒感，也可用炉甘石洗剂或氧化锌洗剂清洗皮肤。

❷ 注意卫生，家庭防螨很重要。

❸ 避免孩子接触花粉类物质，避免在树底、草丛等处活动。

❹ 注意天气变化，避免引起寒冷性荨麻疹。

❺ 患儿应穿着宽松透气的衣物，以免对患处造成刺激。

倒刺的注意事项及护理

倒刺是一种浅表的皮肤损伤,并不是大问题。但孩子会出于好奇或觉得难受碍事,用手去撕,这样反而会造成倒刺根部皮肤真皮层暴露,引起继发细菌感染,不仅会疼痛出血,严重时还可能导致甲沟炎。

日常护理注意:

1. 经常给孩子剪指甲,保持指甲卫生,并且要教育孩子,让他知道啃咬指甲是不健康的。
2. 让孩子多喝水、多吃水果,每天都要给小手涂上无刺激、含油脂的护肤霜,像羊毛脂霜、维生素E霜等。橄榄油有防止倒刺生成的功效,把孩子的小手洗干净,将橄榄油涂上,并进行按摩,既营养皮肤,又可以防止倒刺的生成。
3. 孩子长出了倒刺,千万不要硬拔,先用温水浸泡有倒刺的手,等指甲及周围的皮肤变得柔软后,再用小剪刀将其剪掉,然后用含维生素E的营养油按摩指甲四周及指关节。

日光性皮炎的注意事项及护理

有的宝宝在春末夏初,经过日晒以后,被晒处皮肤出现红斑,又痒又疼;有的宝宝是在吃了某种蔬菜或某种药物后,晒太阳时会出现红斑、水疱。这种情况叫日光性皮炎。

患日光性皮炎多是在太阳下暴露皮肤2~6小时以上,皮肤发红,出现红斑、水疱痘疹,并有痒痛感。经过3~4天后,红斑逐渐变为暗红色,逐渐消退。水疱破裂后干燥结痂,表皮脱屑,留有色素沉着。

日常护理注意

1. 经常户外活动,增强皮肤耐受力。
2. 严重者避免日晒,外出时注意遮阳,穿长袖衣服、长裤、浅色衣服。
3. 在外露的皮肤上涂防晒护肤品。
4. 日晒出现红斑后,立即用冷水湿敷局部,以减轻反应。

小儿中耳炎的注意事项及护理

幼儿容易因为感冒而引发中耳炎，这和耳朵构造有关，耳腔和咽喉中间有个咽鼓管，婴幼儿耳朵中的咽鼓管比成人短，而且呈现水平状，一旦感冒后，细菌很容易入侵，从咽鼓管跑到中耳而引起感染发炎。

急性化脓性中耳炎症状

❶ **全身症状轻重不一**。可有畏寒、发热、倦怠、食欲减退。小儿全身症状较重，常伴呕吐、腹泻等消化道症状。鼓膜一旦穿孔，体温即逐渐下降，全身症状明显减轻。

❷ **耳痛**。耳深部痛，逐渐加重。如搏动性跳痛或刺痛，可向同侧头部或牙齿放射，吞咽及咳嗽时耳痛加重。耳痛剧烈者夜不能眠，烦躁不安。鼓膜穿孔流脓后，耳痛减轻。

❸ **听力减退及耳鸣**。始感耳闷，继则听力渐降，伴耳鸣。穿孔后耳聋反而减轻。耳痛剧者，耳聋可被患者忽略。偶伴眩晕。

❹ **耳漏**。鼓膜穿孔后耳内有液体流出，初为血水样，以后变为黏液脓性或纯脓性。

急性化脓性中耳炎治疗原则为控制感染，通畅引流及病因治疗。全身治疗时及早应用足量抗生素或磺胺类药物控制感染，直至症状消退后5~7日停药，务求彻底治愈。在进行治疗的同时，应针对病因同时展开治疗，如积极治疗鼻部及咽部慢性疾病。

耳的解剖示意图

（耳郭、鼓膜、半规管、听神经、外耳道、中耳）

小儿麦粒肿的注意事项及护理

> 麦粒肿是眼睑腺被细菌感染引起的化脓性炎症，即睑腺炎，俗称"针眼"。

病初自觉眼发痒不适，随后眼皮出现红肿，睁不开眼，有触痛，甚至伴有发热，全身不适，球结膜充血。

2~3日后，脓肿成熟，局部隆起，出现黄色脓点，最后破溃排出脓液，疼痛缓解，红肿逐渐痊愈。

内、外麦粒肿的表现基本相似，只不过内麦粒肿疼痛较为明显，炎症持续时间长。外麦粒肿在眼皮外面破溃排脓；内麦粒肿在眼皮内破溃排脓。

发病过程中，小儿会有发热、耳前淋巴结肿大、压痛等表现。容易发生在小儿常哭闹、用脏手揉眼等行为时，这都是替细菌创造乘虚而入的机会。引发麦粒肿的细菌，多为金黄色葡萄球菌，因此，多有化脓性炎症。另外，小儿在患有疾病时，尤其是脾胃气虚，或全身抵抗力下降，也极易引起麦粒肿。

麦粒肿初期的治疗可给予热湿敷，每天3~4次，每次20分钟，同时使用抗生素眼膏或眼药水或使用鲜淡竹叶叶茎，或鲜桑叶5钱，放入茶壶中小火煮，眼睛靠近熏蒸，以不烫眼为度，每日熏蒸1次，每次15分钟。淡竹叶及桑叶都有清热消肿的效果，能用于急性麦粒肿。

平时家长要注意，不要让宝宝眼睛过度疲劳。父母不要用脏手为宝宝除眼垢、擦眼睛，不要修剪、拔除宝宝的睫毛。注意保持宝宝大便通畅，多吃蔬菜、水果，定时排便。

小儿过敏性鼻炎的注意事项及护理

> 小儿过敏性鼻炎是由吸入外界过敏性抗原而引起的疾病。

在儿童中极为常见，是一种慢性鼻黏膜充血的疾病。

🌿 哪些因素容易引起过敏

1. 吸入物：室内外的灰尘，动物的皮毛、羽毛，棉花絮，植物花粉等。
2. 家族遗传：过敏性鼻炎的发生与遗传有关。患者具有过敏体质，可以有家族史。
3. 接触物：化妆品、油漆、汽油、酒精等。
4. 其他因素：冷热变化，细菌毒素，某些食物如鱼虾、鸡蛋、牛奶、面粉、花生、大豆等。

🌿 症状

儿童过敏性鼻炎的症状主要是：连续打喷嚏、鼻内奇痒、流清水鼻涕（感染时为脓涕）及鼻塞。

1. 鼻痒和连续打喷嚏。每天常发作数次阵发性连续打喷嚏，随后伴有鼻塞和流鼻涕，尤以晨起和夜晚明显。
2. 大量清水样鼻涕。伴随着打喷嚏的同时，大量的鼻涕会倾泻而下。但急性期过后或变稠厚。
3. 鼻塞。程度轻重不一。
4. 嗅觉障碍。

2~6岁的学龄前儿童是诱发呼吸道过敏的高发年龄。呼吸道过敏严重的患儿还会出现过敏性咳嗽和哮喘。长期不愈的过敏性鼻炎，可引起孩子全身症状，如乏力、食欲不佳、体重不增、生长发育迟缓和器官功能障碍等。

治疗

正确的治疗方式可以缓解过敏性鼻炎的症状，如果爸妈认为这是小病而不做治疗，有可能会产生鼻窦炎或是中耳炎等并发症。在药物的使用上可分为两大类：

抗组胺药物

此药也就是抗过敏药物，可使鼻黏膜的分泌减少，降低过敏反应，过去服用此类药物的缺点是会使人想睡觉，但现在推出的新药已无这项不良反应，且药效较长，可降低服药次数。

抗炎药物

此类药物都会做成鼻喷剂的剂型，可以降低鼻黏膜的炎症反应。

传统的盐水洗鼻法没有任何不良反应，比较安全

盐水洗鼻虽然见效比较慢，但只要坚持下去可有很好的效果。洗时使用生理盐水，掌握好浓度、温度。最好先单独冲洗鼻前庭，再冲洗鼻腔深层。直接冲洗容易把鼻前庭的脏东西直接冲到鼻腔深层。

家庭护理

儿童过敏性鼻炎患者应该禁忌以下食物

1. 特殊处理或加工精制的食物。
2. 人工色素，特别是黄色色素。
3. 避免食物添加剂。
4. 过冷食物会降低免疫力，并造成呼吸道过敏，所以避免冷饮。
5. 牛肉、柑橘汁、玉米、含咖啡因饮料、巧克力、乳制品、蛋、燕麦、牡蛎、花生、鲑鱼、草莓、香瓜、番茄、小麦等容易引起过敏。
6. 刺激性食物，如辣椒、芥末等容易刺激呼吸道黏膜。

小儿过敏性鼻炎患者在生活调理上要注意

1. 早睡早起，避免过度劳累。
2. 适度运动对于过敏性鼻炎的改善，有不小的帮助。
3. 生活规律。

预防

过敏性鼻炎最根本的预防措施都是避免过敏原的接触，主要是注意居室环境以及生活细节。

1. 家里最好不要有需要经常浇水的喜阴植物，潮湿的土壤里可能隐藏着大量的真菌。
2. 防治蟑螂。
3. 经常用漂白粉或者其他清洁剂清洗卫生间及垃圾箱。
4. 如果衣物发生霉变要尽早扔掉。室内保持干燥，地毯应注意防止潮湿，并保持书籍、报纸和衣物的干燥通风，食物也应防止霉变。
5. 过敏体质的儿童平时多补充抗过敏益生菌调整过敏体质。

小儿鼻出血的注意事项及护理

小儿鼻出血可由多种因素诱发,如孩子过度或过重地抠挖鼻孔,异物进入鼻腔,缺乏维生素,气候干燥等。此外,孩子患有各种鼻炎、鼻外伤、鼻中隔偏曲或鼻肿瘤等鼻腔疾病,以及白血病、风湿热等病也可引起鼻出血。孩子经常流鼻血,或者不易止住,应到医院检查。

❶ 孩子流鼻血时,应安静地坐下,且头稍微前倾,以免鼻血从鼻腔流入口腔,家长可用脱脂棉塞住孩子流血的鼻孔,并解开孩子的衣领扣,让孩子放松心情。再用湿毛巾冷敷孩子的鼻子,以利于止血。

❷ 当孩子鼻子出血较多且不易止住时,应及时送医院就医。

❸ 让孩子将流入口中的血液尽量吐出,以免咽下的血液刺激胃部,进而引发呕吐。

❹ 纠正孩子抠挖鼻孔,往鼻腔里塞东西等不良癖好;积极防治鼻炎、鼻窦炎等鼻腔疾病。

❺ 适当地多给孩子吃新鲜蔬果,如番茄、芹菜、白萝卜、莲藕、荸荠、西瓜、雪梨等,以利于保持鼻黏膜湿润,防止鼻出血;少吃辛辣刺激性食物,如羊肉、狗肉、辣椒、花椒等。

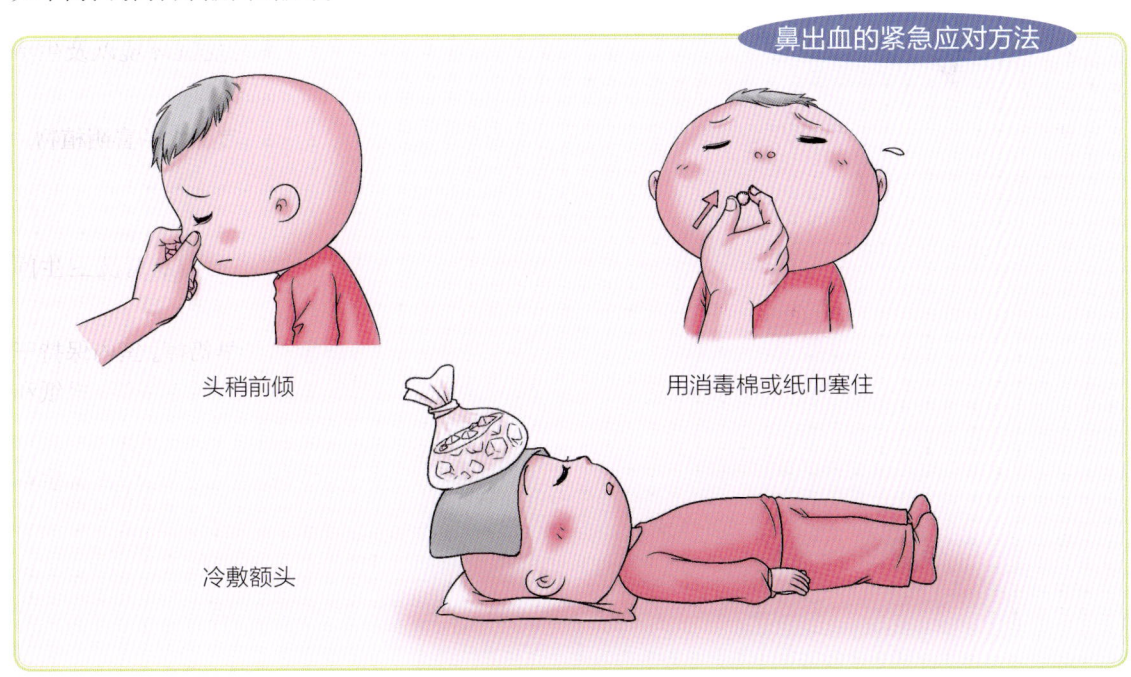

鼻出血的紧急应对方法

头稍前倾

用消毒棉或纸巾塞住

冷敷额头

急性扁桃体炎的注意事项及护理

> 急性扁桃体炎为腭扁桃体的急性非特异性炎症，是一种很常见的咽部疾病。

急性扁桃体炎有传染性，传染潜伏期为2~4天，为飞沫或直接接触传染。通常呈散发性，偶有暴发流行，多见于集体生活者。

急性化脓性扁桃体炎起病较急，局部和全身症状都较重。咽痛剧烈，吞咽困难，痛常散射至耳部。下颌角淋巴结肿大，有时感到转头不便。全身常有寒战高热，幼儿可因高热而抽搐、呕吐或昏睡。检查时可见扁桃体肿大，周围充血，隐窝口有黄色白脓点。脓点连接可形成假膜，但不超出扁桃体范围，易于拭去，不留出血创面。如扁桃体实质内有化脓病变，可在表面看到黄白色突起。

由于炎症向邻近组织扩展，急性扁桃体炎最常见的局部并发症为扁桃体周围脓肿，也可引起急性中耳炎、急性淋巴结炎、咽旁脓肿等。另外，急性扁桃体炎可引起全身各系统许多疾病，常见者有风湿热、急性关节炎、心肌炎及急性肾炎等。

要预防急性扁桃体炎应注意锻炼身体，增强体质，提高机体的抵抗能力。

本病具有传染性，故患者应适当隔离。患儿应多注意休息，多饮水，通大便，多进流质食物。因本病多为链球菌感染，因此抗菌消炎是主要治疗原则，解热止痛是重要的治疗措施。

如果孩子的扁桃体经常发炎、肿大，是继续采用保守疗法，还是索性手术切除？切除会否影响孩子的发育吗？

美国儿科学会的参考意见是，儿童扁桃体切除术（常和腺样体切除术联合进行），是儿外科常规的治疗方式，临床应用十分普遍，接受手术的患儿年龄通常在5~7岁，手术的成功率比较高。但到目前为止，这种治疗的远期效果尚未得到充分证实，所以医生在考虑手术时，态度会比较保守。

什么情况需要手术

① 扁桃体（或腺样体）严重肿大，影响孩子的呼吸，导致肺部氧气和二氧化碳的交换出现障碍（一个特征是呼吸在睡眠时停止几秒）。

② 如果是因腺样体肥大引起呼吸困难或吞咽困难，甚或严重的语言障碍，推荐进行单纯腺样体切除术。

🍃 手术是合理的，但并不紧急的情况

❶ 感染严重，导致扁桃体后方或周围有脓液积聚。
❷ 扁桃体炎症发作，应用抗生素治疗6个月，症状没有完全消失。
❸ 扁桃体(或腺样体)非常大，出现吞咽或呼吸困难，或只能张口呼吸且睡眠时鼾声特大。
❹ 儿童一年发生7次以上严重的咽喉肿痛并伴有链球菌感染或其他严重体征：扁桃体上或咽喉部覆盖有脓液，颈部淋巴结肿大、触痛，体温高于38.3℃；或者每两年中的一年内有5次类似发作；或者每3年中的1年内有3次类似发作。

🍃 清热解毒利咽药膳

在饮食上要清淡点，宜多吃含水分多又易吸收的食物，如稀米汤（加盐）、果汁、甘蔗水、马蹄水（粉）、绿豆汤等。平素忌吃香燥辛辣煎炸等刺激性食物，如姜、辣椒、大蒜、油条等。得病后应注意休息，保持口腔卫生，经常用热浓盐水含漱咽部。若出现眼睑水肿、关节疼痛、心慌、耳痛等症状，应及时查清是否并发肾炎、关节炎、心脏病或中耳炎，以便采取适当治疗措施。

酸梅青果汤

原料 酸梅6克，橄榄25克，白糖适量。
做法 酸梅、青果均洗净，将酸梅及青果放入砂锅内浸泡半天，然后煎煮，服时加白糖调味。
功效 防治扁桃体炎。

胖大海冰糖茶

原料 胖大海4~6枚，冰糖适量。
做法 胖大海洗净放入碗内，加冰糖调味，冲入沸水，加盖闷半小时左右，慢慢饮用。隔4小时可再泡1次，每天2次，一般2~3天即显效。
功效 清热、解毒、润肺，可用以治疗急性扁桃体炎。

附录一：宝宝生长曲线图

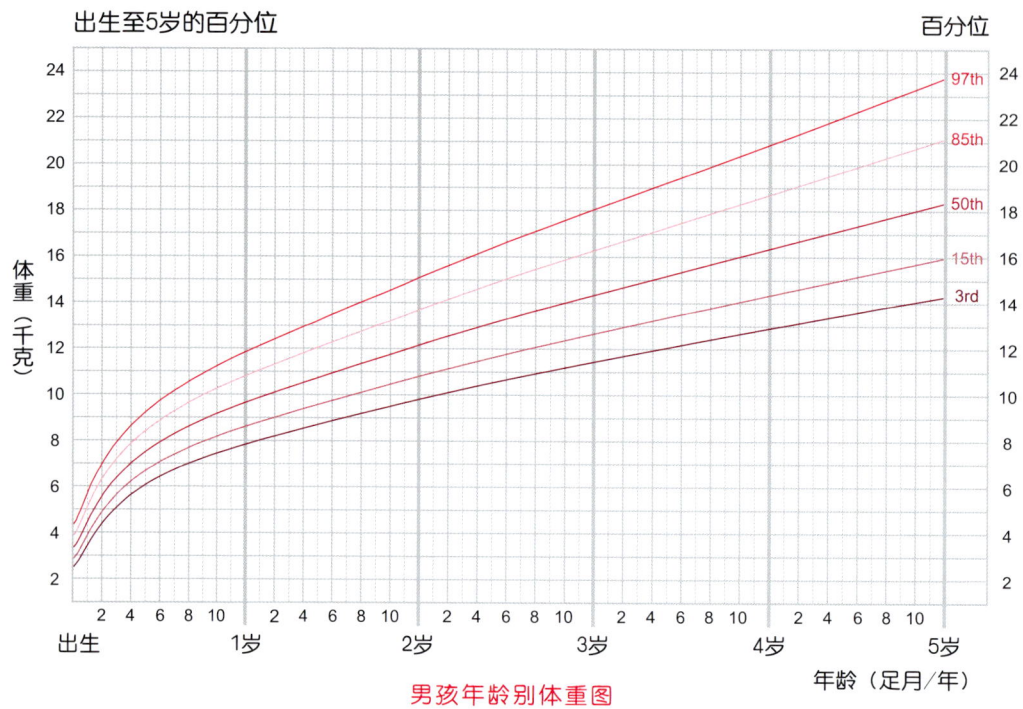

男孩年龄别体重图

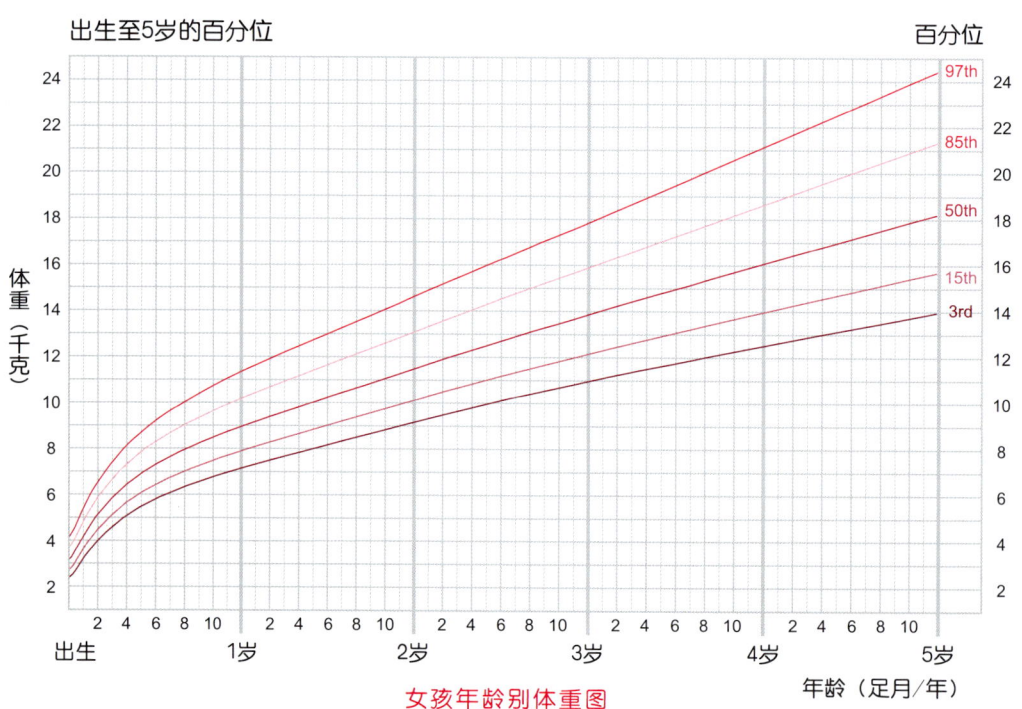

女孩年龄别体重图

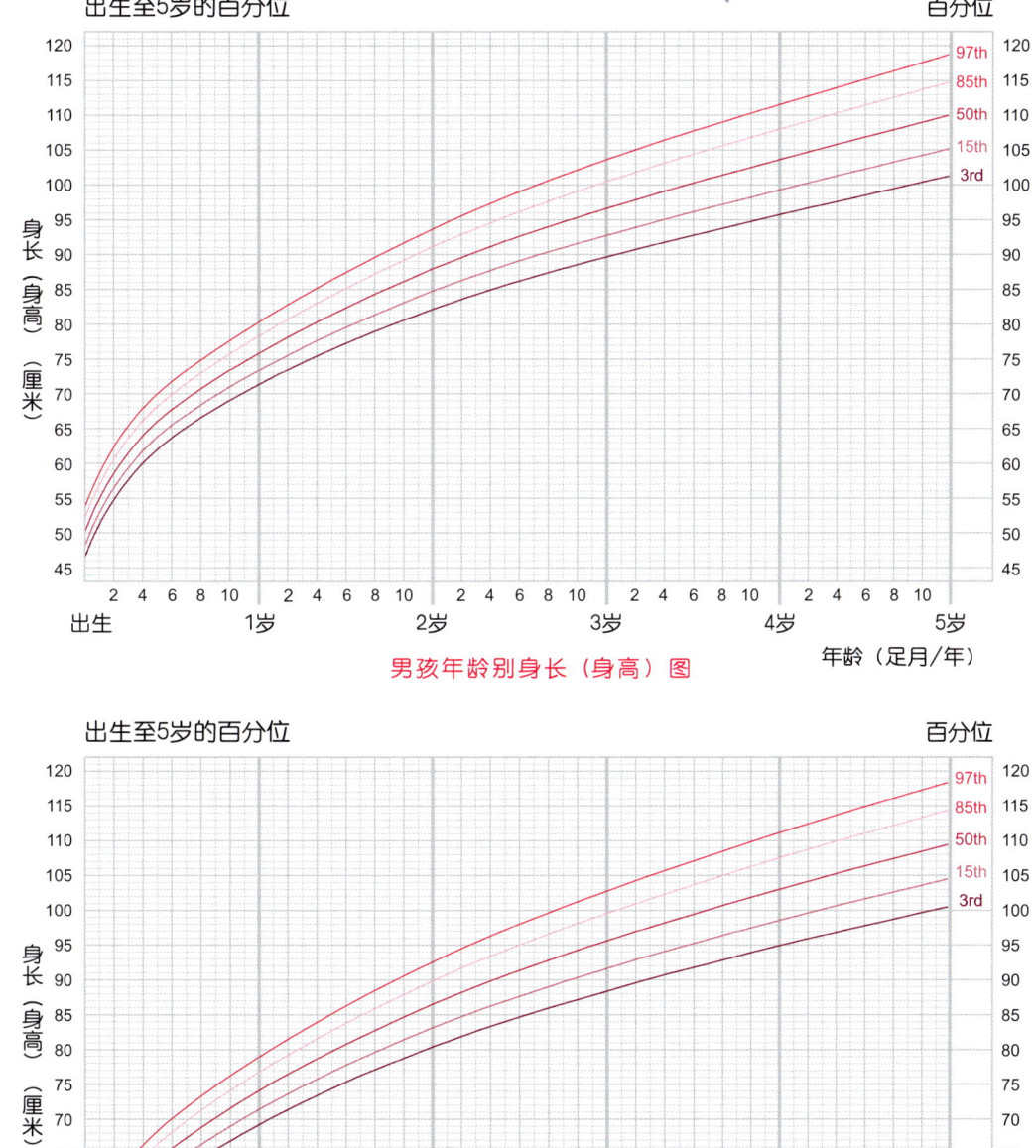

注：身长（身高）图在2岁时有落差，是因为测量方法不同；2岁之前是测量宝宝躺下时的身长，2岁以上则是测量站立时的身高。

附录二：中国5岁以下儿童生长发育参照标准

5岁以下男童身长（身高）标准值（cm）

年龄	月龄	−3SD	−2SD	−1SD	中位数	+1SD	+2SD	+3SD
出生	0	45.2	46.9	48.6	50.4	52.2	54.0	55.8
	1	48.7	50.7	52.7	54.8	56.9	59.0	61.2
	2	52.2	54.3	56.5	58.7	61.0	63.3	65.7
	3	55.3	57.5	59.7	62.0	64.3	66.6	69.0
	4	57.9	60.1	62.3	64.6	66.9	69.3	71.7
	5	59.9	62.1	64.4	66.7	69.1	71.5	73.9
	6	61.4	63.7	66.0	68.4	70.8	73.3	75.8
	7	62.7	65.0	67.4	69.8	72.3	74.8	77.4
	8	63.9	66.3	68.7	71.2	73.7	76.3	78.9
	9	65.2	67.6	70.1	72.6	75.2	77.8	80.5
	10	66.4	68.9	71.4	74.0	76.6	79.3	82.1
	11	67.5	70.1	72.7	75.3	78.0	80.8	83.6
1岁	12	68.6	71.2	73.8	76.5	79.3	82.1	85.0
	15	71.2	74.0	76.9	79.8	82.8	85.8	88.9
	18	73.6	76.6	79.6	82.7	85.8	89.1	92.4
	21	76.0	79.1	82.3	85.6	89.0	92.4	95.9
2岁	24	78.3	81.6	85.1	88.5	92.1	95.8	99.5
	27	80.5	83.9	87.5	91.1	94.8	98.6	102.5
	30	82.4	85.9	89.6	93.3	97.1	101.0	105.0
	33	84.4	88.0	91.6	95.4	99.3	103.2	107.2
3岁	36	86.3	90.0	93.7	97.5	101.4	105.3	109.4
	39	87.5	91.2	94.9	98.8	102.7	106.7	110.7
	42	89.3	93.0	96.7	100.6	104.5	108.6	112.7
	45	90.9	94.6	98.5	102.4	106.4	110.4	114.6
4岁	48	92.5	96.3	100.2	104.1	108.2	112.3	116.5
	51	94.0	97.9	101.9	105.9	110.0	114.2	118.5
	54	95.6	99.5	103.6	107.7	111.9	116.2	120.6
	57	97.1	101.1	105.3	109.5	113.8	118.2	122.6

5岁以下女童身长(身高)标准值(cm)

年龄	月龄	−3SD	−2SD	−1SD	中位数	+1SD	+2SD	+3SD
出生	0	44.7	46.4	48.0	49.7	51.4	53.2	55.0
	1	47.9	49.8	51.7	53.7	55.7	57.8	59.9
	2	51.1	53.2	55.3	57.4	59.6	61.8	64.1
	3	54.2	56.3	58.4	60.6	62.8	65.1	67.5
	4	56.7	58.8	61.0	63.1	65.4	67.7	70.0
	5	58.6	60.8	62.9	65.2	67.4	69.8	72.1
	6	60.1	62.3	64.5	66.8	69.1	71.5	74.0
	7	61.3	63.6	65.9	68.2	70.6	73.1	75.6
	8	62.5	64.8	67.2	69.6	72.1	74.7	77.3
	9	63.7	66.1	68.5	71.0	73.6	76.2	78.9
	10	64.9	67.3	69.8	72.4	75.0	77.7	80.5
	11	66.1	68.6	71.1	73.7	76.4	79.2	82.0
1岁	12	67.2	69.7	72.3	75.0	77.7	80.5	83.4
	15	70.2	72.9	75.6	78.5	81.4	84.3	87.4
	18	72.8	75.6	78.5	81.5	84.6	87.7	91.0
	21	75.1	78.1	81.2	84.4	87.7	91.1	94.5
2岁	24	77.3	80.5	83.8	87.2	90.7	94.3	98.0
	27	79.3	82.7	86.2	89.8	93.5	97.3	101.2
	30	81.4	84.8	88.4	92.1	95.9	99.8	103.8
	33	83.4	86.9	90.5	94.3	98.1	102.0	106.1
3岁	36	85.4	88.9	92.5	96.3	100.1	104.1	108.1
	39	86.6	90.1	93.8	97.5	101.4	105.4	109.4
	42	88.4	91.9	95.6	99.4	103.3	107.2	111.3
	45	90.1	93.7	97.4	101.2	105.1	109.2	113.3
4岁	48	91.7	95.4	99.2	103.1	107.0	111.1	115.3
	51	93.2	97.0	100.9	104.9	109.0	113.1	117.4
	54	94.8	98.7	102.7	106.7	110.9	115.2	119.5
	57	96.4	100.3	104.4	108.5	112.8	117.1	121.6

5岁以下男童体重标准值（kg）

年龄	月龄	−3SD	−2SD	−1SD	中位数	+1SD	+2SD	+3SD
出生	0	2.26	2.58	2.93	3.32	3.73	4.18	4.66
	1	3.09	3.52	3.99	4.51	5.07	5.67	6.33
	2	3.94	4.47	5.05	5.68	6.38	7.14	7.97
	3	4.69	5.29	5.97	6.70	7.51	8.40	9.37
	4	5.25	5.91	6.64	7.45	8.34	9.32	10.39
	5	5.66	6.36	7.14	8.00	8.95	9.99	11.15
	6	5.97	6.70	7.51	8.41	9.41	1050	11.72
	7	6.24	6.99	7.83	8.76	9.79	10.93	12.20
	8	6.46	7.23	8.09	9.05	10.11	11.29	12.60
	9	6.67	7.46	8.35	9.33	10.42	11.64	12.99
	10	6.86	7.67	8.58	9.58	10.71	11.95	13.34
	11	7.04	7.87	8.80	9.83	10.98	12.26	13.68
1岁	12	7.21	8.06	9.00	10.05	11.23	12.54	14.00
	15	7.68	8.57	9.57	10.68	11.93	13.32	14.88
	18	8.13	9.07	10.12	11.29	12.61	14.09	15.75
	21	8.61	9.59	10.69	11.93	13.33	14.90	16.66
2岁	24	9.06	10.09	11.24	12.54	14.01	15.67	17.54
	27	9.47	10.54	11.75	13.11	14.64	16.38	18.36
	30	9.86	10.97	12.22	13.64	15.24	17.06	19.13
	33	10.24	11.39	12.68	14.15	15.82	17.72	19.89
3岁	36	10.61	11.79	13.13	14.65	16.39	18.37	20.64
	39	10.97	12.19	13.57	15.15	16.95	19.02	21.39
	42	11.31	12.57	14.00	15.63	17.50	19.65	22.13
	45	11.66	12.96	14.44	16.13	18.07	20.32	22.91
4岁	48	12.01	13.35	14.88	16.64	18.67	21.01	23.73
	51	12.37	13.76	15.35	17.18	19.30	21.76	24.63
	54	12.74	14.18	15.84	17.75	19.98	22.57	25.61
	57	13.12	14.61	16.34	18.35	20.69	23.43	26.68

5岁以下女童体重标准值(kg)

年龄	月龄	-3SD	-2SD	-1SD	中位数	+1SD	+2SD	+3SD
出生	0	2.26	2.54	2.85	3.21	3.63	4.10	4.65
	1	2.98	3.33	3.74	4.20	4.74	5.35	6.05
	2	3.72	4.15	4.65	5.21	5.86	6.60	7.46
	3	4.40	4.90	5.47	6.13	6.87	7.73	8.71
	4	4.93	5.48	6.11	6.83	7.65	8.59	9.66
	5	5.33	5.92	6.59	7.36	8.23	9.23	10.38
	6	5.64	6.26	6.96	7.77	8.68	9.73	10.93
	7	5.90	6.55	7.28	8.11	9.06	10.15	11.40
	8	6.13	6.79	7.55	8.41	9.39	10.51	11.80
	9	6.34	7.03	7.81	8.69	9.70	10.86	12.18
	10	6.53	7.23	8.03	8.94	9.98	11.16	12.52
	11	6.71	7.43	8.25	9.18	10.24	11.46	12.85
1岁	12	6.87	7.61	8.45	9.40	10.48	11.73	13.15
	15	7.34	8.12	9.01	10.02	11.18	12.50	14.02
	18	7.79	8.63	9.57	10.65	11.88	13.29	14.90
	21	8.26	9.15	10.15	11.30	12.61	14.12	15.85
2岁	24	8.70	9.64	10.70	11.92	13.31	14.92	16.77
	27	9.10	10.09	11.21	12.50	13.97	15.67	17.63
	30	9.48	10.52	11.70	13.05	14.60	16.39	18.47
	33	9.86	10.94	12.18	13.59	15.22	17.11	19.29
3岁	36	10.23	11.36	12.65	14.13	15.83	17.81	20.10
	39	10.60	11.77	13.11	14.65	16.43	18.50	20.90
	42	10.95	12.16	13.55	15.16	17.01	19.17	21.69
	45	11.29	12.55	14.00	15.67	17.60	19.85	22.49
4岁	48	11.62	12.93	14.44	16.17	18.19	20.54	23.30
	51	11.96	13.32	14.88	16.69	18.79	21.25	24.14
	54	12.30	13.71	15.33	17.22	19.42	22.00	25.04
	57	12.62	14.08	15.78	17.75	20.05	22.75	25.96

5岁以下男童头围标准值(kg)

年龄	月龄	−3SD	−2SD	−1SD	中位数	+1SD	+2SD	+3SD
出生	0	30.9	32.1	33.3	34.5	35.7	36.8	37.9
	1	33.3	34.5	35.7	36.9	38.2	39.4	40.7
	2	35.2	36.4	37.6	38.9	40.2	41.5	42.9
	3	36.7	37.9	39.2	40.5	41.8	43.2	44.6
	4	38.0	39.2	40.4	41.7	43.1	44.5	45.9
	5	39.0	40.2	41.5	42.7	44.1	45.5	46.9
	6	39.8	41.0	42.3	43.6	44.9	46.3	47.7
	7	40.4	41.7	42.9	44.2	45.5	46.9	48.4
	8	41.0	42.2	43.5	44.8	46.1	47.5	48.9
	9	41.5	42.7	44.0	45.3	46.6	48.0	49.4
	10	41.9	43.1	44.4	45.7	47.0	48.4	49.8
	11	42.3	43.5	44.8	46.1	47.4	48.8	50.2
1岁	12	42.6	43.8	45.1	46.4	47.7	49.1	50.5
	15	43.2	44.5	45.7	47.0	48.4	49.7	51.1
	18	43.7	45.0	46.3	47.6	48.9	50.2	51.6
	21	44.2	45.5	46.7	48.0	49.4	50.7	52.1
2岁	24	44.6	45.9	47.1	48.4	49.8	51.1	52.5
	27	45.0	46.2	47.5	48.8	50.1	51.4	52.8
	30	45.3	46.5	47.8	49.1	50.4	51.7	53.1
	33	45.5	46.8	48.0	49.3	50.6	52.0	53.3
3岁	36	45.7	47.0	48.3	49.6	50.9	52.2	53.5
	42	46.2	47.4	48.7	49.9	51.3	52.6	53.9
4岁	48	46.5	47.8	49.0	50.3	51.6	52.9	54.2
	54	46.9	48.1	49.4	50.6	51.9	53.2	54.6

5岁以下女童头围标准值（kg）

年龄	月龄	−3SD	−2SD	−1SD	中位数	+1SD	+2SD	+3SD
出生	0	30.4	31.6	32.8	34.0	35.2	36.4	37.5
	1	32.6	33.8	35.0	36.2	37.4	38.6	39.9
	2	34.5	35.6	36.8	38.0	39.3	40.5	41.8
	3	36.0	37.1	38.3	39.5	40.8	42.1	43.4
	4	37.2	38.3	39.5	40.7	41.9	43.3	44.6
	5	38.1	39.2	40.4	41.6	42.9	44.3	45.7
	6	38.9	40.0	41.2	42.4	43.7	45.1	46.5
	7	39.5	40.7	41.8	43.1	44.4	45.7	47.2
	8	40.1	41.2	42.4	43.6	44.9	46.3	47.7
	9	40.5	41.7	42.9	44.1	45.4	46.8	48.2
	10	40.9	42.1	43.3	44.5	45.8	47.2	48.6
	11	41.3	42.4	43.6	44.9	46.2	47.5	49.0
1岁	12	41.5	42.7	43.9	45.1	46.5	47.8	49.3
	15	42.2	43.4	44.6	45.8	47.2	48.5	50.0
	18	42.8	43.9	45.1	46.4	47.7	49.1	50.5
	21	43.2	44.4	45.6	46.9	48.2	49.6	51.0
2岁	24	43.6	44.8	46.0	47.3	48.6	50.0	51.4
	27	44.0	45.2	46.4	47.7	49.0	50.3	51.7
	30	44.3	45.5	46.7	48.0	49.3	50.7	52.1
	33	44.6	45.8	47.0	48.3	49.6	50.9	52.3
3岁	36	44.8	46.0	47.3	48.5	49.8	51.2	52.6
	42	45.3	46.5	47.7	49.0	50.3	51.6	53.0
4岁	48	45.7	46.9	48.1	49.4	50.6	52.0	53.3
	54	46.0	47.2	48.4	49.7	51.0	52.3	53.7